二战德国末日战机丛书

炽焰彗星
Me 163

火箭截击机全史

蒙创波　著

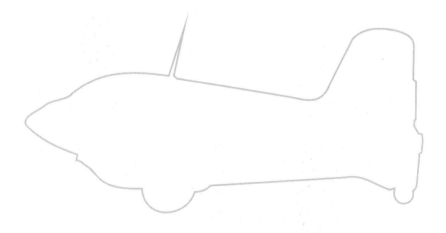

武汉大学出版社

图书在版编目(CIP)数据

炽焰彗星:Me 163火箭截击机全史/蒙创波著 . —武汉:武汉大学出版社,2024.6
二战德国末日战机丛书
ISBN 978-7-307-23727-8

Ⅰ.炽⋯ Ⅱ.蒙⋯ Ⅲ.第二次世界大战—截击机—历史—德国 Ⅳ. E926.32-095.16

中国国家版本馆CIP数据核字(2023)第069656号

责任编辑:蒋培卓 责任校对:汪欣怡 版式设计:马 佳

出版发行:**武汉大学出版社** (430072 武昌 珞珈山)
(电子邮箱:cbs22@whu.edu.cn 网址:www.wdp.com.cn)
印刷:武汉中科兴业印务有限公司
开本:787×1092 1/16 印张:14 字数:347千字 插页:2
版次:2024年6月第1版 2024年6月第1次印刷
ISBN 978-7-307-23727-8 定价:69.00元

目　　录

引　子

　　第二次世界大战中的空中舞台，先后粉墨登场的各式战斗机中，纳粹德国的 Me 163"彗星"无疑是最为特立独行的一款：

　　它采用最高科技的无尾后掠翼气动布局；

　　它配备最激进的液体火箭发动机；

　　它的速度风驰电掣、爬升一骑绝尘，令所有对手望尘莫及；

　　它的航程却极度受限，极难执行正常的作战任务；

　　飞行员们醉心于它完美的飞行品质；

　　飞行员们也对它的事故率和危险性噤若寒蝉……

　　这就是 Me 163，"一半是天使、一半是恶魔"的德国空军末日战斗机，它的故事要从德国航空名宿亚历山大·利皮施（Alexander Lippisch）谈起。

第一章　Me 163 技术沿革

从文艺青年到"伦山幽灵"

1894 年 11 月 2 日，亚历山大·利皮施出生于慕尼黑。他的父亲是一名艺术家，因而利皮施从小就受到浓厚的艺术熏陶，一手鲁特琴弹得有板有眼。以现代人的眼光，利皮施就是一个标准的文艺青年。

正在弹奏鲁特琴的亚历山大·利皮施，对音乐的热爱贯穿他的一生。

少年时代，利皮施立志进入艺术学校深造，不过他的理想很快发生了彻底的变化。1903 年，美国航空先驱者莱特兄弟的"飞行者一号"挣脱地心引力的束缚，成功实现动力飞机有史以来的首次飞行。人类由此进入了航空时代新纪元，

世界各国掀起研究制造飞行器的热潮。1909 年 9 月 1 日，莱特兄弟中的弟弟——奥维尔·莱特（Orville Wright）来到柏林，驾驶自己的飞机完成了一次极为成功的展示飞行。地面上，欢呼雀跃的德国民众见证了这一壮举，人群中就包括十五岁的亚历山大·利皮施。

深受触动的利皮施立志要像莱特兄弟一样成为一位伟大的飞机设计师，他随后拿出文具，将这一次展示飞行的盛况画在了纸面上。这张画作略显稚嫩，但却成为利皮施未来数十年在航空领域探索奋进的起点。年轻的利皮施开始如饥似渴地阅读各种航空科普文献，学习相关的理论知识。

随着时间的推移，利皮施对一种具备自稳特性的非常规布局飞行器产生了浓厚的兴趣。该设计缘起于 1897 年，德国的生物学家弗里德里希·阿尔伯恩（Friedrich Ahlborn）教授在东南亚的爪哇（Java）岛研究时，注意到的当地一种名叫翅子瓜（Zanonia macrocarpa）的奇异植物。这种藤本植物攀附在高大的乔木之上，钟形的果实成熟后会从底部开裂，散落出一粒粒种子，依靠风力滑翔至远处落地生根。经过亿万年的演化，翅子瓜的种子具备非常独特的气动外形，其扁圆形的核心之外延展出一层新月形的膜质结构，宛若宽大的翅膀。在空中，翅子瓜种子的重心和"翅膀"后缘上翘的弧度能够使其保持

1909 年 9 月 1 日，奥维尔·莱特的柏林展示飞行，地面围观的人群中就包括亚历山大·利皮施。

滑翔的稳定性，顺着风势飘出较远的距离。阿尔伯恩教授被这种神奇的植物迷住了，他专门撰写了一篇论文，对其表现进行详细的阐述：

它的飞行稳定而有规律，令人赞叹。无论散落前的姿势如何，它总能以惊人的速度转入正常的飞行姿态。

亚历山大·利皮施的画作，再现奥维尔·莱特的柏林展示飞行。

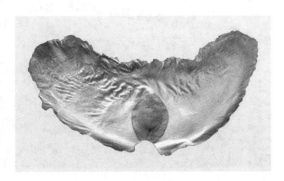

翅子瓜种子，宽大的膜质结构宛若翅膀。

阿尔伯恩教授的发现应用到飞行器设计上便是无尾布局飞机，这种设计取消掉常规布局飞机上的水平尾翼，从而明显减小了气动阻力，同时还能使机身质量分布更趋合理，降低结构重量。如果进一步去除垂直尾翼，无尾布局飞机将演变为更纯粹的飞翼机，其以航向稳定性受影响为代价将无尾布局的优点发挥至极致。

基于阿尔伯恩教授的论文，德国飞行家伊格纳茨·埃特里希（Ignaz Etrich）博士在 1905 年制造出一架翅子瓜种子造型的载人滑翔机，成功进行了试飞。该机在 1909 年安装上螺旋桨发动机，进一步完成了动力飞行。同一阶段，英国飞行家约翰·威廉·邓恩（John William Dunne）展开了一系列的动力无尾飞机的研究尝试。邓恩的设计和翅子瓜种子略有区别，翼尖部分的前缘向下偏转，以此获得类似的航向稳定性。在 1908 年至 1910 年间，邓恩的 D.4 和 D.5 动力无尾飞机多次成功试飞。

伊格纳茨·埃特里希博士的翅子瓜种子造型的载人滑翔机。

可以料想的是，如果没有更多的波折，利皮施将沿着埃特里希和邓恩的足迹在无尾飞机设计的领域探索。然而，第一次世界大战的爆发中断了利皮施求学的道路。他先是被征召进入陆军，随后被分配到一个航空照相和地图测绘单位。1918 年，利皮施在航空领域的学识引起了军方的注意，他以"空气动力学专家"的身

约翰·威廉·邓恩在 1910 年试飞的 D.5 无尾动力飞机。

份被调配到齐柏林(Zeppelin)工厂，进入飞机研发部门工作。在这个新的岗位上，利皮施接触到大量最前沿的技术文献，逐渐形成了自己的飞机设计理念。

不过，随着德意志第二帝国在第一次世界大战中的战败，随之而来的《凡尔赛和约》使整个国家被套上了沉重的枷锁：空军被解散，大批飞机制造厂关门歇业。利皮施不得不再次中断自己心爱的工作，依靠少年时积累的艺术功底以绘制风景画为生。

战败的阴影中，德国航空工业保留下仅有的一线光明——滑翔机和轻型民用飞机的研究和发展没有受到《凡尔赛和约》的限制。因而，大批满怀抱负的航空技术人员和飞行员组成各种类型的滑翔机团体，以航空运动的名目作为掩护在德国境内继续航空科研工作。1919 年，被誉为"空气动力学之父"的路德维希·普朗特(Ludwig Prandtl)教授在哥廷根(Gottingen)创办空气动力研究所(Aerodynamische Versuchsanstalt，缩写 AVA)，该机构的研究成果后来对德国乃至整个世界的航空工业都产生巨大的推动作用。

短短几年时间内，德国境内掀起了一场滑翔机运动的小小风潮。随着各种竞赛项目遍地开花，黑森州的伦山(Rhön)山区迅速成为业界

各滑翔机团队齐聚瓦瑟峰的盛况，这座小山坡堪称20世纪二三十年代的世界滑翔机胜地。

活动的热点。先前，这里是一处人迹罕至的旅游景点。游客们需要乘坐火车抵达 20 公里外的小城富尔达（Fulda），再沿着蜿蜒曲折的山路一路向上，方能爬上海拔 950 米的当地最高点——瓦瑟峰（Wasserkuppe）之巅，住进唯一的小旅馆中。瓦瑟峰的山势平缓悠长，宽广平整的山坡上密布着葱葱郁郁的野草，却很少有树木生长。冬季，瓦瑟峰被厚厚的积雪覆盖；到了夏天，山坡地区时常刮起强劲稳定的山风。对于滑翔机运动而言，瓦瑟峰是极为理想的场地。

1920 年夏季，在航空杂志《航空运动》的倡导以及厂商的赞助下，第一届伦山滑翔机大赛在瓦瑟峰举办，这将在未来发展为全球范围内最有影响力的滑翔机竞赛运动。

在这样的背景下，1921 年春天，一位有钱的雇主找到利皮施定制一架滑翔机，为当年的第二届伦山滑翔机大赛做准备。利皮施格外珍惜这个机会，他耗费大量时间和精力，在富尔达的一间家具厂中造出了"隼（Falke）"号滑翔机。这是一架设计指标相当高的滑翔机：翼展 8 米、全长 4 米，而空重只有 35 公斤。

1921 年秋天，利皮施将"隼"号运上瓦瑟峰，信心十足地驾驶飞机开始第一次试飞。结果，刚刚起飞离地，滑翔机就一头栽到地面上，四分五裂。利皮施的第一架飞机由于结构缺陷彻底失败了，雇主没有给他第二次尝试的机会，拂袖而去。瓦瑟峰之上，利皮施凝视着"隼"号的残骸陷入了久久的沉思。最后，他决定彻底摆脱失败的阴影，以全部的热情投入飞行事业当中。在接下来的两年时间里，利皮施几乎以瓦瑟峰为家，他整日独自一人在绵长平缓的山

滑翔机设备有限责任公司的机库中，利皮施（左）和埃斯彭劳布（中）正在用"隼"号的机翼残骸重新制造悬挂滑翔机。

坡上徘徊，观察各类滑翔机的试飞，同时反复推敲自己的滑翔机设计。为此，利皮施得到了一个"伦山幽灵（Rhöngeist）"的雅称。

很快，利皮施结识了一位同样满怀激情的航空爱好者、富有才华的年轻木匠戈特洛布·埃斯彭劳布（Gottlob Espenlaub）。两人一起在瓦瑟峰上的一顶帐篷中安顿下来，利用"隼"号的机翼残骸重新打造了一架悬挂滑翔机——埃斯彭劳布 E1。到 11 月，突如其来的大雪将帐篷压垮，两位年轻人得到批准，住进滑翔机设备有限责任公司（Segelflugzeugwerke GmbH）的机库中——这里被伦山滑翔机大赛选为参赛选手的机库使用，空间足够容纳下两人和他们的新飞机。

在这个阶段，滑翔机设备有限责任公司旗下成立了一家制造奇特滑翔机的新企业：世界滑翔机有限责任公司（Weltensegler GmbH）。该企业核心人物是弗里德里希·温克（Friedrich Wenk）博士，一位不到二十岁就驾机升空飞行的滑翔机爱好者。在过往的试验性飞行中，温克发现取消尾翼的飞机设计是可以实现的，前提是采取后掠翼布局，同时翼尖部分采用负扭转，这样力矩的作用将使飞机同时获得纵向和航向的稳定性——这实际上和英国飞行家约翰·威廉·邓恩的设计如出一辙。基于这个理念，温克从他父亲和外界财团处争取到充足的启动资金成立世界滑翔机有限责任公司，并在瓦瑟峰上建立滑翔机车间。该企业第一架滑翔机采用极不寻常的海鸥翼设计：平直的内翼段向上仰起、后掠的外翼段向下压低并具备明显的负扭转。该机在瓦瑟峰上露面时引起众多滑翔机爱好者的强烈关注，其中就包括利皮施。新颖的无尾/飞翼机设计为"伦山幽灵"打开了新世界的大门，他与温克展开了长时间的深入交流，逐渐找到了自己未来奋斗的方向。接下来，利皮施和埃斯彭劳布合力制造出第二架飞翼滑翔机——E2，

两人小团队的 E-2 号飞翼滑翔机，并不成功。

该机明显受到温克设计的影响：同样采用后掠翼设计，外翼段具备明显的负扭转。

不过，E2 号机的表现并不成功，随后它的制作团队便宣告解散——埃斯彭劳布留在瓦瑟峰上继续研究自己的 E 系列滑翔机，而利皮施加入世界滑翔机有限责任公司。

到 1922 年，瓦瑟峰上聚集的滑翔机和研发/试飞团队越来越多。在一个小机库中，为弗里德里希·哈思（Friedrich Harth）的 S-9 滑翔机忙个不停的年轻助手便是 20 年后德国最著名的航空业巨头、Bf 109 战斗机之父威利·梅塞施密特（Willy Messerschmitt）。在这个阶段，利皮施在世界滑翔机有限责任公司参与多架滑翔机的设计工作，稳步积累自己的经验。值得一提的是，利皮施与该公司的设计师兼试飞员弗里茨·斯塔默（Fritz Stamer）建立了长久的友谊，并随后与他的妹妹凯特（Käthe）结为伉俪。

1923 年春天，利皮施完成"恶魔的拥抱（Hols der Teufel，源自瑞典语 Djävlar Anamma）"号的设计，这是一款成功的单翼滑翔教练机。同年 11 月，利皮施离开瓦瑟峰加入斯坦曼飞机制造厂（Steinmann Flugzeugbau）。新的工作单位相当看重利皮施的能力，专门为他配备了一间办公室和一个制造车间。利皮施继续设计出了多款成功的常规布局滑翔机，其中一款展弦比为 7 的滑翔机定名为"坡风（Hangwind）"，这个名字将在未来成为利皮施的绰号，伴随他走完一生。

利用新单位的资源，利皮施有机会朝向自己的梦想进发。"实验（Experiment）"

号可以认为是出自利皮施手中，第一款成功的无尾/飞翼机。这是一架上单翼无尾滑翔机，其后掠翼从翼根到翼尖采用不同的翼型剖面以提升气动特性。机翼后缘的副翼可以分别操作，同时起

亚历山大·利皮施（右）和弗里茨·斯塔默（左）。

到升降舵和方向舵的作用。1924 年，利皮施亲自驾驶"实验"滑翔机完成多次试飞，并计划为其安装一台发动机，将其升级为动力滑翔机。不过，接下来的 1925 年中，斯坦曼飞机制造厂破产倒闭，利皮施孤身一人回到久违的瓦瑟峰。

当时，伦山和东普鲁士滨海小村罗西滕（Rossitten）的滑翔机爱好者们聚集起来，在伦山上成立了一个对日后德国航空工业意义重大的机构——伦山-罗西滕协会（Rhön-Rossitten

仅存的照片，试飞中的"恶魔的拥抱"号机。

Gesellschaft，缩写 RRG）。该机构的主旨是配合滑翔机团队展开研发和试飞工作，并协助其改进技术，将经验应用至航空业界当中。在 1925 年 4 月 1 日，RRG 成立了一个研究所，专事飞机研发。利皮施重返瓦瑟峰后，以其深厚的技术积累和丰富的研发经验加入 RRG 的研究所，负责为德国境内的航空俱乐部设计和制造滑翔机。大致与此同时，老朋友斯塔默也加入研究所，负责滑翔机训练科目的制定。

从 RRG 研究所的合作开始，利皮施和斯塔默两人对航空运动在德国青少年群体的普及起到重要的作用。值得一提的是，两人合著的《年轻滑翔飞行员手册》在 1940 年由商务印书馆翻译为《翱翔》引进出版，从该书的引言可以侧面感受到二三十年代瓦瑟峰之上航空爱好者群体

商务印书馆引进出版的《翱翔》封面。

的精神风貌：

> 德国自 Otto Lilienthal 作翱翔之研究后，航空事业之发达雄视欧洲，其人民之奋发凌厉实有足多。同人鉴于翱翔在我国之阒然无闻，与提倡之必要，因复不揣简陋，欲以浅现之文字阐明翱翔之原理，以餍吾国青年，以为学习飞行者奠一简单之基础，自信对于提倡航空事业或不无小补。

在研究所当中，利皮施的日常工作是为各地航空俱乐部设计常规布局滑翔机。他设计的"学生(Zögling)"和"考生(Prüfling)"初级滑翔机以飞行性能优秀、制造维修简便而著称，各个版本的衍生型号热销世界各国。

利皮施的"学生"滑翔机，在世界范围内受到广泛欢迎。

不过，他依然锲而不舍地争取机会展开自己特立独行的无尾/飞翼机的研发工作。接下来，利皮施开始"鹳(Storch)"系列滑翔机的设计工作。第一架"鹳 I"滑翔机的设计大致上基于先前试飞成功的"实验"滑翔机，区别在于利皮施决定采用更为稳健的方案，在翼尖配备两副方向舵以保证稳定性。"鹳 I"的设计定稿后，利皮

施首先制造出飞机的等比模型，再送往哥廷根借助空气动力研究所的风洞进行吹风测试，随后根据测试结果对设计进行调整。这一套科学严谨的研发步骤将延续到利皮施的后续设计中。

1927 年秋天，"鹳 I"滑翔机成功试飞，飞行员表示该机飞行平稳，操控品质优良。随后，利皮施继续进行"鹳 II"和"鹳 III"的研发，并逐渐引起航空业界的重视。

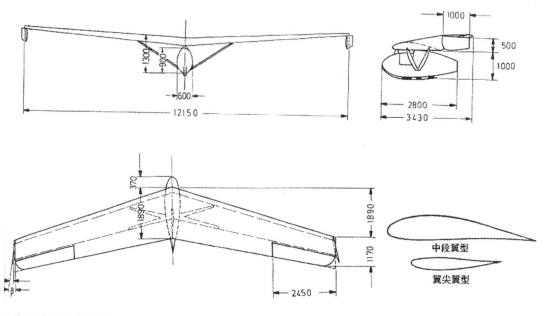

"鹳 I"滑翔机三视图。

在瓦瑟峰试飞的"鹳 III"滑翔机。

至此，利皮施被公认为德国航空业界无尾机研发的领军人物，他时常接受航空团体的邀请前往不同城市，在业界的聚会中发表演讲、阐述自己的理论和设计思想。在一次波恩（Bonn）市的演讲结束后，一位名叫雷玛尔·霍顿（Reimar Horten）的男孩请求借走利皮施的演讲稿回家研习，保证第二天原封不动地归还。利皮施非常欣赏这位少年对飞行运动的热爱和旺盛的求知欲，随即答应了对方的要求。在利皮施的指引下，雷玛尔逐步成长为一名出色的飞机设计师，并在十多年后与哥哥瓦尔特·霍顿（Waler Horten）设计出 Ho 229——人类第一架喷气式飞翼机。

火箭动力与无尾设计的相遇

在 20 世纪 20 年代末，另一项全新的航空航天技术在世界范围内大有喷薄而出之势，这便是液体火箭技术。

火箭的概念可以追溯到千百年前的东方。在远古的宗教活动中，中国的炼丹术士们逐渐发现硫磺、木炭和硝石的混合物能够在高温中发生激烈燃烧，产生大量气体和能量。公元 808 年，唐朝炼丹家清虚子撰写的《太上圣祖金丹秘诀》便记载有"伏火矾法"原始火药配方。到 12 世纪的南宋年间，中国劳动人民已经能够灵活应用火药燃烧气体的反作用力，发明出"地老鼠""走线流星"等烟火，这被公认为固体火箭发动机的最早形态。

随着东西方的文明交流和军事冲突，火药以及固体火箭技术通过蒙古人传播至西方，人类战争史由此进入热兵器时代。到 19 世纪末，使用黑火药作为推进剂和战斗部的固体火箭广泛配备欧美国家军队，在地面和水面战争中得到了广泛应用。

早在莱特兄弟的"飞行者一号"之前，艺术家们早已萌发出各种奇思妙想，试图依靠火箭将人类送入太空，实现星际旅行。实际上，固体火箭发动机的技术固然成熟，但存在推力相对较低、难以调节推力等先天缺陷，这些都是太空旅行之前必须解决的技术难题。人类的航天梦想，需要一种新的推进技术——液体火箭发动机。

1903 年，俄罗斯的火箭专家和宇航先驱康斯坦丁·埃杜阿尔多维奇·齐奥尔科夫斯基（Константин Эдуардович Циолковский）发表了人类有史以来第一篇火箭推进运动和宇宙航行学的论文——《利用反作用力设施探索宇宙空间》。文中，齐奥尔科夫斯基第一次比较完整地阐述了火箭的基本原理，并明确定义液体火箭的构造，认为可以使用液氧和煤油作为液体火箭发动机的推进剂。齐奥尔科夫斯基进一步推导出火箭发动机的"齐奥尔科夫斯基公式"，即火箭在发动机工作期间获得速度增量的规律。由此，齐奥尔科夫斯基在世人面前展示出一幅火箭运用于星际航行的宏大蓝图，他由此被公认为人类宇航史的理论奠基人。

接下来，在前辈积累的知识基础上，美国著名物理学家和火箭技术的先驱者罗伯特·戈达德（Robert Goddard）开始着手将液体火箭发动机的构想付诸现实。1919 年，戈达德发表重要论文《到达极高空的方法》，透彻地阐述了火箭运动的基本数学原理，并详尽论证了未来登月的方案。最初，戈达德使用液氧和汽油作为火箭发动机的推进剂，并在 1925 年成功进行了静力试验。1926 年 3 月 16 日，在马萨诸塞州冰雪覆盖的草原上，戈达德成功地试射了人类历史上第一枚液体火箭。虽然火箭发射重量只有 4.6 公斤，飞行高度也不过 12.5 米，但它的飞行仍被视作莱特兄弟在 1903 年首飞"飞行者一号"飞机以来最伟大的航空航天成就。戈达德的液体火箭原理和专利得到实践的验证，为各个国家的火箭科学家指明了未来的方向。

航空航天先驱罗伯特·戈达德为后人指明液体火箭发动机的正确道路。

紧随着戈达德的步伐，德国物理学家、火箭研究先驱赫尔曼·奥伯特（Hermann Oberth）在1923年发表论文《飞往星际空间的火箭》，魏玛德国的科学界随即掀起研究火箭发动机的热潮，一款款新型的火箭发动机蓄势待发。在1928年，著名的汽车制造商弗里茨·冯·奥佩尔（Fritz Von Opel，亦译作欧宝）意欲借助这个机会宣传自己的企业，将火箭发动机安装在汽车甚至飞机之上吸引公众的注意力。由于液体火箭发动机尚未成熟，奥佩尔首先推出自己的固体火箭推进汽车，随后前往瓦瑟峰，请求和RRG研究所合作研发火箭飞机。

利皮施抓住了这个机会，他先将固体火箭发动机安装上"鹳"的缩比模型，顺利进行多次

试验。接下来的6月11日，他设计的鸭翼滑翔机"鸭子（Ente）"安装上固体火箭发动机后，由斯塔默驾驶成功起飞升空，在70秒时间内飞行超过1000米距离。基于这次试飞，该机被公认为人类第一架全尺寸的火箭动力飞机，登上德国的专业学术期刊《火箭》封面，被称为"第一架有人驾驶火箭飞机"。

"鸭子"作为"第一架有人驾驶火箭飞机"登上1928年7月15日的专业学术期刊《火箭》封面。

不过，固体火箭引擎很快被证明不适合作为飞机动力，在第二次试飞中，"鸭子"的火箭发动机爆炸，所幸斯塔默没有受伤。这次事故后，利皮施和奥佩尔的合作迅速中止，他专门设计的第一款无尾火箭飞机最终胎死腹中。不过，这次经历为利皮施指明了高速无尾飞机发展的道路，他将在这个方向上持之以恒地进行探索，

博物馆中的"鸭子"复原品。

直至十几年后取得举世震惊的成就。

1929 年中，利皮施的团队中加入了一位年轻人：海尼·迪特马尔（Heini Dittmar），海尼 1911 年出生，由于哥哥埃德加·迪特马尔（Edgar Dittmar）是一名成功的滑翔机运动员，他自己也对航空运动充满热情。在少年时代，迪特马尔便对"伦山幽灵"极为敬仰，他最终在 18 岁这一年离开家乡登上瓦瑟峰加入滑翔机运动。在利皮施的团队中，迪特马尔志愿担任无薪酬的助理职务，只要团队提供食宿即可。迪特马尔精通航模制作，他的经验和思路往往能给与利皮施意外的

海尼·迪特马尔将在未来成为利皮施团队的核心飞行员。

启发，十年之后，他将成为利皮施团队中最核心的试飞员。不过，在 1929 年，利皮施旗下最优秀的飞行员是京特·格伦霍夫（Günter Groenhoff）——一位天赋异禀、让年轻的迪特马尔仰慕不已的飞行员。

回到传统动力飞机的领域后，经过后续几个型号的优化，1929 年 9 月 13 日，利皮施的"鹳V"依靠 8 马力发动机和推进式螺旋桨首次成功实现动力飞行。10 月 25 日，试飞员京特·格伦霍夫驾驶"鹳V"完成了一次成功的公众演示飞行，试图以此吸引官方的注意以及后续投资。然而，利皮施的这个愿望最终化为泡影——"鹳V"仅仅被认为是一架可以放入博物馆内陈列的新奇玩具，政府官员对其没有丝毫兴趣。

不过，乌尔斯坦（Ullstein）出版社注意到"鹳V"的表现，随即宣布将为第一架依靠滑橇起飞并完成 300 公里持续飞行的无尾飞机提供 3000 帝国马克的奖金。利皮施很清楚这个奖项完全是为他的团队量身定制的，遂由此展开了机身更大、航程更远的"鹳VII"的研发。

由于缺乏资金，利皮施的开发工作无以为继，很快陷入困境。幸运的是，"鹳V"的表现成功打动了著名德国冒险家、首次实现从东向西飞越大西洋的飞行员赫尔曼·科尔（Herman Köhl）。他个人与 RRG 签订了一笔价值 4200 帝国马克的合同，要求利皮施为其设计一架无尾三角翼飞机。由此，利皮施开始了新的一系列"三

测试中的"鹯 V"，利皮施的无尾飞机终于安装上了发动机。

角(Delta)"滑翔机设计，与无尾后掠翼的"鹯"系列齐头并进。

很快，利皮施为科尔设计出第一架"三角 I"滑翔机，该机综合了利皮施在先前的后掠翼滑翔机探索中积累的大量经验，配备串列双人驾驶舱。

在这一阶段，瓦瑟峰上出现了一位年轻的加拿大技术人员——贝弗利·申斯通(Beverley Shenstone)，作为多伦多大学航空工程专业的第一位硕士生，受英国团体的委托前往德国，进入蓬勃发展的航空业界学习先进知识。在容克斯公司工作时，申斯通得到了德国航空业先驱、著名飞机设计师胡戈·容克斯(Hugo Junkers)的悉心教导。这一段经历结束时，容克斯建议这位加拿大小伙子参与到德国境内方兴未艾的滑翔机大潮："到瓦瑟峰上面去试一下身手，和亚历山大·利皮施认识一下，他是最优秀的一个……"

于是，申斯通慕名而来登上瓦瑟峰，在斯

制造中的"三角 I"滑翔机。

塔默的介绍下加入利皮施的团队。"伦山幽灵"给申斯通留下极其深刻的印象，他在日后的传记中这样写道：

利皮施很年轻（他那时候才 36 岁），留着艺术家式的发型，语气非常尖锐。当我被引荐给他时，他问我的兴趣爱好是什么，言下之意像是在说："什么？你只是好奇吗？估计你对我们这里什么都不了解，不过既然斯塔默是你的介绍人，我觉得我起码得给你一次机会。"当他发现我可以说德语的时候，有点吃惊，也放松了不少。当我对他的无尾飞机设计表现出兴趣时，他放下了所有戒心，向我展示他的设计，谈起了他和其他人的飞翼机。

无需更多的交流，相同的爱好使得两位航空技术人员走到了一起，展开了一段长达 40 年的友情。很快，1930 年 8 月 2 日的瓦瑟峰，"三角 I"滑翔机准备就绪。试飞员京特·格伦霍夫在驾驶舱内就位，周围是众多既好奇又兴奋的围观人员，其中也包括申斯通：

这天下午，茶点时间后不久，这架新的无尾飞机准备好了。它还没有装上发动机，一开始是作为滑翔机试飞的。这是你能想象出来的最干净平顺的造型。机翼大概有 42 英尺（12.8 米）长，一副小型机身从机翼前端伸出一点点，不过气动修型得很漂亮。翼根处大约有 18 英寸（46 厘米）厚，一直收缩到翼尖趋向于零厚度，在这里安装有方向舵。副翼和其他飞机没有两样。升降舵和副翼差不多，分为两片，占据了机翼后缘除了副翼之外的所有空间。这是一架双座飞机。我们把它拖到滑翔机跑道上。格伦霍夫打开一扇活板门爬进驾驶舱，很舒服地坐了下来，从机翼前缘开出的风挡向外张望，机身侧面还有几副小的舷窗。五个人抓牢了机尾，十四个人拉动弹力索。（起飞时）它往上方跳起了一点距离，很快就落了下来。格伦霍夫说"头

"三角 I"滑翔机试飞盛况。

重"的原因，让他没办法把飞机拉起来。利皮施说他就是这么设计的，这样比"尾重"安全一点。于是，他们在机尾加上了配重，又试了几次，最终找到了合适的配重额度。

它终于飞起来了，它飞得非常漂亮。它看起来非常抢眼，因为完全没有垂直尾翼。只是轻轻地一跃，但它跳起了大概 1 英尺（0.3 米）高度，就贴着地面飞了 100 码（91 米）左右，很稳地降落了下来。利皮施喜气洋洋地跑了上去，问格伦霍夫驾驶这架飞机的感觉怎么样，他回答说它飞起来完美无缺。利皮施兴高采烈得像个孩子一样，快要开心地跳起来了……

在利皮施团队工作的经历使申斯通受益匪浅，离开德国后他加入了英国的超级航海（Supermarine）公司，随后的日子中为名震天下的"喷火"式战斗机打造出优雅、高效率的标志性椭圆形翼尖。

大致同一阶段，以 1930 年的伦山滑翔机大赛为目标，利皮施专门针对格伦霍夫的体格制造出了一架高性能常规布局滑翔机，取名为"法夫纳（Fafnir，北欧神话中的魔龙）"。经过调整，"法夫纳"表现出极为惊人的性能，格伦霍夫驾驶着它弹射起飞，成为第一位滑翔距离超过 200 公里的飞行员。在接下来的两年中，利皮施团队的"法夫纳"几乎是瓦瑟峰上最耀眼的明星滑翔机。

整个 1931 年，利皮施的无尾三角翼飞机研究继续向前推进。"三角 I"号加装上一台 30 马力发动机，驱动推进式螺旋桨成功完成动力飞行。在测试中，试飞员格伦霍夫发现该机的性能出乎意料的优秀。9 月 25 日的柏林坦佩尔霍夫（Tempelhof）机场，格伦霍夫驾驶动力版"三角 I"在航空业界人士面前完成了一次成功的演示飞行。然而，该机的投资方赫尔曼·科尔对"三角 I"发表了不公正的批评，导致他与 RRG 的合作破裂。后者将 4200 帝国马克的合同经费悉数退回，又把"三角 I"号捐赠给德国飞行运动协会

"法夫纳"滑翔机，瓦瑟峰上的明星。

（Deutscher Luftsport-Verband，缩写 DLV）用以研究。

IV"/"黄蜂（Wespe）"串列双发无尾三角翼试验机。

"三角 IV"串列双发无尾三角翼试验机。

1931 年 9 月 25 日，在柏林演示飞行中，格伦霍夫驾驶"三角 I"掠过坦佩尔霍夫机场的航站楼。

不过，在 1931 年即将过去之时，利皮施品尝到了成功的滋味。"鹳 VII"号安装上 24 马力发动机后，在 12 月 8 日由格伦霍夫驾驶，顺利完成超过 300 公里的持续飞行，由此赢得乌尔斯坦出版社的 3000 帝国马克奖金。

利皮施再接再厉，翼展比上一代短一半的"三角 II"号在 1932 年试飞成功。大致与此同时，他开始与福克-沃尔夫飞机制造股份有限公司（Focke-Wulf Flugzeugbau AG，简称福克-沃尔夫公司）合作研发"三角 III"单发无尾三角翼试验机，和菲泽勒（Fieseler）公司合作研发"三角

1932 年中，格伦霍夫在驾驶"法夫纳"弹射起飞时操作失误，引发事故导致其身亡，滑翔机也严重受损。海尼·迪特马尔鼓起勇气向利皮施毛遂自荐，表示愿意担任团队的试飞员。不过，"伦山幽灵"对迪特马尔的飞行技术仍不抱信心。为了印证实力，后者索性另起炉灶，制造自己的滑翔机。

1933 年 3 月，希特勒上台后不久，RRG 与 DLV 合并，改组为德国滑翔机研究所（Deutsches Forschungsanstalt für Segelflug，缩写 DFS）。瓦瑟峰上的研究所转移到达姆施塔特（Darmstadt）的格里斯海姆（Griesheim）机场，未来大量重要的航空科技成果将从此地孕育而出。

在这一阶段，"三角 III"和"三角 IV"遇到了技术难题，相继出现坠机事故。德国官方派出一个委员会调查这起事件，认定无尾三角翼飞机在过去几年的研发过程中没有体现出实用价值，因而该类飞机的研究将是毫无意义的。

困境中，利皮施得到了德国滑翔机研究所

领导瓦尔特·格奥尔基（Walter Georgii）教授的鼎力支持，他为利皮施争取到宝贵的资金，并为其后续继续开展飞行测试扫清阻碍。

在这一阶段，迪特马尔自己的滑翔机"秃鹰（Condor）"完工。该机的设计基于利皮施的"法夫纳"，总共耗费约2000个工时。毫不意外，"秃鹰"同样也是一架性能优异的滑翔机。

在1934年春天，格奥尔基教授以德国滑翔机研究所的名义，带领多名飞行员和多架滑翔机前往拉丁美洲展开展示飞行，其中包括德国最著名的女飞行员汉娜·莱切（Hanna Reitsch）、修复后的"法夫纳"以及迪特马尔和他的"秃鹰"。结果，"法夫纳"创下一个新的飞行距离纪录，而迪特马尔更是技惊四座，驾驶"秃鹰"滑翔机脱离牵引机后爬升到4350米之上的高空，一个令同行艳羡不已的新纪录由此诞生。南美之行后，迪特马尔回到瓦瑟峰，毫无争议地重返利皮施团队，成为正选试飞员。

此时，利皮施的"法夫纳2"滑翔机完工，恰好赶上夏季的伦山滑翔机大赛。7月27日，意气风发的迪特马尔驾驶"法夫纳2"出征，第一次升空便飞到捷克斯洛伐克，创下375公里滑翔距离的世界纪录，载誉而归。

值得一提的是，几年前那位上门求教的少年——雷玛尔·霍顿也出现在瓦瑟峰。他和哥哥瓦尔特·霍顿一起制造出了自己的HI飞翼滑翔机，其科幻的外观堪称石破天惊。为了表达对利皮施的尊敬，霍顿兄弟将HI命名为"坡风"，参加了1934年这届的伦山滑翔机大赛。HI的发挥并不理想，但依然凭借前卫的设计获得竞赛的设计大奖和600帝国马克奖金。不过，比赛结束后，雷玛尔无法将HI运出瓦瑟峰，随

利皮施的"法夫纳2"，1934年伦山滑翔机大赛的明星。

即打电话联系利皮施，表示如果对方能让滑翔机研究所借出一架牵引机把 H I 号机从瓦瑟峰带走，他愿意将这架飞机送给利皮施。这个要求超出利皮施的职权范围，他只能表示爱莫能助。"伦山幽灵"的回绝给与雷玛尔极大的打击，他和利皮施之间的友谊出现了第一道裂痕。从此以后，霍顿兄弟逐渐将利皮施视为竞争对手，最终独立研发出自成体系的飞翼机家族，包括著名的 Ho 229 喷气式飞翼机。

1934 年的"法夫纳 2"是利皮施的最后一架常规布局飞机。在这一年，DFS 的航空技术部拆分为两个部门，其中的无尾机分部由利皮施领导。从此，最优秀的滑翔机设计师和最优秀的滑翔机飞行员共同组成了精英团队，瓦瑟峰上的无尾飞机研究即将迈进新的阶段。

1934 年年底，利皮施前往柏林附近的德贝里茨（Döberitz）机场，与新生的德国空军最早的战斗机联队之一、拥有红男爵"里希特霍芬（Richthofen）"头衔的 JG 132 展开了一次交流。利皮施向联队的技术官员们展示了他绘制的一系列高性能无尾三角翼军用飞机的概念图，包括一款下单翼战斗机和一款上单翼侦察机。以 20 世纪 30 年代的技术水准，利皮施的想象力远远超过了那个时代，因而在制造出若干动力模型进行测试之后，这一系列概念没有得到进一步的发展。不过，在下一个十年，利皮施的高性能无尾战斗机梦想将变为现实。

接下来，依靠瓦尔特·格奥尔基教授筹措的 10000 帝国马克经费，利皮施将之前性能欠佳的"三角 IV"加以改装。该机保留机头发动机，更换上 NACA 翼型的后掠翼，编号变为"三角 IVb"。该机的测试较为成功，并在 1936 年发展成双座的"三角 IVc"，后掠角略微削减。迪特马尔试飞该机后，对其作出了相当高的评价：

霍顿兄弟造型极度科幻前卫的 HI/"坡风"。

1934 年，利皮施为军方构思的一系列高性能无尾三角翼军用飞机的概念图。

我第一个深刻的印象是这只"小鸟"的基本性能远远超过我的预想。我熟悉了它的独特飞行特性之后，确信无尾飞机设计会有一个光明

的前景。当然，它也得经过改装，需要进行很多调整……

1936 年，迪特马尔驾驶"三角 IVc"前往雷希林（Rechlin）地区的德国空军测试中心（Erprobungsstelle），按照军方规程完成了一系列高强度的测试飞行。迪特马尔在"三角 IVc"上成功实现了一系列特技飞行动作，甚至包括进入尾旋再改出。最终，"三角 IVc"的优异表现打动了军方，它由此获得 DFS 39 的正式编号和 D-ENFL 的官方编号，被认证为一款双座运输机。利皮施的团队也因此获得了充足的资金拨款，用以后续的后掠翼飞机研发。

1937 年，利皮施开始设计一款无尾后掠翼飞机 DFS 40，即"三角 V"。该机的气动外形简练，机身和机翼之间以流畅的线条过渡，后机身的一台 100 马力发动机驱动机尾的推进式螺旋桨。从这个型号上，已经能够隐约浮现出利皮施未来机型的影子。同样在 1937 年，帝国航空部（Reichsluftfahrtministerium，缩写 RLM）的研发部门与 DFS 签订了一纸订单，委托利皮施研

"三角 IVc"/DFS 39，未来利皮施一系列成功的开端。

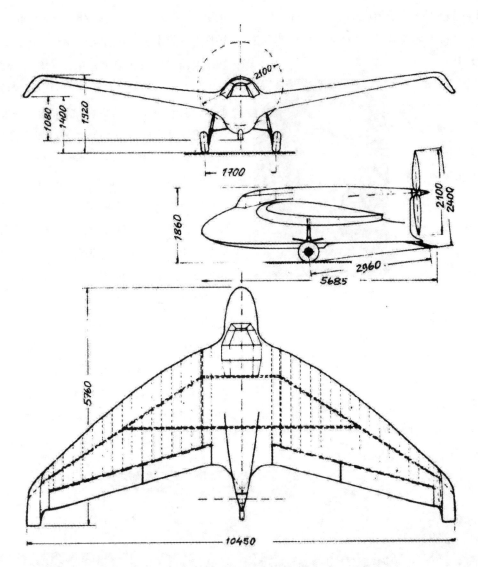

DFS 194 早期版本的三视图，注意这一阶段该型号没有垂直尾翼，翼稍下反。

发一款中单翼布局的无尾后掠翼研究机，同样采用 100 马力发动机驱动的推进式螺旋桨。按照合同，该机得到 DFS 194 的编号，将作为德国空军战斗机的一个试验性型号。

至此，利皮施的无尾机研发已经取得相当的成果，一步一步向实用化的方向迈进。此时液体火箭发动机技术发展也在德国瓜熟蒂落。

20 世纪 30 年代中期，德国军队的一位年轻的技术人员赫尔穆特·瓦尔特（Hellmuth Walter）

离开部队，前往基尔（Kiel）港自主创办了赫尔穆特·瓦尔特有限合伙公司（Hellmuth Walter Kommanditgesellschaft，缩写 HWK），其将新兴的液体火箭推进技术锁定为自己奋斗的目标。得益于军方内部充足的人脉，瓦尔特很快从陆海空三军得到充足的资金用以发展军用火箭。到 1937 年，瓦尔特的液体火箭发动机逐渐成形，他开始尝试将其安装在飞机之上加以试验。这个举动引起了官方机构——帝国航空部的关注，其下属的研发办公室（Entwicklungsamt）专门设立一个"特别促进组织"对火箭发动机加以监控以及引导。

当时，帝国航空部的直接需求是为军用飞机研发一种能够在超重条件下助推起飞的火箭系统，为此给与 HWK 公司充足的资金支持。不过，瓦尔特本人的野心并不满足于此，他的计划是为固定翼飞

赫尔穆特·瓦尔特。

机研发一系列代替活塞发动机的液体火箭发动机。为此，他将军方的资金秘密用于几个私人研发项目中，其中之一被称为 TP-1 型。此种方案使用两种推进剂：80% 的高浓度过氧化氢溶液，简称 T 燃料（T-Stoff）；高锰酸钾或者高锰酸

钠溶液作为氧化剂，简称 Z 燃料（Z-Stoff）。这两种推进剂分别储存在各自的燃料箱中，通过涡轮泵灌输到 TP-1 的燃烧室中，在激烈的化学反应中生成高温的氧气和水向后喷出尾喷管，从而获得向前的推力。TP-1 燃烧室内并不发生燃烧，化学反应的温度控制在 600 摄氏度以下，因而被称为"冷式"火箭发动机。

火箭发动机工作时，只要控制涡轮泵，推进剂的灌输进入燃烧室的速度可以在相当范围内进行控制，因而 TP-1 火箭发动机的推力能够调节，此即液体火箭发动机的一个重要特性。1937 年 11 月，TP-1 火箭安装在亨克尔公司的 He 112 战斗机之上，完成了成功的混合动力试飞。由此，亨克尔公司获得了德国空军的批准，基于 HWK 公司的改进型 TP-2 制造一架新型的纯火箭动力试验机，即 He 176。与之同步，HWK 公司的新型动力系统成功引起了德国空军高层的关注。基于 TP-2 型，下一款改进火箭发动机获得 HWK R II-203 的厂家编号和

HWK 工厂，德军液体火箭发动机的重要产地。

109-509A 的军方编号。接下来，为这款最新型 HWK 火箭发动机寻找一架合适的飞机，便是水到渠成的一件事情。值得一提的是，液体火箭发动机在当时处在绝密研发阶段，德国空军对与之相关的任何项目均采用最高级别的保密措施。

测试 HWK 液体火箭发动机的 He 112 螺旋桨战斗机。

此时，帝国航空部已经成为德国滑翔机研究所的主管单位。1938 年秋天，赫尔曼·洛伦茨（Hermann Lorenz）博士作为官方代表前往达姆施塔特进行视察，不动声色地寻找火箭发动机的理想载机。在利皮施的机库中，洛伦茨博士和随行人员们看到了两架颇不寻常的飞机——整装待发的 DFS 39 和正处在制造阶段的 DFS 194。对比当时的常规飞机设计，它们的后掠翼暗示着极为优秀的高速潜能。

洛伦茨对此极有兴趣，询问利皮施哪一架飞机的操控性能更好。

"毫无疑问是 DFS 39，洛伦茨博士。"

"告诉我，亲爱的利皮施，你能照着这个设计再给我们造一架飞机吗？机翼一模一样，机身有改动。"

"我们当然可以做到。"

"我们想要测试一种新的发动机，它必须安装在后机身上，所以驾驶舱要在最前面的位置，和这架 DFS 39 的不一样。"

利皮施脑海中马上浮现起十年前为弗里茨·冯·奥佩尔研发"鸭子"火箭飞机的经历，不假思索地脱口而出："你想试验一种新型的火箭发动机？"

洛伦茨如遭晴天霹雳，他以为自己的秘密使命被利皮施识破，恨不得把对方一口吃掉。事后，洛伦茨极为恼怒地责问利皮施："你刚才是中了什么邪在旁人面前乱讲这些话？你怎么会知道它的事情？这是绝对不允许的！"

利皮施定下神来，一字一句地回答道："我对这个毫不知情，不过我们十年前就已经试飞过火箭飞机了。"

这时候，洛伦茨恍然大悟，他依旧不敢掉以轻心，斩钉截铁地命令利皮施："我要求你不能在公众面前再次使用'火箭'这个字眼。"

随后，两人在利皮施的办公室中展开秘密长谈，德国空军野心勃勃的火箭飞机计划这才徐徐展现在"伦山幽灵"面前。

洛伦茨博士因利皮施的无尾三角翼飞机深受鼓舞，他回到帝国航空部之后向直属领导阿道夫·贝姆克（Adolf Baeumker）博士汇报，认为 HWK 公司的火箭发动机应该安装到利皮施的"三角"系列上进行试验。根据洛伦茨的汇报，他强烈预感到利皮施的无尾设计能够发展成为一款优秀的火箭飞机。

随后，贝姆克博士与利皮施签订了一份合同，订购第二架 DFS 39，即"三角 IVd"。按照合同，该机用以安装改进型的 HWK R II-203 火

箭发动机进行试验。该飞机代号为"项目 X
（Projekt X）"，拥有最高的机密级。

因是军方没有迫切需求将这种全新概念的飞机
投入实战。

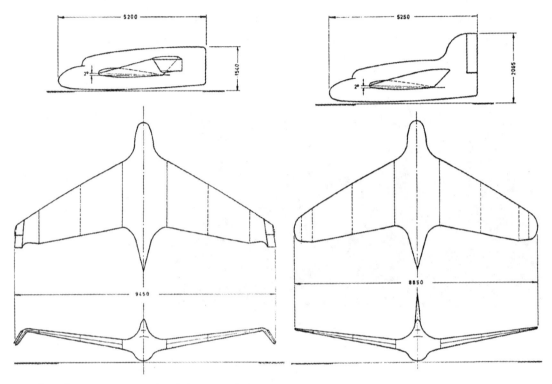

1938 年 7 月 7 日，"项目 X"的两个构型，注意其中之一的气动布局和 DFS 194 相似，但这是两款不一样的飞机。

从 1937 年到 1938 年，HWK 公司不断地改进火箭发动机的设计，R II-203 型的推力减小30% 后，其工作时间延长到 140 秒，更适合作为固定翼飞机的动力系统。由于"项目 X"密级过高，利皮施本人在相当长一段时间内都无法获得 R II-203 火箭发动机的施工图纸。

到了 1938 年，利皮施接连受到沉重的打击。年初，妻子凯特因病去世，几乎使"伦山幽灵"失去继续奋斗的动力。接下来，由于战争的阴云开始在欧洲上空聚集，德国政府决定将 DFS 从达姆施塔特迁移到布伦瑞克（Braunschweig），同时重组内部机构。利皮施失望地发现自己的无尾机分部即将不复存在，原

利皮施不甘心让自己的梦想——"项目 X"中途夭折，他前往柏林，利用个人关系和影响力从政府方面寻求支持。

最开始，帝国航空部要求该飞机的机身和发动机转交亨克尔公司制造，而德国滑翔机研究所的利皮施一方提供机身的设计图纸。官方的用意很明显——在这架飞机上整合利皮施的滑翔机设计和亨克尔公司的火箭飞机经验。

不过，亨克尔公司对火箭动力飞机的研发重心聚焦在自家的 He 176 之上，利皮施的"项目 X"遇到相当大的阻力。在 1938 年，帝国航空部决定由业界巨头——梅塞施密特股份有限公司（Messerschmitt AG）接管该项目。

1939 年 1 月 2 日，利皮施和团队 12 名核心成员携 DFS 194 和"项目 X"的图纸转移到梅塞施密特公司位于奥格斯堡（Augsburg）的豪恩施泰滕（Haunstetten）工厂，继续进行第一架"项目 X"原型机的设计。梅塞施密特公司为这个新项目专门以利皮施的姓氏首字母成立了一个"L 分部（Abteilung L）"，由帝国航空部技术局的汉斯·马丁·安茨（Hans Martin Antz）监管。

当时，"项目 X"具备最高的密级，奥格斯堡地区总共有 15 个人了解"L 分部"的真正内幕——在利皮施的 13 人团队之外，整个豪恩施泰滕工厂只有威利·梅塞施密特博士和他的秘书约阿希姆·施梅德曼（Joachim Schmedemann）是知情者。

为了给工厂里新增的这个分部做掩护，施梅德曼想尽了办法。当时，不同机构的文件中，对于梅塞施密特公司出品的飞机开始出现编号混淆的状况，例如最著名的单引擎战斗机便有

梅塞施密特公司豪恩施泰滕工厂的总部大楼，利皮施的火箭战斗机就在这里孕育而出。

Bf 109 和 Me 109 两个编号——"Bf"代表梅塞施密特公司前身巴伐利亚飞机制造厂（Bayerische Flugzeugwerke AG）、"Me"则为梅塞施密特博士姓氏的首字母。在这一阶段，梅塞施密特公司为了和菲泽勒公司的 Fi 156"鹳（Storch）"竞争，推出了自己的 Bf 163 轻型多用途飞机，结果性能并不理想。为此，施梅德曼决定为"L 分部"研发的这架飞机定名为 Me 163 A，在公司内部宣称这是 Bf 163 的改进版本。接下来，该机得到"彗星（Komet）"的正式昵称。

在亨克尔公司方面，He 176 的机体在 1938 至 1939 年逐步制造完成，被送到波罗的海上与世隔绝的乌泽多姆（Usedom）岛，进入德军秘密的佩内明德（Pennemünde）武器试验场。1939 年 6 月 20 日，安装上 TP-2 发动机的 He 176 成功首飞。不过，当天该型号的性能表现却相当平庸：留空时间仅有 50 秒，最大速度仅勉强超过 270 公里/小时。

德国空军内部，掌管兵器生产的高层人物艾哈德·米尔希（Erhard Milch）上将和恩斯特·乌德特（Ernst Udet）中将前来观看 He 176 的第二次试飞，结果大失所望，认为亨克尔公司把太多的时间和资源消耗在了这个昂贵的"玩具"之上。乌德特对这款飞机给出一个尖刻的评价："就是一枚带滑板的火箭。"随后，He 176 在希特勒面前进行了一次演示，同样无法打动第三帝国元首。事实将证明，利皮施团队对火箭动力的运用在德国境内是首屈一指的，但亨克尔公司已经永远失去了他们。

Me 163 项目的初始阶段

并入梅塞施密特公司后，利皮施团队加班加点地推进"彗星"的研发工作。到 1939 年下半年，第二次世界大战爆发前夕，该项目的优先级大幅度降低，被迫临时中止，有人员分配到其他应急项目之中。在这一阶段，利皮施作为设计师，需要了解飞机安装火箭发动机后在飞行之中的实际表现，因为在一架全新开发的机体上安装一台从未接触过的发动机，其技术风险太高，几乎就是摸着石头过河。然而，当时只有亨克尔公司具备 HWK 火箭发动机的实际应

亨克尔公司的 He 176，令德国空军大失所望的火箭飞机。

用数据，这个机密基本上是没有可能分享给一个潜在的竞争对手的。

此时，DFS 194原型机的机体设计完成度较高，项目团队已经完成一款相应的等比模型，在小城哥廷根的AVA风洞中进行飞机的风洞试验。为此，利皮施团队调整DFS 194的设计，融入风洞测试结果和Me 163设计过程中积累的经验，计划在其之上安装HWK公司推力400公斤的TP-2/R II-203火箭发动机，作为新引擎的前期测试平台。DFS 194的原始设计并非火箭飞机，不过由于具备金属机身和合金蒙皮结构，改装工作较为顺利。

持续深入，利皮施成功地在DFS 194阶段消除了"荷兰滚"的效应。

1939年10月16日，DFS 194的火箭发动机在地面顺利试车。接下来，利皮施得到制造3架"彗星"原型机的正式批准。这批飞机最早的临时编号为利皮施 P 01 V1/V2/V3原型机，随后得到Me 163 A V1/V2/V3原型机的正式编号。其中，Me 163 A V1原型机实际上便是DFS 194，而V2和V3原型机用于破坏性的静力试验。

值得一提的是，对于DFS 194和Me 163系列的关系，利皮施日后在个人回忆录《三角翼发

正在接受火箭发动机安装的DFS 194号机。

在1939年的反复改进中，利皮施将原DFS 39上的翼尖方向舵拆除，在DFS 194的机尾增设垂直尾翼和方向舵。最初的风洞测试结果表明：DFS 194的飞行特性良好，但大展弦比机翼导致横向稳定性过大、航向稳定性相对不足，容易出现"荷兰滚"的震荡效应。依靠DFS 39飞机上积累的经验，通过对风洞试验的

展史（Die Entwicklung der Delta）》中予以特别说明："……不过，我需要强调的是，DFS 194无论如何不应该被看作Me 163的前身。Me 163/'三角IVd'是直接从'三角IVc'/DFS 39衍生而来的。"

1940年夏季，DFS 194的机体改造完成，被送往佩内明德西机场进行HWK火箭发动机的安

1940年6月3日，正在佩内明德进行试验的 DFS 194 号机，前方转身者为工程师威利·埃利亚斯，试飞员海尼·迪特马尔正在穿着防护服，这说明飞机的机身内已经灌注了高腐蚀性的燃料。注意放置在地面上的座舱盖。

正在佩内明德跑道上滑跑的 DFS 194 号机，注意旁边工作人员的距离并不远。

装。8 月，该机由海尼·迪特马尔驾驶成功完成火箭动力试飞。在空中，DFS 194 表现出色，爬升性能远超设计估算。该型号的机体并非为高速飞行而设计，但凭借着良好的气动外形，在平飞中的最大速度毫不费力地超过 550 公里/小时，已经将亨克尔公司的 He 176 远远甩在身后。高速飞行时，DFS 194 开始体现出操纵困难的问题，因而利皮施团队决定在 Me 163 之上将联动控制面的操纵索变为操纵连杆。

总体而言，DFS 194 的成功为 Me 163 争取到更高的优先级，后续用于试飞的 Me 163 A 原型机得到开工制造的批准。同时，帝国航空部为这批原型机向 HWK 公司发布火箭发动机的新规格指标，要求根据 Me 163 的机身结构定制、能够方便安装拆除，以便进行维护和地面测试。按照要求，最新的 R II-203 火箭发动机的推力能够在 150 公斤到 750 公斤之间调整，并能由飞行员控制在空中实现第二次点火。

作为一款全新的无尾飞机，Me 163 系列是利皮施近 20 年潜心研究的结晶。在 Me 163 A 的设计过程中，利皮施总共取得大约 50 项专利。例如，无尾飞机控制系统可以大幅度强化飞机的稳定性、减轻飞行员的操纵杆力，并最终获得专利号 55811。

总体而言，Me 163 A 是一架小巧玲珑、干净利落的火箭飞机。机头整流罩为钝圆形，流线形座舱盖向后收入机身当中，前方视野良好。该型号的后掠翼为中单翼布局，略带下反角，翼根位置的轮廓和机身完美流畅地融为一体。机尾部位只有一副垂直尾翼和一个火箭发动机的喷口，相当简洁。

为了尽可能减轻飞行中的重量，Me 163 的后三点式起落架采用较为独特的设计。机身前下方，两个主起落架轮安装在可抛弃的滑车之上，滑车再与机身下部的升降滑橇固定扣紧。动力起飞时，飞机依靠滑车和后方的尾橇在跑

1940 年 8 月，DFS 194 号机在佩内明德西机场成功完成火箭动力的首飞测试。

道上滑动。升空后，滑车被抛弃。降落时，滑橇放下展开，由飞行员在草地跑道上着陆。Me 163 系列降落时，火箭发动机已经耗尽燃料，因而采用的是完全滑翔降落的方式。飞行员必须准确判断跑道方位和"彗星"的高度、速度和方向，保证一次性着陆成功。因为一旦出现误差，飞机没有任何动力能够再次爬升复飞。Me 163 的这一特性与普通的固定翼飞机有着明显的区别，所以其飞行员的一个必要素质便是熟练的滑翔机驾驶技术。

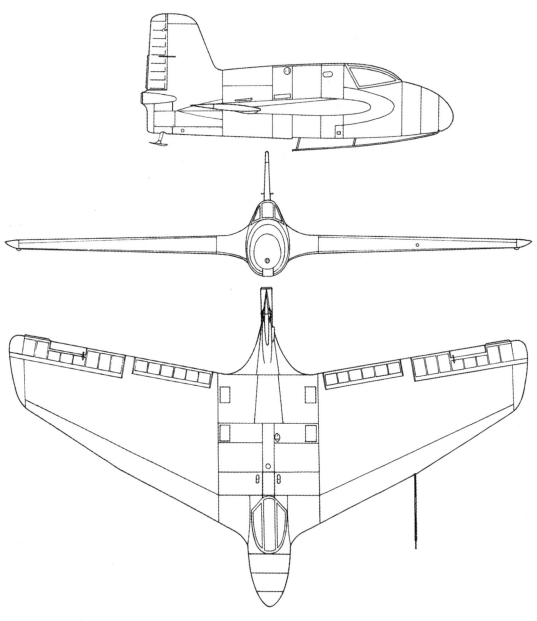

Me 163 A 三视图。

Me 163 A 性能参数	
全长（米）	5.25
翼展（米）	8.85
全高（米）	2.16
机翼面积（平方米）	17.5
空重（公斤）	1440
起飞重量（公斤）	2200
起飞翼载荷（公斤每平方米）	134
发动机	HWK R II 203 系列
最大推力（千牛）	7.35
最大使用速度（公里/小时）	850
武器	无

呼号 KE+SW）在奥格斯堡机场进行第一次滑翔试飞。在牵引机拖曳的过程中，迪特马尔开始检查 V4 原型机的各操纵面是否正常。稍事体验之后，他便驾信利皮施的这个设计必将再次获得成功。

"彗星"驾驶舱中的海尼·迪特马尔。

进入冬季，最早两架 Me 163 A V4/V5 原型机的机身接近完工，不过 HWK 公司的火箭发动机并未准备就绪，因而项目团队决定在 1941 年开始进入滑翔试飞阶段。

1941 年 2 月 13 日，海尼·迪特马尔驾驶第一架 Me 163 A V4 原型机（工厂编号 163000001，

被拖曳至安全高度后，迪特马尔松开飞机的牵引索，开始真正的测试。很快，迪特马尔发现 Me 163 A 的性能优异，作为一款展弦比只有 4.4 的小飞机，其升阻比竟然高达 20。该机既能以 350 公里/小时的速度毫不费力地完成各种空战机动，也能将速度稳定在 80 公里/小时的区间。

不过，在迪特马尔开始尝试降落回奥格斯

第一架 Me 163 A V4 原型机（工厂编号 163000001，呼号 KE+SW）。

正在被拖曳中的 Me 163 A V4 原型机，照片从 Bf 110 牵引机上拍摄。

堡机场时，遭遇了一定的困难。在这里，适合 Me 163 降落的唯一"跑道"是一块和主跑道交叉的草皮。无动力的 Me 163 要从南方向北下降，穿过梅塞施密特工厂车间和巨大机库之间的空隙再落到草地之上。在奥格斯堡机场，梅塞施密特公司其他的出厂飞机定期地在主跑道上执行起降流程，迪特马尔不能对其造成干扰，必须见缝插针地利用前后两次起降的时间间隔，分秒不差地完成自己的降落。

结果，"彗星"第一次降落奥格斯堡机场差点以悲剧告终。当时，迪特马尔对着陆点估算错误，不得不展开一系列极度危险的机动完成着陆。他不顾跑道上吹来的横风，几乎紧贴着地面进行了一个四分之一侧滚机动，飞过两个巨大机库之间的空隙，再在机库后方的空地把 Me 163 A 原型机降落下来。最终，"彗星"的首飞有惊无险地获得圆满成功。

经过多次试飞，迪特马尔发现 Me 163 A 原型机在 6 度的滑翔角条件下性能表现优异。如果速度提升到 360 公里/小时，飞机的方向舵开始震颤；进一步加速至 520 公里/小时，襟翼也出现震颤现象。在控制面上增加相应的配重之后，震颤现象完全消除，Me 163 的操控品质堪称完美无缺。随后，迪特马尔在试飞中达到 850 公里/小时的俯冲速度，堪比德国空军的主力战斗机 Bf 109 和 Fw 190——而此时的 Me 163 A 仅仅是一架无动力的原型机！

作为 Me 163 项目强有力的支持者，德国空军兵器生产总监恩斯特·乌德特前来试飞场地视察原型机的测试工作。当天，乌德特和利皮施走出机库来到跑道上，此时机场上空 5000 米高度，迪特马尔驾驶的 Me 163 A 正在按照计划进行各种试飞科目。

乌德特久久凝视着头顶上的这架快速敏捷、上下翻飞的小飞机，神情越来越兴奋，他转头提出自己的疑问："你在那上面装了什么型号的发动机，利皮施？"

"将军阁下，飞机上面还没有安装发动机，迪特马尔这时候正在进行滑翔试飞。"

与此同时，Me 163 A 压低机头，极速俯冲

滑翔中的 Me 163 A V4 原型机。

而下，速度转眼之间就超过了 640 公里/小时，随后飞机再轻灵矫健地拉起大角度急跃升，毫不拖泥带水。

乌德特顿时激动起来："你在糊弄我。他绕着这个机场已经飞了最少十分钟了！"

利皮施不慌不忙解释道："将军阁下，这架飞机具备这个能力，是因为它的升阻比高，而且阻力非常小。"

"我觉得这个很难说服我，利皮施。"

接下来，迪特马尔驾驶 Me 163 A 降下高度，在机场上空完成几个通场以消耗过高的速度。最后，原型机轻盈地降落在跑道之上，迪特马尔微笑着打开座舱盖，又一次试飞任务圆满完成。

看着这一切，乌德特快步穿越跑道，朝着停稳在草地上的原型机跑去，一边跑一边喊："都让开，都让开！我要自己看看这架飞机。"

利皮施索性指挥技术人员把飞机的所有面板和舱门全部打开，让乌德特尽情寻找他想象中的那台"秘密发动机"。

绕着 Me 163 A 转了好几圈，前前后后检查了一通之后，乌德特不由得喃喃自语："是真

的——飞机上没有发动机！"

这次视察令乌德特兴奋不已，他返回柏林之后竭尽所能为 Me 163 展开游说。作为结果，"彗星"获得了更高的优先级。

1941 年 5 月，一架 Me 163 A 的木质模型送到基尔的 HWK 工厂，用以改进型 R II-203b 火箭发动机的安装测试。出于之前"项目 X"进度拖沓的影响，一直到 7 月 18 日，HWK 公司方才开始新发动机的测试工作，足足拖延了两个月之久。在 Me 163 的短暂历史中，发动机的技术故障一直是无法根除的顽疾。

火箭发动机准备完毕之后，便被打包装运至佩内明德的西机场，开始在 Me 163 A V4 上进行安装。R II-203b 火箭发动机的推力达到 750 公斤，工程师们估计它能够将 Me 163 A 在 4000 米高空推进至 1000 公里/小时的速度。

1941 年 8 月 13 日，恩斯特·乌德特等一众德国空军高官聚集在佩内明德。跑道上，海尼·迪特马尔在 Me 163 A V4 原型机的驾驶舱内就位，收到起飞信号之后启动 R II-203b 火箭发动机。只见 V4 原型机喷吐出明亮耀眼的火舌，尖啸着滑跑升空。驾驶舱之内，迪特马尔对 Me 163 的性能感到极度震撼，他在日后回忆道："我永远不会忘记第一次靠着火箭发动机起飞的情形。第一次火箭动力飞行是我的飞行生涯中无与伦比的难忘经历……当我靠着 700 公斤的推力径直飞出波罗的海，大角度拉起爬升、角度越来越陡峭而速度没有丝毫减缓的时候，我知道我们开启了一个飞行的全新时代。"

地面上，亚历山大·利皮施同样是感慨万千：

他驾驭这只"小鸟"的情形甚为壮观。起飞之后，飞机先是紧贴地表积累高度，随即大角度拉起飞到 4000 ~ 6000 米高度（从起飞到 4000

佩内明德西机场，Me 163 A V4 原型机启动火箭发动机在跑道上滑跑加速。

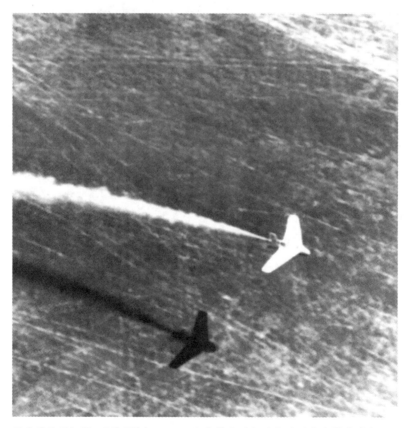

佩内明德西机场，"彗星"在 R II-203b 火箭发动机的推动下疾速滑跑升空。

米只花了 55 秒)。飞行性能极为出色。我多多少少作为一名见证者，看着它拖曳着浓烟消失在云层中的时候，我的思绪回到了一切的最初，想起了那时候我们这些飞机不成熟的雏形。我非常激动，因为在最后，我们终于解决了林林总总的、几乎是各种不可逾越的难题。

迪特马尔驾驶 V4 原型机围绕机场执行一系列简单机动，消耗光所有燃料之后安全降落在草皮跑道之上。至此，德国空军最新锐的火箭飞机的首次动力试飞圆满成功，现场一片热烈欢腾的气氛。

试飞结束后，乌德特试图给与利皮施更多的优先级，加速"彗星"的研发，他作出指示："L 分部"脱离奥格斯堡的梅塞施密特工厂，迁移到上特劳布林格(Obertraubling)；日后利皮施研发的飞机将以他的姓氏缩写作为编号；为利皮施配备他所需要的研发人员。对于这一系列的决定，梅塞施密特博士本人强烈反对，理由是显而易见的：公司已经为利皮施的团队投入大量资源，结果对方在羽翼丰满之时远走高飞，无异于为他人作嫁衣裳。

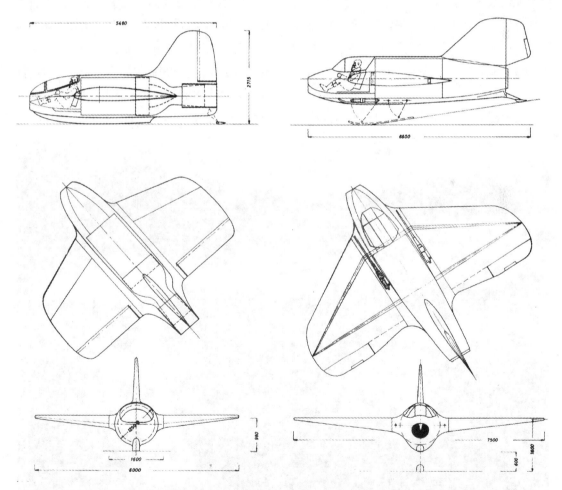

1939 年 4 月的 P 01-116(左)和 11 月的 P 01-111 截击机三视图。可见图中涡轮喷气发动机的尺寸与现实差距较大，这意味着当时利皮施实际上尚无法接触到这种绝密动力设备。

最后，乌德特的决定不了了之，这段波折也揭示出利皮施和梅塞施密特之间的合作从一开始便存在芥蒂。

不过，此时的德国空军高层没有感受到梅塞施密特公司内部的摩擦，将领们对 Me 163 A 的火箭动力试飞感到极度振奋，开始极力将该型号转化为一款高空高速截击机。作为总设计师，利皮施本人非常清楚 Me 163 的性能缺陷——该型号的设计原点是一架无尾翼的试验飞机，火箭动力的航程过短，因而仅能作为一架创纪录飞机使用，并不适合投入实战承担国土防空的职责。

实际上，为满足军方的需求，利皮施在过去两年时间中一直提出不下十种高性能截击机的方案。为了不把所有赌注都押在 HWK 公司的火箭发动机之上，利皮施尝试为这些飞机配备涡轮喷气发动机或者喷气发动机与火箭发动机的混合动力。例如，"L 分部"成立刚刚三个月，利皮施便在 1939 年 4 月 13 日完成 P 01-116 截击机的方案，这是一款采用后掠翼和机头进气口，配备涡轮喷气发动机的单座截击机。随后，其他多款截击机设计均体现出明显的利皮施风格，但均没有得到军方的首肯。在 8 月 13 日 V4 原型机的动力试飞之后，德国空军选择利皮施的最新一个与 Me 163 A 布局类似的火箭截击机方案，将其定型为 Me 163 B。

没有太多犹豫，军方和梅塞施密特公司签订生产 70 架配备武装的 Me 163 B-0 预生产型截击机的合同。9 月 1 日，梅塞施密特公司启动 Me 163 B 的项目。当月，该型号的技术规范列入提案中，连带生产计划提交帝国航空部。月底，梅塞施密特公司的提案得到批准，该项目计划从 1941 年 10 月开始。其中，最初的 4 架原型机 (Me 163 B-0 V1 至 V4) 的机身零部件生产、

Me 163 B 初期的全尺寸木质模型，与 Me 163 A 有着明显区别。

组装和结构测试在奥格斯堡进行，其余的 66 架飞机零部件在雷根斯堡（Regensburg）制造，组装工作则在上特劳布林格完成。

在这一阶段，恩斯特·乌德特意识到所有的试飞任务压在迪特马尔身上危险系数过大，因此他想到了一位经验丰富的滑翔机飞行员——鲁道夫·奥皮茨（Rudolf Opitz）少尉。在 30 年代的德国滑翔机运动热潮中，奥皮茨早早便结识了迪特马尔。奥皮茨是德国第六个拿到"金 C"滑翔机飞行员资格证章的人，这意味着飞行员需要驾驶滑翔机持续飞行 300 公里以上。

在利皮施团队离开 DFS 后，奥皮茨试飞过 DFS 40，虽然由于配平失误发生坠机事故，奥皮茨依然积累到一定程度的利皮施无尾飞机操作体验。第二次世界大战爆发后，奥皮茨作为滑翔机飞行员参加过大名鼎鼎的埃本·埃马耳（Eben Emael）要塞强袭战——世界上第一次依靠滑翔机展开的大规模特种作战，并获得一级铁十字勋章的嘉奖。在 1941 年的这个秋天，奥皮茨在第 4 滑翔运输机飞行学校（Fliegerschule Für Lastensegler 4）担任滑翔机训练的主教官，被认为是迪特马尔的理想备份人选。对于被调入利皮施团队的经历，奥皮茨回忆道：

当迪特马尔在佩内明德进行第一次试飞的时候，来自德国空军高层的官员们，乌德特和其他的人都在现场。当然，目睹的一切和这架飞机的爬升率给他们留下了深刻的印象。在这次试飞之后，乌德特停止了计划，命令在第二名飞行员安排进项目之前，禁止进行试飞。因为迪特马尔是梅塞施密特公司唯一飞过这架无尾飞机的飞行员，乌德特意识到如果迪特马尔出点什么事情，他所有的经验全都没了。

梅塞施密特公司受命推荐一名飞行员，他们想起了我，是因为我在 30 年代中期和迪特马尔一起飞过试验性的飞翼机。于是我接到了电话，过了几天我就被调到了佩内明德。

迪特马尔见到奥皮茨，稍事寒暄后便将老朋友带进 V4 原型机的座舱之中，对其进行了一番详细的讲解。接下来，奥皮茨将独立完成 V4 原型机的第二次动力试飞。

奥皮茨仔细检查座舱内的所有仪表，启动 R II-203b 火箭发动机，V4 原型机开始在跑道疾速滑行，转眼之间便离地升空。这个速度远远超过了滑翔机飞行员的过往经历，以至于奥皮茨完全忘记了投下可抛弃滑车。直到他意识到这一点时，

鲁道夫·奥皮茨，Me 163 部队的关键人物之一。

V4 原型机已经爬升到 30 米高度。奥皮茨担心在这个高度上投下滑车会导致破损，于是决定带着滑车完成体验飞行后降落回原机场。奥皮茨将火箭发动机的燃料消耗完毕，再驾驶 V4 原型机平安无事地降落回地面。他爬出驾驶舱，发现周遭所有的人都以一种极度愕然的眼神死死盯着他——滑车没有方向控制和液压系统，团队成员全部认定原型机一旦落地必将当场坠毁！

至此，两名飞行员均体验过"彗星"的动力滑跑升空。V4 原型机重新加注燃料，进行下一阶段的牵引升空试飞。这一次，轮到迪特马尔坐进驾驶舱之内，而奥皮茨则负责驾驶前方的 Bf 110 牵引机。驾驶舱内的另外一名乘客是工程师威利·埃利亚斯（Willi Elias），他负责使用 16 毫米摄像机拍摄 Me 163 A 飞行的影像，用于

埃本·埃马耳要塞强袭战过后的滑翔机飞行员合影，每个人都佩戴着一级铁十字勋章。右一为鲁道夫·奥皮茨，他旁边的是海因茨·沙伊德豪尔（Heinz Scheidhauer），日后著名的 Ho 229 飞翼机试飞员。

日后的宣传。这次试飞同样顺风顺水地完成，随后轮到奥皮茨进行个人第二次动力试飞体验。

在四次动力试飞顺利完成之后，项目团队决定使用 V4 原型机冲击 1000 公里/小时的速度大关。这意味着原型机需要将大部分燃料运用

在平飞加速而不是爬升之上，因而爬升阶段需要再次出动 Bf 110 牵引机的辅助。不过，这架双引擎螺旋桨飞机的功率不足，无法拖曳满载燃料的 Me 163 离地升空，为此工程师们决定原型机内只灌注 75% 的燃料。

1941 年 10 月 2 日的佩内明德地区天气晴朗，奥皮茨驾驶 Bf 110，将 V4 原型机和机舱内的迪特马尔一同拖曳升空。两架飞机向北飞出波罗的海，逐渐爬升至 4000 米高度，再左转弯从西方折回机场空域——地面上的测量仪器已经做好记录飞行数据的准备。

航向一旦对准佩内明德机场，迪特马尔便松开挂钩，启动火箭发动机。Me 163 后方的尾喷管喷吐出明亮的火舌，推动飞机向前越飞越快。在空气稀薄的高空，迪特马尔能明显感受到飞机的加速度远远高于同等推力条件下的地面滑跑起飞。转眼之间，V4 原型机的速度已经超过 900 公里/小时，持续加速的势头方才开始

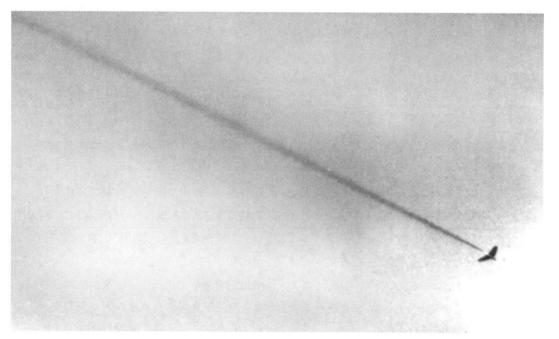

Me 163 A V4 原型机高速掠过佩内明德西机场的壮观场面，该机在 1941 年 10 月 2 日突破平飞速度 1000 公里/小时大关。

稍稍减弱。迪特马尔迅速向下张望，确认航向对准机场的方向。在地面上，在场人员看到广袤澄净的蓝色天幕之下，一道灰色的尾凝从西方高速延展而来，前方牵引着尾凝的小黑点就是迪特马尔的 V4 原型机。

驾驶舱之内，迪特马尔清楚自己的速度已经超过有史以来所有载人飞行器，距离传说中不可逾越的音障已经近在咫尺。想到 V4 原型机的机翼仅仅是木材质地，极有可能在音障面前粉身碎骨，迪特马尔开始感到一丝丝不安。在空速计突破 1000 公里/小时大关后不久，一直平稳飞行的 V4 原型机开始震颤，左侧机翼开始下沉。迪特马尔竭力扳动操纵杆，但完全无济于事，V4 原型机被无形的力量抓紧，机头向下俯冲。受猛烈负加速度的影响，机舱底部的灰尘腾空而起，粘在迪特马尔的脸上和座舱盖之上。

迪特马尔当机立断，左手牢牢抓住节流阀向后猛力扳动，R II-203b 火箭发动机戛然熄火。V4 原型机的速度逐渐变慢，随后一点点恢复正常控制。迪特马尔检查飞机的各个操纵面，发现一切正常。他随即重新启动发动机，在燃料消耗完毕后平稳降落回佩内明德机场。

迪特马尔打开飞机座舱盖，等待已久的技术人员冲了上来，将他一次又一次地高高抛起庆祝成功。当天晚上，测试仪器的数据最终统计完毕：V4 原型机达到 1003.67 公里/小时的速度，相当于 0.84 倍音速！整个"L 部门"一片欢腾，此时的另一位航空业巨头也许心情较为复杂，根据利皮施的回忆："当我回到奥格斯堡的时候，梅塞施密特没有马上和我说话。他要首先咽下这口气，就是我的飞机飞得比他的快。"

这次破纪录飞行轰动了整个德国空军，利皮施、瓦尔特和迪特马尔齐齐被授以李连塔尔奖(Lilienthal Diploma)——德国航空工业的最高奖项之一。

10 月 22 日，在和军方代表的会谈中，梅塞施密特公司向乌德特展示了一幅极具吸引力的前景——如果立即开始制造 70 架 Me 163 B-0 预生产型截击机，那到 1943 年春天，德国空军将能拥有一个齐装满员的火箭截击机大队——技术领先一代的高空高速截击机部队。对于这个诱惑，乌德特是无法抗拒的。Me 163 项目的优先级再次提高，而利皮施受命重新设计 Me 163 的机身，用以容纳武器、更多的燃料以及更大的发动机等设备。为此，Me 163 B 将配备尺寸加大的新型铝制机身结构。

随后，军方要求梅塞施密特公司调整生产计划，要求项目开始七个月之后交付第一架 Me 163 B-0。梅塞施密特公司认为这个时间表完全不合实际：以该公司的角度，合同中除去最早的四架原型机，其余的 66 架全部只能作为非流水线生产的预生产型交货，而且出场时间最快也要到项目开始的 17 个月之后。为了达成军方的迫切需求，梅塞施密特公司在会议上提出一系列条件，包括：从 11 月 15 日开始获权使用哥廷根的风洞测试 Me 163 的等比模型；获得相应的原材料、绘图师和工程师；上特劳布林格工厂内安装相应设备等。耐人寻味的是，军方一度提出生产 60 套全金属机翼，用以替换量产型"彗星"上的木质机翼，这个要求随后不了了之。

正当 Me 163 项目开始进入突飞猛进的快车道之时，其最重要的支持者——乌德特在 1941 年 11 月 17 日自杀身亡，继任者艾哈德·米尔希接管 Me 163 项目之后，将其优先级进行一定程度的降低。意识到项目随时都有可能被中止，利皮施依然带领"L 分部"在 12 月 1 日开始 Me 163 B 系列的设计。此时，HWK 公司已经承诺火箭发动机的推力能够提升至 1500 公斤。以此为依据，利皮施推算出火箭飞机的起飞重量上限是 3300 公斤。如果超过这个数值，Me 163 将难以承担升空作战的职责。

由于帝国航空部所分配的制图人员迟迟没有就位，"彗星"的生产准备工作要到 12 月方才开始。风洞模型交付的延误以及空气动力学专家的缺失同样造成量产进度的拖后，战略物资的紧缺使得 Me 163 B 的制造在 1942 年 2 月之前无法启动。然而，对于这款火箭战机而言，技术上最大的难点在于动力系统。

迅速得到军方的赏识，获得 109-509B 的军方编号，成为 Me 163 B 的正选动力。对于梅塞施密特公司的设计团队而言，动力系统的更改意味着相当一部分的工作需要推倒重来——两款发动机尺寸、重量、推进剂差异明显，对应两种迥然不同的燃料箱以及管道输送系统。

实际上，HWK 公司的火箭发动机研发和生产远远落后于梅塞施密特公司的进度，在整个 1942 年，HWK R II 211 发动机一直无法交付。

R II-211 火箭发动机。

最开始，梅塞施密特为 Me 163 B 选定 HWK 公司的 HWK R II 209 火箭发动机。利皮施团队开始设计工作之后，HWK 公司向帝国航空部提交下一代 HWK R II 211 "热式"火箭发动机的方案。该型号取消 Z 燃料，取而代之的是 C 燃料（C-Stoff），即 30% 的水合肼、57% 的甲醇和 13% 的水混合物。新发动机的结构大为简化，推力提升至 1300 公斤以上，而且不会和"冷式"发动机一样生成大量浓厚的白烟。为此，该发动机

而到 1942 年 2 月，只有 4 台 R II-203 发动机从基尔的工厂送抵佩内明德。因而，为了尽可能加快新飞机研发进度，利皮施团队决定：Me 163 B-0 的最初几架原型机/预生产型机——包括 V4、V6 和 V8 号机上安装的均为现成的 R II-203 发动机。

在量产型"彗星"的设计阶段，Me 163 A 的试飞继续进行。海尼·迪特马尔曾经驾驶 Me 163 A V6 原型机在一次无动力滑翔试飞中陷

入几乎无法改出的尾旋。死里逃生过后，试飞员和设计团队共同对这次险情展开分析研究。最后，利皮施决定调整 Me 163 的机翼设计，安装团队设计师 J·休伯特（J Hubert）发明的 C 缝翼。这种新发明具备低阻力的特性，以增加 2.5% 阻力为代价，使得"彗星"的操控特性大为改善。

随后，在 1942 年夏季的 Me 163 A 测试中，试飞员颇为惊讶地发现：在所有高度执行任意剧烈的机动，飞机都不会陷入尾旋！即便在大迎角甚至倒飞条件下，对方向舵和副翼的任何剧烈操作均无法引发飞机失控偏航的现象。与之相对应，后续发展的 Me 163 B 同样具备与 A 型类似的良好操控特性。

16 测试特遣队成立

1942 年 4 月，德国空军决定开始评测 Me 163 的军事作战潜力以及投入现役的可能性。为此，第一支 Me 163 部队——16 测试特遣队（Erprobungskommando 16，缩写 EKDO 16）正式成立。该部的职责是测试 Me 163 并协助梅塞施密特公司的研发工作，使其能够投入大规模量产，作为一款合格的战斗机交付部队。16 测试特遣队的测试工作包括飞机本身——机身、火箭发动机、武器以及相应设备，同样涉及 Me 163 的地面维护以及战斗准备。为此，该部不仅仅需要训练火箭飞机的飞行员，还要培养一批经验丰富的地勤人员，对未来的作战任务提供支持。

就在这个月，战斗机部队总监命令骑士十字勋章获得者沃尔夫冈·施佩特（Wolfgang Späte）中尉离开东线战场的 JG 54，带着自己的 80 个宣称战果回到后方担任 Me 163 的项目官（Typenbegleiter），并前往佩内明德执掌 16 测试特遣队。

沃尔夫冈·施佩特签名照。

在众星闪耀的德国空军王牌队列中，施佩特中尉也许并不突出，但他的战果已经超过同盟国的所有战斗机飞行员。值得一提的是，和其他王牌不同，施佩特是一名造诣颇深的滑翔机飞行员。在第二次世界大战前的伦山滑翔机大赛中，施佩特曾经驾驶自己制造的滑翔机参加比赛，对滑翔机的设计和实际运用持有深刻理解。比赛中，他和海尼·迪特马尔、汉娜·莱切等著名飞行员结下坚实的友谊。曾经有两年多的时间，施佩特在 DFS 担任滑翔机试飞员，与亚历山大·利皮施打过长时间的交道。值得一提的是，施佩特拥有达姆施塔特工业大学（Technical University in Darmstadt）的工科教育背景，理论知识扎实。在滑翔机运动领域，施佩特是第一个使用数学方法解决滑翔机远程飞行速度问题的飞行员，并由此获得 1938 年的伦山滑翔机大赛冠军。可以说，对于"彗星"——这架起飞时是高速火箭飞机、降落时是滑翔机的独特飞行器，沃尔夫冈·施佩特是德国空军中最适合的指挥官人选。

4 月 20 日，16 测试特遣队的作训报告有着如下记录："战斗机部队总监命令施佩特中尉负责 16 测试特遣队的组建和领导，职责为代表兵器生产总监测试 Me 163 A 及 B 型，向生产厂家提供这架全新飞机的情报。"

5 月 11 日的佩内明德机场，沃尔夫冈·施佩特中尉在技术员威利·埃利亚斯等人的帮助下，开始自己最早的体验飞行。在日后的回忆录《绝密战鹰》中，他是这样记录的：

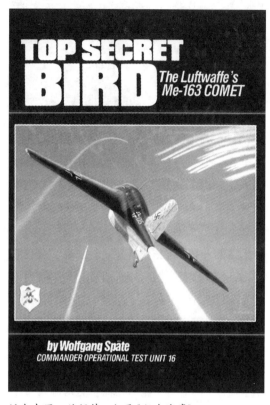

TOP SECRET
BIRD
The Luftwaffe's
Me-163 COMET

by Wolfgang Späte
COMMANDER OPERATIONAL TEST UNIT 16

沃尔夫冈·施佩特回忆录《秘密战鹰》。

……春暖花开，阳光明媚，天空一片湛蓝。大风从东南方向吹来，波罗的海之上泛起片片白浪。气象员说这是我能期待的最好天气了。在下午，那架飞机终于拖到外头去了。到目前为止，这是唯一做好飞行准备的 Me 163 A。这是一架 V4 原型机，一年前海尼把它飞出了 1000 公里/小时的速度。

……在机场西北角尽头，停放着 V4 原型机。"海尼总是在那里向右边起飞，"埃利（Eli，埃利亚斯的昵称）向我解释道，"你可以看到 Z 燃料在草地上留下的痕迹。所以，我们选择了这块地方给你起飞，这里草皮还是绿色的，没问题。"实际上，起飞区域右边的地方看起来就像是被喷上了一层棕紫颜色，地面上有的区域

直接被尾喷管喷出的燃气吹得翻起来了。最重要的是，哪怕只有几滴过氧化氢落到草地上，也会产生烧蚀作用。所以，那边得有一个人拿着灭火器在待命，如果有什么东西从机身底部滴出来的时候，他就得忙个不停了。由于下午太阳的热量，燃料箱中的燃料发生膨胀，渗透到了外面。

他们为我选择了这片"特别棒"的起飞区域，作为我的"生日礼物"。他们的一举一动看起来是完全平安无事的，好像这是世界上最简单的任务一样。我飞过 D-ENFL 号机（单引擎的老 DFS-39，好飞机）和好几十种其他飞机。我不需要其他的教导了。降落就按照滑翔机的方式进行，这对我来说也不是什么新鲜事。

好了，我拿到了一件防护服，穿上去之后有点小。海尼解释说只有这么一件，这对我的焦虑没有太多缓解作用。然后，我坐上座椅系好安全带，关上了座舱盖启动引擎。在机翼的那一头，埃利向我放心地点了点头。它开始了良好的缓慢滑行。发动机在我身后发出一种完全不一样的嘶嘶声，以巨大的能量推动飞机。一架功率全开的 Me 109 加速度更好，不过靠着螺旋桨，在速度提升上去之后加速性能就会下降。在这架飞机上，加速度则是恒定的。

沃尔夫冈·施佩特穿上防护服，准备开始 Me 163 A 的试飞。

现在，没有时间考虑这么多了。我开始滑跑了——越来越快——副翼和方向舵还没有起作用。100 米——操纵感越来越好了，200米——如果海尼说得没错，方向舵马上就能生效了。然后，飞机往地面沉了一点——在这条刚刚平整过的军方试飞跑道上，竟然有一个看不见的坑洼！我已经落到坑的中央了，飞机滑动得非常快，它在坑的另一边飞起来了，它机头朝上弹向空中，操纵杆向前推！再推！慢慢地，飞机的机头开始向下摆平了，我向下瞥了一眼——离地最少 10 米高——不要再撞到地上了！我再次拉杆，动作越来越大，把操纵杆一直拉到肚皮上，我才稳住了这匹天杀的"暴烈野马"。发动机的推力更明显了，但这只"大鸟"还在往下掉，速度就像它刚才被抛向空中的时候一样快。

地面越来越近，我依然死死地向后拉动操纵杆。砰的一声，结结实实地撞了一下，我又重新向着天空爬升了。这一次，我感受到了方向舵的压力。飞机飞了起来，稳稳当当地在草地正上。现在，飞机下面的草地越来越快地向后方退去。

现在，抛掉滑车！感觉就像蹬了一下马刺似的，我一拉把手轮子就掉下去了……机场尽头有几棵树，我飞到那里的时候，速度已经接近 300 公里/小时了。我擦着树梢飞过去，表速已经是 400 公里/小时了。现在，我要做的就是按照迪特马尔的指引，保持 400 公里/小时的速度。这样，我必须把操纵杆持续地向后拉动。我的高度一直在增加，然后就是以 45 度角爬升。到目前为止，飞机一直保持着加速的势头。忽然间，身后的发动机猛地一震，我向前甩出去，被肩带拉了回来。他们在燃料箱里加注了 500 公斤的 T 燃料，以及相应容量的 Z 燃料。这个燃料量不会让飞机飞太高。燃料加满的时候，

飞机能爬升到 3500 至 5000 米。对 Me 163A 来说就不要让它爬升更高了。当我的燃料耗尽的时候，我爬升超过了 3000 米。我转了一个大弯，开始快乐地滑翔返航。

飞行中的滑翔阶段是一种真正的乐趣。利皮施制造出了一架很棒的飞机，迪特马尔的试飞证明了它拥有非常好的飞行品质。他们两人在这架飞机上的成就太了不起了。当然，不是试飞一次就能发现所有问题的。如果要让我用一句话来总结我的感受，我不得不说我从来没有体验过一架飞行品质如此完美的飞机。除此之外，它的强劲性能让每一个人都无法忘怀。

这次飞行的体验让我深深地沉迷，以至于我准备改平降落时的时候飞得太高了，就像开一架 Me 109 一样。过去两年时间里，我每天都在飞 Me 109。最后关头，我意识到了我的错误，把高度下降了 1 米。飞机在草皮上几厘米的高度改平了，靠着滑橇着陆——就像我在开着滑翔机一样。

沃尔夫冈·施佩特的第一次 Me 163 体验飞行便遭遇了被称为"纵向跳跃"、导致过早起飞的异常现象，虽然后果不严重，这一变故使得利皮施团队立刻着手改善 Me 163 的方向控制以及减震系统。飞机上，可投掷的滑车并没有液压系统或者刹车。一旦其他飞行员遭遇纵向跳跃，如果不具备沃尔夫冈·施佩特那样丰富的飞行经验，很难在危急关头做出正确的反应。此外，飞机的升降舵和方向舵需要较高的空速才能保证足够的舵效，使得 Me 163 在地面上滑行时容易由于操控力不足出现"打地转"的现象。为此，滑车内装上了液压系统，火箭发动机的喷口内试验性地安装增设可控制的金属导流叶片，一定程度地降低飞行前的风险。

和沃尔夫冈·施佩特一起，所有飞行员加

入"彗星"部队之后，首要任务是了解火箭燃料极度不稳定的危险特性。日后的回忆录《火箭战斗机》中，马诺·齐格勒（Mano Ziegler）是这样描写当初的情景的：

马诺·齐格勒回忆录《火箭战斗机》。

……我们的两位机械师，埃利和奥托（Otto）最先来给我讲解火箭燃料的爆炸威力。奥托把一个碟子放到机库的地板上，仔细地滴上两三滴白色的液体。然后，他往后站，再把其他几滴液体落在碟子上。刹那间，一阵嘶嘶声紧接着一声巨响，一根火柱喷涌而起！我还有点不以为然，埃利就加上了一句："彗星的燃料箱里装着两吨这种东西。"这时，我的脸色一定是变得惨白。埃利补充说，Me 163 A 采用 T 燃料和

Z 燃料，而 Me 163 B 采用 T 燃料和 C 燃料。这些燃料的配方被列为机密，我很久之后才知道——实际上，那是在战争结束后。和小婴儿一样，我们都不知道自己被喂的是什么东西。

在这第一次演示之后，奥托弯下腰，用食指在一个桶里蘸了蘸液体燃料。"你想试一下吗？"他问道。只是很快蘸一下而已，只到手指的第一个关节。我把指尖探进液体里面，迅速地抽了出来。几秒钟之后，它就变成了白色，烧起来了！奥托已经把他的手指含在嘴里，笑着建议我说：如果我爱惜我的手指，就照他的样子做。我没有浪费时间，立刻把剧痛的手指放进嘴里，几乎与此同时，口水立刻中和了这魔鬼的药水的作用！

在 1942 年夏季，Me 163 B-0 V1 原型机（工厂编号 16310010，呼号 KE+SX）的机体准备就绪，在厂房内等待 R II-211 火箭发动机的到来。与先前型号相比，B 系列最大的特征是机体明显加大以容纳武器以及更多设备，同时机头轮廓由钝圆形变为略带弧度的尖锥形，最前方安装有驱动发电机的小型螺旋桨。

然而，到了 6 月，Me 163 B-0 V1 原型机依然没有装上动力系统——HWK 公司在研发 R II-211 火箭发动机的过程中遭遇料想不及的技术问题。该型号发动机顺利地达到 1500 公斤推力的预期指标，但要使飞行员在空中能够自由控制推力，发动机内部安装有一个 120 马力的蒸汽涡轮，用以调节推进剂注入燃烧室的速度。理论上，依靠涡轮的作用，推进剂的消耗能够得到相当程度的节约。HWK 公司预估每秒钟消耗的 T 燃料可以控制在 3 公斤以下。以此为依据，利皮施制定出 Me 163 的推进剂容量，进一步规划出该型号的性能：发动机在全推力状态下的工作时间为 12 分钟；如果以 3 分钟全推力状态

爬升至 12000 米左右高度，再适当降低推力，飞机能够以 950 公里/小时的速度飞行 30 分钟，保证 240 公里的作战半径。

然而，HWK 公司开始测试 R II-211 发动机之后，技术人员震惊地发现 T 燃料的消耗率高达每秒钟 5 公斤，更糟糕的是，在第三次测试中，发动机在一声巨响中被炸成碎片！这一阶段德国空军对 Me 163 的需求极为迫切，要求年底将其投入战场。在性能和进度的双重压力之下，原本计划配备 R II-203 发动机的 V6 原型机被抽调而出，交由奥格斯堡工厂展开改进型 109-509 B-1 发动机的试验，该型号配备有一个被称为"玛施豪芬（Marschofen）"的辅助燃烧室，能够改善火箭的燃料消耗率，延长留空时间。

在缺乏发动机的前提下，项目团队决定依靠奥皮茨和迪特马尔试飞滑翔机状态的 Me 163 B-0 原型机，以保证研制工作得以继续。1942 年 6 月 26 日的奥格斯堡机场，迪特马尔驾驶 Me 163 B-0 V1 原型机，由 Bf 110 拖曳完成首飞。该型号被证明和先前的 Me 163 A 一样拥有极为优秀的飞行性能，但试飞进度已经落后项目计划一个月。

值得一提的是，利皮施团队一度决定为 Me 163 B-0 V1 原型机安装较为成熟的 R II-203 发动机，但该机从来没有进行过动力试飞，而是承担一系列测试工作，包括减速伞、尾轮和着陆襟翼。按照设计，飞机只有在速度小于 480 公里/小时的条件下方能打开减速伞，但 Me 163 的飞行速度是该数值的 2 倍之多。因而，项目人员决定减速伞仅仅作为紧急设备存在，飞行员在 960 公里/小时以上速度跳伞时，可先打开减速伞，将飞机速度降低至 260 公里/小时左右方才弃机跳伞。对减速伞的测试，奥皮茨是这样评述的：

开始的这些试飞让我印象深刻。过程是：

海尼·迪特马尔正在试飞一架早期的 Me 163 B，注意他没有佩戴飞行头盔和护目镜，飞机也没有安装防弹玻璃、机炮和驱动电动机的小型螺旋桨。

拖曳到 4500 米,(脱离牵引机后)在某个速度上打开减速伞,再在某个安全高度上抛弃减速伞。最后滑翔着陆。看起来,这是一次完全毫无风险的飞行。

和预想的一样,减速伞打开了。不过,当我激活抛弃降落伞的引爆开关时,并没有听到砰的一声响。它的紧急引爆开关是用一条独立的电路控制,同样也是引爆失败。我要么跳伞逃生,要么就这样子拖着一副减速伞滑翔降落。我必须做出选择。看起来,如果我弃机跳伞,很容易就会卷到减速伞里头。而且,我也几乎不能接受飞机被毁带来的一系列后果。于是我决定拖着减速伞降落。

从 1800 米高度,我开始大角度俯冲,目的是为降落的尝试积攒足够的速度。着陆过程很顺利,唯一的问题就是偏离了跑道几百米远,落到一片甜菜地里了。

接下来到了 7 月中旬,Me 163 B-0 V2 原型机(工厂编号 16310011,呼号 VD+EL)的机体完成,被送往佩内明德进行试飞。

在这一阶段,施佩特开始履行型号项目官的职责,驾驶一架 Bf 108"台风(Taifun)"在不同部门和厂家之间穿梭飞行,视察项目进展、沟通解决问题:梅塞施密特公司的奥格斯堡机场负责 Me 163 B 原型机的制造;雷根斯堡工厂则即将展开 70 架合同中剩余的 Me 163 B-0 预生产型机体的生产;基尔市内,HWK 公司正在紧张测试新型的"热式"火箭发动机;斯图加特-博布林根(Stuttgart-Böblingen)机场,克里姆飞机有限责任公司(Klemm-Flugzeugbau GmbH)即将为雷根斯堡出厂的 Me 163 B 机体提供发动机的安装服务。

作为沃尔夫冈·施佩特的老战友,约斯基·波赫斯拥有 43 个宣称战果。

在把控项目进度之外,施佩特开始为未来的第一支 Me 163 部队物色合适的核心人选。在这之中,两位来自东线的骑士十字勋章得主尤为引人注目:JG 54 的老战友约斯基·波赫斯(Joschi Pöhs)少尉拥有 43 个宣称战果,来自 ZG 26 的约翰内斯·基尔(Johannes Kiel)中尉拥有 53 个宣称战果。此外,安东·泰勒(Anton Thaler)上尉即将成为这支"彗星"部队的副官。飞行员来到佩内明德准备就位之后,由施佩特带领展开 Me 163 的训练飞行。

8 月 25 日的佩内明德机场,约翰内斯·基尔中尉驾驶 Me 163 A V5 原型机(工厂编号 163000002,呼号 GG+EA)测试时突发事故。当时,V5 原型机在草皮跑道上滑跑 300 米之后,

送往佩内明德进行测试的 Me 163 B-0 V2 原型机(工厂编号 16310011,呼号 VD+EL)。

撞上地面的一个土包，立即被弹起升空。基尔中尉马上关闭发动机并推杆压低机头，但是由于动作太猛，V5 原型机重重地撞在草皮跑道上。"彗星"的重量将滑车压得当场四分五裂，飞机压在滑橇上，靠着左侧机翼的支撑继续向前滑动，直至停止下来。动力系统的管道破裂，"冷式"发动机的燃料喷溅而出，虽然没有引发火灾，但其温度足以使后机身严重受损。最后，V5 原型机只有右侧机翼和驾驶员座椅完好无损，而基尔中尉的脊椎受到轻伤。

10 月 16 日，Me 163 的飞行测试再次发生突变。当时，海尼·迪特马尔驾驶 Me 163 A V12 原型机（工厂编号 163000009，呼号 CD+IQ）滑翔降落在奥格斯堡机场的试验机库之前。在地面上的同事眼中，这次降落过程完美无缺，飞机轻盈地落在草地上，四平八稳地向前滑行减速，直到完全停下来之后，翅膀依然是平衡的水平状态。对当时的情形，鲁道夫·奥皮茨是这样回忆的：

我们看着他着陆，没有人警醒地意识到迪特马尔没有马上打开座舱盖，只是猜想他在里面有事要忙。几分钟过去了，我们悠哉悠哉地走到飞机跟前，看到座舱盖还是紧闭着，他痛苦万分地坐在里面，动弹不得。他告诉我们，在飞机减到很慢的速度、依靠滑橇滑行穿过机库周围停机坪上坑坑洼洼的草地时背部受了伤。

可以肯定，滑橇的减震系统一定发生故障，但具体原因不得而知。这次事故之后，迪特马尔被送进医院进行长时间的治疗。Me 163 的试飞工作交由奥皮茨领导，他和沃尔夫冈·施佩特竭力推进 Me 163 系列的试飞和 16 测试特遣队的训练，但困难重重。例如，Me 163 没有动力，在降落出现偏差时无法和其他螺旋桨飞机一样依靠动力拉起复飞，因而精准的导航便成为降落成功的关键。获得 Me 163 A 配备之后，奥皮茨和施佩特一直在寻求一套无线电导航系统加以配合，但毫无结果。因而，一直到战争结束，Me 163 系列的飞行一直有赖于良好的天气条件以保证飞行员视野，夜间飞行则是完全不可能的任务。

1942 年 8 月 25 日，在事故中严重受损的 Me 163 A V5 原型机。

随着试飞的进展，16 测试特遣队在 Me 163 B-0 V2 原型机上安装两挺 MG 151 加农炮，在莱希费尔德(Lechfeld)的德国空军机场展开射击测试。由于该机尚无动力系统，需要 Bf 110 牵引机拖曳方能进行试验。通常情况下，飞行员在 1500 至 2000 米高度松开牵引挂钩，朝着地面上的靶标俯冲而下。在这样的俯冲中，飞机的速度往往能超过 500 节。一轮射击过后，V2 原型机大角度拉起爬升，依靠俯冲中积累的动能重新爬升至 600 至 1000 米高度。第二轮俯冲射击时，飞机的速度一般处在 350 节左右的范围。第二次拉起至 100 米左右高度后，V2 原型机便可进入降落航线。通常情况下，V2 原型机的测试任务由施佩特上尉和波赫斯少尉轮流完成，当一人驾驶 Me 163 时，另一人在前方负责 Bf 110 牵引机的操纵。

有一次，战斗机部队总监阿道夫·加兰德(Adolf Galland)少将在梅塞施密特博士的陪同下来到莱希费尔德机场，视察 Me 163 B-0 V2 原型机的测试。一如往常，"彗星"准确地接连命中地面上的靶标。飞机降落之后，梅塞施密特博士好

奇地询问该机的射击测试表现为何如此优秀，于是两位飞行员向他作出解释：Me 163 在所有的空速条件下均具备出类拔萃的锁定目标能力。

听到这一番话，梅塞施密特博士语气颇为矜持地发问："照这么说，Me 163 和 Me 109 比较起来怎么样？有没有那么好？"

施佩特上尉不假思索地回答："更好。"波赫斯少尉立刻补上一句："好得多。"这两句话宛若两记重拳，狠狠地当面击中梅塞施密特博士。让他无法拒绝的事实是，面前的这两位飞行员并非来自竞争厂商，相反他们都是自己的支持者、技艺精湛的 Me 109 王牌——施佩特上尉已经驾驶梅塞施密特博士的这架得意之作取得 80 个宣称战果，而波赫斯少尉宣称击落的敌机也超过 40 架。因而，施佩特和波赫斯的评价足够客观和公正。

梅塞施密特博士不敢怠慢，缠住两位飞行员问清楚所有技术细节，最终重新认识到"彗星"的不凡之处。在日后的回忆录《绝密战鹰》中，沃尔夫冈·施佩特评价道：相比他所了解的所有飞机，Me 163 在整个飞行包线范围内的

战斗部队总监阿道夫·加兰德(正中蓄须者)多次视察 Me 163 的试飞。这张合影堪称精英荟萃：穿白衣者为海尼·迪特马尔，左一为 Ho 229 喷气飞翼机设计者——霍顿兄弟中的瓦尔特·霍顿，右一为鲁道夫·奥皮茨，右二为沃尔夫冈·施佩特。

三个轴向操控性和机动性都更为优秀，"到现在，那些飞过 Me 163 的人都还坚信它是所有飞机里头最棒的一架，时至今日仍无可比拟。"

不过，即便利皮施的设计出类拔萃，16 测试特遣队遭遇的突发状况可谓五花八门。有一架 Me 163 A 在几个月的时间里一直用以滑翔飞行训练，随后被加装上火箭发动机，计划用以动力飞行。改装完成之后，鲁道夫·奥皮茨根据规程驾驶该机开始"快速"升空，进行验收测试。在滑跑阶段，该机表现一切正常，刚刚离地升空，加速到 380 公里/小时以上之后，火箭发动机便骤然熄火。凭借着丰富的经验，鲁道夫·奥皮茨沉着应对，驾驶着满载成吨高危燃料的火箭飞机，安全滑翔降落。

随后，该机的火箭发动机被拆卸进行地面测试，其表现却完全毫无瑕疵，很显然，其故障一定是由起飞加速的过程引起。火箭发动机被重新安装上飞机，进行第二次验收测试。有如钟表一样精准，Me 163 A 在离地升空加速到 380 公里/小时以上之后再次出现发动机熄火事故。奥皮茨不负众望，又一次将飞机平安无事地降落回地面。

现在，调查的焦点都聚焦在火箭发动机之上，通过反复测试，终于确认在起飞爬升的加速阶段，T 燃料的涡轮泵产生的涡流有几率导致燃料自动系统故障，导致发动机熄火。在解决这个问题之后，Me 163 A 的测试任务方能继续向前推进。

毫无疑问，在 Me 163 B 安装上 R II-211 发动机之后，将有更多的未知困难等待着 16 测试特遣队。

汉娜·莱切的小插曲

1942 年秋天，第三帝国头号女试飞员——或许也是人类历史上最著名的一位——汉娜·莱切来到梅塞施密特工厂体验 Me 163 系列的飞行。莱切声名显赫，在德国政府高层中拥有广泛的人脉，能够畅通无阻地加入任何一个项目团队。在雷根斯堡附近的梅塞施密特公司上特劳布林格分部，莱切先后体验了Me 163 的火箭发动机地面试车和无动力滑翔飞行，其经历记录在日后的自传《天空，我的王国》中：

著名女试飞员汉娜·莱切。

驾驭 Me 163 火箭飞机翱翔，就是明希豪森（Münchhausen，德国民间传说中的吹牛大王）的奇幻之旅。一声尖啸、一道火光，你就拔地而起大角度爬升，转眼之间直至苍穹之巅。

当这架飞机停放在地面上，忽然之间被狂暴凶猛的火焰包围之时，坐在里面就是非常超现实的体验。透过驾驶舱的舷窗，我能看到地勤人员开始后退，大张着嘴，用手盖住耳朵。这时候，对我来说唯一能做的事情就是紧握操纵杆，和整架飞机一起被持续不断的爆炸冲击波猛烈摇晃。我感觉自己被虚空深渊升腾而起的蛮荒之力牢牢把持，要操控这么一架飞机真是不可思议。

地面上，我坐在飞机里头，机械师们正在测试动力系统，我也逐渐习惯了这个噪音。我必须坚持下去，直到能够克服恐惧心理、能够清晰冷静地思考以及做出决定，不带一秒钟的延迟，因为我起飞升空之后，最轻微的误操作也能导致飞机的损失和我的死亡。不过，靠着这个办

汉娜·莱切试飞 Me 163 B 的视频截图。

法，我在第一次起飞时，整个身体直到每一个指尖的每一条神经都如预期一般精确运作，我的意识操控自如地适应飞机的控制动作……

在雷根斯堡附近的上特劳布林格，我的朋友奥皮茨、施佩特和我一起测试了出自生产线的第一架 Me 163 B。之前海尼·迪特马尔在整个原型机阶段承担试飞工作，但他在一次飞行中脊椎受伤，被迫入院治疗，不能加入我们。在这架飞机中，他还第一个达到并超过 625 英里/小时（1005 公里/小时）的飞行速度。

莱切回忆录中的这"第一架 Me 163 B"是指 Me 163 B-0 V5预生产型机（工厂编号 16310014）。10 月 30 日，汉娜·莱切争取到驾驶该机第一次试飞的机会。为保证安全，这次试飞中 Me 163 B 将由 Bf-110 牵引机拖曳到空中，脱离后再滑翔降落。驾驶 Bf 110 的正是鲁道夫·奥皮茨，该机后座的观察员是利皮施团队中的威利·埃利亚斯。"彗星"的驾驶舱内，汉娜·莱切信心十足地开始试飞：

最早一系列不安装火箭发动机的（Me 163）测试飞行顺利完成了，我现在要开始我的第五次试飞。双引擎的 Me 110 拖着我穿过跑道，几秒钟后我们就升空了。在 30 英尺（9.1 米）以下

的高度，我拉动投放控制杆，以弹开滑车。忽然之间，整架飞机开始猛烈震颤，似乎陷入了猛烈的涡流影响。红色的信号弹从地面上拖着一条弧线朝着我升起来：危险！我试着通过喉头送话器联系前面的牵引机，但设备出了问题。这时候我看到后座机枪塔中的观察员用一块白布急切地向我示意，同时那架 Me 110 放下了它的起落架，再收了上来，然后这个动作持续进行：下—上—下—上。我明白过来了，我的滑车卡住了！那架 Me 110 拖着我在机场上空绕圈子，这时候我只有一个念头——飞到一个安全的高度，这样我可以松开挂钩，看看飞机是否响应我的操控。于是我按兵不动，Me 110 的飞行员明白我的需求，把我带向云底下尽量高的高度。当我们抵达 10500 英尺（3200 米）时候，我松开了挂钩。

Bf 110 的驾驶舱内，鲁道夫·奥皮茨认为汉娜·莱切的决断出现失误：

我反复收放起落架发出信号，最后把它放下锁定。（这种情况下）正常的处理流程是爬升到足够的高度，尽量熟悉飞机当时的飞行特性，再决定下一步的行动。既在柏林坐办公室，又承担试飞员的工作，两者的矛盾就这样体现出来了。汉娜脱离了牵引，错误地判断降落的时机……

驾驶着呼啸而下的 Me 163 B，汉娜·莱切使尽平生绝学试图将飞机平安降落回地面：

我大力拉杆，试着把滑车甩掉，但是这架飞机继续剧烈震动，我知道我的尝试失败了。我现在能做的事情只有驾驶飞机在不同高度飞

行，确认没有控制面被机身下悬挂的滑车重量所影响，整架飞机仍然可以驾驭。

只要还有一线希望把这架宝贵的飞机安全降落回地面上，没有一个试飞员会放弃它跳伞逃生。不过，这台不走运的精密设备内部出了什么问题、哪里出了问题，我可是一点头绪都没有，我也不确定它在着陆的时候会不会解体。我只能指望我的幸运星能够把它完好无缺降落到地面上。

接下来，我尽量保持高度滑翔回机场，在最后的几百码距离侧滑到跑道边缘。不过，就在这时候，即便飞机保持足够的速度，它还是忽然之间"失速"了，完全失去控制。在侧滑中，由于滑车不规则的气动外形影响，空气涡流导致控制面失灵了。

接下来，我已经没有时间思考发生什么事情了。我依然竭尽全力地把控住飞机，而大地在我眼前扑面而来。我把自己缩成一团。我们着陆了，重重地撞击到地面上，然后四分五裂。这架飞机翻滚过来，斜在一边停住了。

我意识到的第一件事情是我没有绑在我的安全带上，这就是说这架飞机右边翻了起来。完全是下意识地，我的右手打开了座舱盖——它还是完整的一块。保险起见，我向下伸手接触到了我的左臂和手掌，再沿着我的侧身、胸口和腿一路摸索。谢天谢地，没有缺胳膊少腿，看起来还是好好的。我感觉自己仿佛从天涯海角返回到了自己熟悉的世界……

这时候，我注意到有一股鲜血从我的头部的方向流下来。我感觉不到疼痛，于是沿着血流摸索它的源头，我的手指向上探索。越过我的脸颊，它们摸到了——原先我鼻子的位置，已经什么都没有了，只剩下一道大口子。每一次我呼气，都会涌出血液和空气混杂的泡泡。

我试着左右转动头部，结果马上就是眼前一黑，什么都看不见了。我停止了转头动作，伸手从一个口袋里掏出一支铅笔和一个本子，摸索着简要写下坠机前事件的过程。然后，我掏出一块手帕，在鼻子的位置把脑袋包了一圈。

接下来，当救援人员赶来的时候，他们看到我的状况都大为震惊。然后我就失去了知觉。当我恢复意识的时候，在面前模糊的一团白色中，我分辨出我的朋友的身影。我打起精神，想让他们定下心来。这时候我还是没有感觉到疼痛。

他们用一辆卡车把我从机场带到雷根斯堡的仁爱修女会医院。X 光照片显示我的伤势严重：头部在后脑有四处骨折、面部两处，包括脑部水肿、颌骨脱臼、鼻梁骨折。

以鲁道夫·奥皮茨的观点，年轻的女飞行员在最后阶段犯下两个严重的错误：

……汉娜本来可以毫发无伤地幸存下来，前提是：

a) 遵照所有最基本的安全准则，系好为飞行员准备的安全肩带；

b) 挪开她面前只有几英寸距离毫无必要的瞄准镜，这架飞机的第一次飞行中，既没有安装机枪，也没有安装发动机。

没有安全肩带的保护，汉娜在飞机减速的时候被甩向前方，她的脸撞到了瞄准镜上，造成头部严重受伤。

举国上下，这场事故震惊了她的许多朋友和崇拜者，就连她的批评者也不例外。戈林和元首本人把花束送到了医院，要求随时上报她的身体状况。Me 163 的反对者看到了机会，竭力想把项目停掉。不过，后来我驾驶配着可抛弃滑车的 Me 163 B 完成了让所有人心悦诚服的演示飞行，这架飞机的飞行性能最终没有因这起事故受到影响。

照片摄于 1944 年 4 月 19 日，海尼·迪特马尔（左三）出院后，驾驶 Me 163 B V18 号预生产型机进行试飞，汉娜·莱切（左二）在一旁观看。

在经历了 5 个月的漫长治疗后，莱切得以痊愈出院，并由此得到一枚一级铁十字勋章的嘉奖。随后，莱切多次强烈要求返回 Me 163 项目，甚至一路找到帝国元帅戈林本人说情。不过，考虑到这么一位拥有诸多特权的明星试飞员对试飞项目带来的不安定因素，施佩特坚决地将莱切拒之门外。

Me 163 B 的艰难成型

1942 年 10 月迪特马尔因伤退出试飞队列后，汉斯·博耶（Hans Boye）和伯恩哈德·霍曼（Bernhard Hohmann）作为替换人选来到佩内明德西机场。他们首先经过鲁道夫·奥皮茨的培训，随后从 1943 年 3 月开始接手"彗星"的试飞工作。

在这一阶段，Me 163 B-0 的 V1 原型机用于降落刹车以及继续奥皮茨的减速伞测试工作；V2 原型机用于武器以及通用设备的安装调试；V3 原型机被送往 HWK 工厂测试火箭发动机；V4 原型机用于无线电设备测试；V6 预生产型机

在奥格斯堡工厂测试 109-509 B-1 发动机；V7 预生产型机用于安装 30 毫米 MK 108 进行测试；V8 预生产型机配备全套无线电以及武器设备后，在佩内明德西机场展开测试。

1943 年新年过后不久，沃尔夫冈·施佩特上尉便设法在德国西部和北部地区征集一系列跑道长度在 1500 米以上的机场，准备架设火箭发动机的地下燃料库、防弹机库和独立的雷达指挥中心供"彗星"部队使用。按照他的计划，既然 Me 163 的使命是拦截英美盟军的战略轰炸机群，那么这些机场最好尽量接近轰炸航线，为 Me 163 提供尽可能多的拦截机会。

此外，机场集群的核心意义在于拓展 Me 163 的作战半径。根据当时 HWK 公司提供的性能指标，HWK 109-509 B 的全推力运转时间为 11 到 12 分钟，因而利皮施团队推算量产型 Me 163 能够拦截 150 公里范围内飞行高度在 6000 至 12000 米之间的轰炸机编队。Me 163 的滑翔比为 15：1，这意味着其无动力的滑翔距离为 100 公里左右。相比螺旋桨战斗机，"彗星"航程较短，执行升空拦截之后，往往只能进行有限次数的进攻便需掉头返回机场。

依照施佩特上尉的设想：如果沿着盟军轰炸机的日常航线布设多个火箭飞机的配套机场，彼此距离在 100 至 250 公里左右，便能形成一个机场集群。一旦盟军轰炸机洪流来袭，Me 163 从一个机场起飞升空之后，能够获得更多时间沿着目标的航向对其展开多次进攻，再趁势滑翔降落在前方的机场。如此一来，Me 163 便能加注燃料和补充弹药之后再次升空作战，以此最大程度地改善自身的航程缺陷，增强作战任务的灵活性。可以说，施佩特上尉的这套计划

具备相当的可操作性，能极大程度提高 Me 163 部队的作战效率，然而这架新型火箭飞机的最终决策权掌握在德国空军的少数高级将领手中，施佩特上尉的机场集群计划迟迟没有等到投入实战的机会，16 测试特遣队在相当长一段时间里都是以威廉港以南、茨维申纳湖(Zwischenahner Meer)畔的巴德茨维什安（Bad Zwischenahn）机场为基地展开运作。

在 1943 年初，梅塞施密特公司开始感受到同时承担两款尖端战机——Me 262 和 Me 163 项目的压力。为此，克里姆公司承担下大部分 Me 163 B-0 预生产型机的生产，从 V23 号机开始到 V69 号机结束。值得一提的是，首批 70 架合同之外，军方额外订购一架"彗星"专门用以特殊机翼的测试，并赋予其 Me 163 B-0 V1a 的特殊编号。

最开始，克里姆公司预估每个月的产量可以达到 30 架 Me 163 B，但后续设计的调整极大

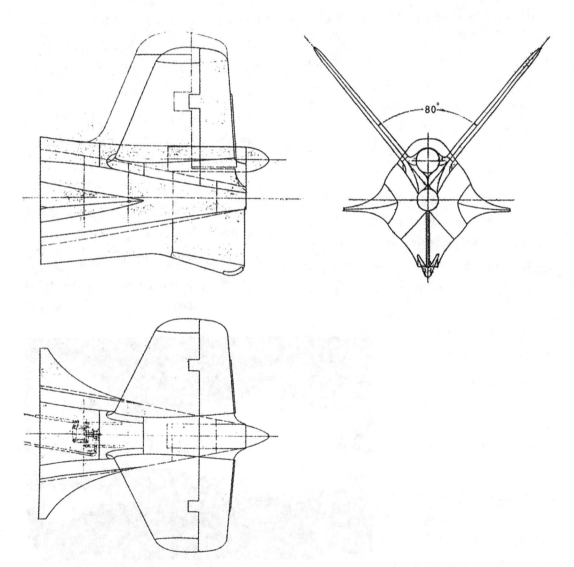

梅塞施密特公司的 V 型尾翼 Me 163 设计。

拖延了进度。例如,从 V1 号机到 V44 号机,Me 163 B 配备的是 20 毫米口径的 MG 151 加农炮,从 V45 号机开始,武器系统升级为两门 MK 108 加农炮。根据计划,其他后续的更动包括:在座舱周围增加装甲板、配备无线电引导系统、安装能够在加速时保证燃料供应的新型燃料箱、尾轮增加锁定系统、机身下增加滑车的紧急抛弃系统、更大的机头以平衡发动机的额外重量、强化着陆襟翼……。

以德国空军的标准,要将 Me 163 发展成一款优秀的军用飞机,大量新设备的安装不可避免。以上的任何调整都会引起飞机重心的明显改变,然而无尾布局的 Me 163 机身较短、机翼控制面的俯仰力矩有限,重心的调整对于"彗星"俯仰稳定性而言意味着灾难性的后果。为此,在 1942 到 1943 年之交,Me 163 量产型的研发进展缓慢。

梅塞施密特博士借此机会试图插手"彗星"项目,他提出将 Me 163 的垂直尾翼改为 V 型布局,以此改善飞机的稳定性。对于利皮施而言,这意味着他呕心沥血的作品将被他人染指,需要重新设计飞机的后机身布局和控制机构——图纸绘制、模型制作、风洞测试、原型机滑翔试飞和动力试飞等一系列研发流程不得不从头开始,由此导致的进度延缓等一系列后果都是利皮施无论如何都难以咽下的苦药。

在这一阶段,一架 Bf 109(工厂编号 14003,呼号 VJ+WC)根据梅塞施密特博士的 V 型尾翼理念进行了改装,从 1943 年 1 月 21 日开始试飞,结果在所有控制轴上都表现出稳定性不足的缺陷。梅塞施密特公司不甘放

弃,制造出一副配备 V 型尾翼的 Me 163 模型,送交哥廷根的 AVA 进行风洞测试,其结果直到 1943 年 7 月 22 日尚未完成。此时,战局的压力使得 Me 163 的后续量产以最快速度展开,V 型尾翼的调整最终不了了之。在战争结束前,"彗星"的后续亚型研均没有一款采用 V 型尾翼布局。

事实上,与各子系统对重心的影响相比,HWK 公司的"热式"火箭发动机才是制约"彗星"服役的最核心因素。在 Me 163 B 的项目开始一年多后,其动力系统依然进展迟滞,因而其他发动机厂商得到为 Me 163 提供动力设备的机会。BMW 公司推出 P 3390 A 火箭发动机(军方编号 109-510),使用硝酸为主的 SV-Stoff 和甲醇为主的 M-Stoff 作为推进剂。对于这套动力系统,梅塞施密特公司预留出 Me 163 B-0 的 V10 至 V14 号机,总共五架预生产型机进行改装测试。最后到 1943 年夏季,仅有一台 109-510 安装在 Me 163 B-0 V10 预生产型机上,但由于燃料泵的缺陷从来没有获得过升空试飞的机会。

这一阶段的阿格斯(Argus)公司负责为 V-1 巡航导弹提供 109-014 脉冲发动机,也抓住机

安装有 109-510 发动机的 Me 163 B-0 V10 预生产型机。

会提出在 Me 163 上安装 109-014 的提案。为此，梅塞施密特公司特意调拨两架 Me 163 B 预生产型机，用以脉冲发动机的测试安装。但是该方案从来没有脱离绘图板的阶段，最终中途放弃。

1943 年春天，"彗星"的发展走到了十字路口：利皮施作为 Me 163 之父，经常绕过梅塞施密特公司的组织架构直接与德国空军沟通，梅塞施密特博士对此表示无法容忍，站在他的角度，既然"L 分部"隶属梅塞施密特公司，那利皮施必须遵照公司规程行事。再加上梅塞施密特博士对 Me 163 设计的干预，两人之间的分歧开始越来越明显。

这两位才华横溢的设计师都是在 20 年代初的伦山滑翔机大赛崭露头角的，利皮施的滑翔机设计造诣深厚，而梅塞施密特则拥有军用飞机大规模流水线生产的丰富经验。如果两人能够毫无保留地展开通力合作，"彗星"也许能闪耀出更明亮的光辉。然而，随着时间的推移，两位航空巨擘已经渐行渐远。

3 月 26 日，梅塞施密特公司董事会主席弗里德里希·塞勒（Friedrich Seiler）告知利皮施：六天前帝国航空部技术局 GL/C-E 部门主管格奥尔格·帕塞瓦尔特（Georg Pasewaldt）中校指示将"L 分部"完全吸收进入梅塞施密特公司的架构，这意味着利皮施彻底丧失了对这款飞机的主导权。"彗星"之父毫不犹豫地选择了离开。

三天之后，亚历山大·利皮施凭借一篇论文《喷气推进飞行的运作机构》获得海德堡大学（Heidelberg University）的博士学位。随后，他迅速联系上维也纳航空研究所（Luftfahrtforschungsanstalt Wien），受聘为教授。

紧接着，利皮施博士通过李连塔尔航空研究协会（Lilienthal-Gesellschaft für Luftfahrtforschung）联系上德国的航空科技领军人物、飞机制造厂

商和空军官员，于 1943 年 4 月 14 日齐聚柏林的阿德勒斯霍夫（Adlershof）机场，举行飞翼机会议（Sitzung Nurflügelflugzeuge）。

这次会议的动机非常简单：利皮施博士一直抱怨梅塞施密特公司对 Me 163 项目没有提供应有的支持，因而他提出展开一次公开的交流以讨论 Me 163 为代表的无尾飞机的优缺点。事实上，这次会议可以看作利皮施博士的无尾布局飞机和主流厂商的常规布局飞机之间的对决。

会议在一个古罗马剧场式的大型报告厅举行，讲台上安装有两副巨大的滑动式黑板供报告人使用。帝国航空部派出 15 名技术官员参加会议，其中汉斯·马丁·安茨是多年以来德国喷气式飞机计划的引路人，被视为会议的"精神领袖"。德国空军前线飞行员、雷希林测试中心和佩内明德武器试验场的试飞员也参加会议，其中最著名的当推女飞行家汉娜·莱切。

这次会议聚集了太多的航空精英，以至于汉斯·马丁·安茨显得坐立不安，他向同伴耳语道："会开完了我就可以松口气了。如果一枚炸弹掉在这里，整个德国航空工业可就是群龙无首了。"

会议中，基于 20 世纪 40 年代的技术水平，传统飞机制造厂商对无尾飞机表示普遍的反对，来自阿拉多、梅塞施密特公司的技术主管和高等院校的科研人员均众口一词地对无尾/飞翼机的理念提出质疑。与之相反，利皮施博士得到了大量 Me 163 飞行员的强烈支持，例如德国空军雷希林测试中心的航空工程师巴德尔（Bader）表示：他驾驶 Me 163 测试过整个速度包线，结果操控面的响应均出类拔萃，他在其他飞机上极少测出过这样好的表现。

两个阵营的代表轮番上台，用粉笔在巨型黑板上写满各种公式、图表和示意图，但均无法说服对方。最后，李连塔尔航空研究协会的

这次会议没有得出任何实际性的结论，与会人员的报告被装订成册后在航空业界范围内发布。Me 163 的研发没有受到任何影响，汉斯·马丁·安茨对整场会议作出了总结：

Me 163 很快就要投入战场了。飞行员们喜欢这架飞机。这个型号的生产基于迄今为止没有在航空工业中运用过的木材制造技术，对整个战斗机生产计划没有任何不良影响。和开发成本相比，发动机是相对便宜的。实际上，200 架生产型飞机的计划正在进行中，这个已经无法回头了。我们不想横生枝节。项目很快就要全速开动了。这是对利皮施的鼓励，他需要的正是这个。

4 月 28 日，利皮施从梅塞施密特公司离职，但仍然保留一个顾问的头衔，在五年时间里可获得每年 5000 帝国马克的咨询费。至此，"伦山幽灵"惜别自己一手打造的"彗星"，前往 LFM 继续自己的高速飞行器研究。随后，Me 163 进入完全由梅塞施密特公司主导的阶段。

梅塞施密特的"彗星"

就 Me 163 的动力系统，16 测试特遣队指挥官沃尔夫冈·施佩特上尉早在 1943 年 3 月 1 日提交战斗机部队总监和帝国航空部的报告中指出："HWK 公司承诺五月初开始交付第一批'热式'发动机，不能指望它们交付后马上安装在生产型飞机上，因为需要几个月的时间对这些发动机进行测试。"因而，在利皮施博士离开梅塞施密特公司之时，Me 163 B 系列还没有等到它的发动机。

在这个阶段，16 测试特遣队的任务继续进行。4 月 20 至 21 日，德国空军雷希林机场中，

经验丰富的战斗机项目试飞员海因里希·博韦（Heinrich Beauvais）来到佩内明德，驾驶 Me 163 A V6 原型机进行了一次拖曳升空试飞和两次动力升空试飞。随后，博韦在报告中作出了较高评价："该机的操控非常容易，这可以归功于以下特性：足够的滚转机动性、调配良好的方向稳定性以及较低的翼载荷。"

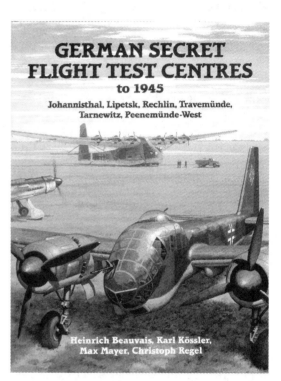

作为德国空军雷希林机场负责战斗机项目的试飞员，海因里希·博韦驾驭过大量德军战机，他在战后著有《德国空军秘密试飞中心》一书。

在这一阶段，由于帝国防空战压力过大，德国空军考虑增加 Me 163 B 的订单。对此，16 测试特遣队提出异议："根据佩内明德的测试中心的意见，以当前装备的标准，不应批准更多的 Me 163 生产。"然而，战局的压力依旧迫使德国空军在 Me 163 B 的动力系统测试之前便与梅塞施密特公司签下合同，将 Me 163 B 的产量提升至 120 架。

进入 5 月，事实证明施佩特先前的报告依然过于乐观：HWK 公司的 HWK 109-509 B 火箭发动机迟迟未能交货。为了加快项目进度，梅塞施密特公司直接将 Me 163 B-0 V21 预生产型机（工厂编号 16310030，呼号 VA+SS）送往基尔，在 HWK 公司的厂房内进行发动机的安装和调配。

接触这台新设备后，Me 163 的团队人员对发动机颇为失望——HWK 109-509 B 的全推力运转时间不到 6 分钟，只相当于设计数值的一半！HWK 109-509 B 发动机安装在 Me 163 B-0 V21 预生产型机之上，最终起飞重量达到 4270 公斤，超过原设计数值 3300 公斤接近 1 吨！

HWK 公司对火箭发动机性能的错误预估极大影响了木已成舟的 Me 163 B 系列。梅塞施密特公司被迫在服役生涯中持续进行改进的尝试。梅塞施密特公司别无他法，只能接受 HWK 109-509 发动机，开始着手后续测试——不管测试结果如何，在未来的几年里这都将是"彗星"的唯一动力。

5 月 23 日至 30 日，HWK 109-509 B 发动机和 V21 号机完成为期一个星期的地面试车。随后，该机被运往佩内明德。在对机体进行一系列调整后，6 月 17 日，HWK 109-509 B 发动机在 V21 号机上完成地面试车，动力试飞指日可待。

蚊式侦察机拍摄到的佩内明德机场照片，注意下方的两架 Me 163。照片拍摄于 1943 年 7 月 26 日。

这一阶段，佩内明德的活动引发盟军的强烈关注。6 月 23 日，英国皇家空军第 540 中队的 DZ473 号蚊式侦察机飞临这个与世隔绝的乌泽多姆岛上空，带回英国的航拍照片揭示出岛上有 V2 弹道导弹以及 4 架独特的无尾后掠翼飞机的存在。经过一番研究，该机被准确地确认为德国空军的新型火箭战斗机。进一步的识别揭示出佩内明德机场上一系列新式武器研发的迹象，盟军立刻将其列为优先打击目标。

1943 年 6 月 24 日的佩内明德机场，配备 HWK 109-509 B 发动机的 Me 163 B-0 V21 预生产型机终于做好了试飞准备。这一天对于"彗星"项目而言意义重大，德国空军的一众高官，包括米尔希元帅、阿道夫·加兰德中将均亲临现场视察。就连已经离开梅塞施密特公司的利皮施博士也来到佩内明德，急切地等待 Me 163 B 的首飞结果。对他来说，该型号不仅仅是几年来工作的成就，更是自己大半生无尾飞机研究的结晶。

升空前，试飞员鲁道夫·奥皮茨沿着 Me 163 的专属"跑道"——机场边缘的一片平整草地仔细检查了一遍，确认没有任何危险的凹凸不平。随后，他在地勤人员的帮助下爬上 V21 号机的驾驶舱，系好安全带，接通氧气系统和无线电，关闭座舱盖之后发出信号：火箭发动机即将点火。

随着一声尖啸，一道明亮的火舌自 V21 号机的尾喷管倾泻而出。奥皮茨迅速检查一遍座舱内的所有仪表，一切正常。他随即稳稳推动节流阀，V21 号机拖曳着汹涌的火焰和冲天浓烟，沿着草地向前疾速滑行。

滑跑过程中，"彗星"的方向控制极为出色，整体表现堪称完美无缺。然而，就在即将达到起飞速度的关头，V21 号机的可抛弃滑车松脱，使得燃料管路受损，整架飞机压在降落用的滑橇之上。此时，跑道空间已经不允许飞机安全地减速停下，奥皮茨果断决定离地升空。

飞离跑道之后，发动机继续输出稳定的动力，一切表现良好，飞机的爬升性能甚至超过先前的 Me 163 A。然而，T 燃料从破损的燃料管路中喷出，弥漫在整个驾驶舱之中。座舱盖、仪表板和飞行员的风镜变成白茫茫的一片，更糟糕的是奥皮茨的双眼受到过氧化氢的强烈刺激，视野受到严重影响，几乎无法观察外界的状况。

幸运的是，按照惯例，这次首飞测试没有将燃料加注满，结果发动机在全速工作 2 分钟后顺利熄火。这架飞机已经进行过多次无动力滑翔试飞，因而奥皮茨不费太多周折便将其降落回佩内明德的草皮跑道之上。

除了一些无伤大雅的意外，整体而言，Me 163 B 的首飞较为成功。米尔希元帅对火箭

完成 Me 163 B 的首次动力试飞后，鲁道夫·奥皮茨从 16 测试特遣队获得的特别"奖状"。

飞机的性能深感振奋，同时也对飞行员的表现由衷钦佩，他问道："奥皮茨进行这种危险的飞行，能够得到多少风险酬金？"他得到的回答是："没有报酬。对他来说，能够执行这项任务是一种荣誉和个人满足。"米尔希元帅当即表示：要设法给与奥皮茨五千帝国马克的奖励。这时，奥皮茨从施佩特上尉手中领取了一份让他极为满意的特殊纪念品——一枚专门定制的徽章，上面是德国家喻户晓的吹牛大王明希豪森男爵，正骑着火箭拔地而起！

　　Me 163 B 的 V21 原型机动力试飞并非十全十美，不过足以打动德国空军，决定将其作为第一种火箭截击机装备部队。

　　1943 年 7 月 30 日，Me 163 B 的 V21 预生产型机首次进行满载燃料的全程动力试飞。当天，佩内明德的跑道上出现 70 度的横风，速度达 15 公里/小时。不过，试飞员奥皮茨依然毫不费力地驾机升空，并加速到 280 公里/小时。接下来，奥皮茨拉起机头，开始以全推力进行爬升

测试。V21 号机爬升到 8000 米高空，忽然间火箭发动机的推力出现明显起伏波动，座舱内的火灾告警灯也开始亮起。在 8500 米高空，奥皮茨关闭火箭发动机，控制"彗星"滑翔到较低的高度，尝试重新启动 HWK 109-509 发动机，结果以失败告终。

　　此时，V21 号机的燃料箱中还储存有大量危险的高腐蚀性推进剂，如果在降落过程中引发机体破损，导致推进剂泄漏，对奥皮茨而言将是灾难性的后果。不过，作为一名资深试飞员，奥皮茨清楚损失试验机在这样的首次全程动力试飞中，意味着项目进度将进一步被延后。因而，他决定冒险驾机滑翔降落。凭借长期试飞工作中积累的丰富操控经验，奥皮茨顺利地驾机降落，安然无恙地爬出驾驶舱。紧接着，推进剂被导出 V21 号机的燃料箱，火箭发动机被拆下进行详细检查，然而技术人员却无法找到问题的症结之所在。需要更多的测试飞行，HWK 109-509 发动机的隐性缺陷才会一点点地

1943 年 7 月 31 日，鲁道夫·奥皮茨正在穿上飞行服，准备驾驶 Me 163 B-0 V21 预生产型机起飞升空。

暴露出来，"彗星"试飞员需要一次又一次地以自己的生命作为赌注，方能尽早将这款战机送上战场。

第二天，也就是 1943 年 7 月 31 日，鲁道夫·奥皮茨再一次驾驶 V21 号机起飞升空，开始个人在"彗星"之上最惊心动魄的一次飞行：

我们的测试项目需要收集飞行中发动机运作和性能的相关数据，然而飞机里头没有足够的空间来安装这项工作所需测试和记录的设备。为了完成这个任务，我决定从飞行员的仪表板上拆掉一个大号罗盘、一个转弯和侧滑指示计，为这些测试设备腾出空间。为记录数据，我在飞行中使用一个配备自动胶卷的小型摄像机，用头带绑在额头上。

1943 年 7 月 31 日，飞行前的鲁道夫·奥皮茨，注意额头上的小型摄像机。

试飞这一天没有云，但有雾霾。测试计划要求向东北方向起飞，然后在波罗的海上空改平，积累到表速 515 公里/小时的全推力爬升速度，然后一直爬升到 12000 米，在这个过程中间，每爬升 500 米拍摄一次仪表板的照片存档。这听起来相当简单。不过，记录数据的时间不好掌握，因为要知道这架飞机达到需要的爬升速度后，十秒钟时间就能爬升 500 米，到了高空只需要六秒钟就能爬升 500 米。

起飞、投下滑车、收回襟翼、把飞机加速到规定的空速、配平到合适的爬升角度，我在抵达记录数据的第一个检查点之前就这样忙个不停。接下来，在各个检查点之间有八到十秒左右的间隔，刚刚好够我扫一眼仪表板，最低

限度地控制飞机保持在测试需要的精确飞行姿态中。有那么一阵子，一切运作正常，我分秒不差地把数据记录下来。

不过，在飞向 7500 米高度检查点的过程中，飞机的速度一直在加快。尽管我做出了调整，但还是超过了速度的限制。我抬起头，迅速向外环视一圈，想根据海平面确认一下飞机的高度，结果发现浓重的雾霾已经把下面的大海遮挡得严严实实，我什么都看不到了。不到几秒钟，飞机就达到了引发音障的高速度，开始向前歪斜，我不得不收回节流阀到怠速的位置。这时候，我看到了一个小岛在左侧翼尖下面掠过，于是就对飞机的高度有了信心，尽管现在是处在一个大角度螺旋下降的过程中。我一点一点地拉起来，在平滑如镜的海平面上一百来米的高度改平。由于飞机在先前临界马赫数的高速飞行中拉出了负 G，燃料管路受阻，发动机已经熄火了。我向着远方雾霾中显露出的海岸线飞行，小心翼翼地启动发动机，几分钟之后就回到了机场上空安全降落。之前地面上焦虑的同事们看着我的飞机先是极速爬升再向左大角度螺旋下降、在他们面前一头栽到海平面的下方，一个个都觉得我没有希望安全返航了，最后他们全都如释重负、长舒了一口气。

着陆之后，我绕着 Me 163 做了一圈检查，很快发现刚才我的操纵失误导致的高速和作用力对飞机造成的影响。方向舵已经完全松开了，只有它的大梁还连在垂直尾翼上；机身和机翼整流罩的闭销被从它们的安装孔位中扯了出来。这起事故给我们留下了深刻的教训：如果没有周密的计划，仅凭满腔热血那是非常危险的，那天我们算是吃一堑长一智。

根据估算，当时 V21 预生产型机的速度大约为 1000 公里/小时。这次测试揭示出 Me 163

系列一个令人惊异的事实：即便没有方向舵的存在，正常飞行依然不受影响，同时仍能保持方向稳定性。这意味着"彗星"飞行员能够仅仅依靠机翼外侧的升降副翼便完成一系列机动，另一个问题随即浮出水面——如果一侧升降副翼在空战中受损，Me 163 的飞行品质将受到怎么样的影响？考虑到升降副翼仅仅为帆布蒙皮设计，受损的几率相当大，16 测试特遣队随即提出专门测试 Me 163 在仅存一侧升降副翼条件下的操控体验，同时请厂家考虑将升降副翼改为更加坚固的金属质地。

在这一阶段，克里姆公司开始为德国空军的 120 架 Me 163 B 订单进行量产准备。7 月 27 日，梅塞施密特公司作出决定：未来克里姆公司生产的这批飞机需要配备"玛施豪芬"辅助燃烧室、燃气舵、着陆襟翼、滑橇减震设备以及拉齐尔公司（Latscher）生产的滑车，并赋予其 Me 163 B-1 的编号。

值得一提的是，在接下来的 8 月 17 日，雷根斯堡的梅塞施密特公司厂房遭到美国战略轰炸机部队的大举空袭，损失惨重：有 400 余名职员在空袭中死亡，11 架克里姆工厂制造的 Me 163 B-0 被毁，另外有大批为 Me 262 准备的生产工具受损，而 Bf 109 战斗机的生产则被停滞了三个星期之久。帝国航空部意识到整个奥格斯堡地区的研发及生产机构均处在危险当中，随即决定将梅塞施密特公司的关键设计部门转移到巴伐利亚州阿尔卑斯山脚下的上阿默高

1943 年 8 月 17 日，美军空袭雷根斯堡的现场照片。

（Oberammergau）。作为结果，整个 10 月当中，Me 163 团队均在为转移办公场所而忙碌，Me 163 B-1 的研发进度受到整整四个星期的延误。

随着项目的推进，施佩特上尉的 16 测试特遣队正式获准从德国空军征召飞行员，测试最早出厂一批 Me 163 B。到这个时间点，这支小部队实际上只算是一个"纸片单位"：沃尔夫冈·施佩特担任指挥官、约斯基·波赫斯少尉担任副官、安东·泰勒上尉担任首席技术官、鲁道夫·奥皮茨担任首席飞行官、奥托·博纳（Otto Böhner）上尉担任第二技术官。在编制中，16 测试飞行队的 1 中队（Flugstaffel 1）由罗伯特·奥莱尼克（Robert Olejnik）上尉领导。

在沃尔夫冈·施佩特上尉领导下，这支新部队的职责包括：测试 Me 163、确定其性能参数并编写训练以及作战规范；培养 30 名火箭飞机飞行员，作为未来的第一支"彗星"战斗机大队的核心；培养 Me 163 部队相应的地勤人员。为此，奥托·厄岑（Otto Oertzen）中尉从 HWK 工厂直接调入该部，执掌被称为"恶魔厨房"的发动机维修站。最早加入 16 测试特遣队的飞行员包括：弗兰兹·梅迪库斯（Franz Medicus）中尉、弗朗茨·罗斯尔（Franz Rösle）中尉、弗里茨·基尔伯（Fritz Kelb）少尉、汉斯·博特（Hans Bott）少尉、马诺·齐格勒少尉和罗尔夫·格洛格纳（Rolf Glogner）下士等。

在这支小部队中，武器测试由奥古斯特·哈赫特尔（August Hachtel）少尉主管。由于 Me 163 爬升性能以及实用升限已经远远超过普通的螺旋桨飞机，在高空的低温低压环境中执行任务时，飞行员的身体机能将受到前所未有的影响，为此 16 测试特遣队特别增设两名医护人员——主管军医赫尔穆特·戴克霍夫（Helmut Dyckerhoff）和高空飞行方面的专家埃里克·邓克

（Erich Dunker）。

至此，"彗星"测试部队逐步成型。这支小部队面临着空前的压力，因为 HWK 火箭发动机的进度已经拖延一年之久，德国空军迫切需要 Me 163 早日投入战场。

16 测试特遣队的成型与 Me 163 的成熟

按照 16 测试特遣队创建之初的设想，在最初的飞行中，学员驾驶的是燃料箱内加注水作为配重的 Me 163 B，依靠牵引机拖曳升空。随后将有三次启动火箭发动机的"快速"升空体验。不过，除了鲁道夫·奥皮茨之外，16 测试特遣队的其他飞行员均无法在 1944 年之前进行 Me 163 B 的动力飞行。按最初的计划，德国空军到 1944 年末将可以获得接受完整训练的 90 名 Me 163 飞行员。然而，实际上直到战争结束，训练部队培养出的飞行员大致上仅能维持一个"彗星"大队的规模。

按照德国空军在 7 月的规划，16 测试特遣队将在巴德茨维什安机场测试出厂的 Me 163 B。实际上，深处德国南部腹地的莱希费尔德机场是更为理想的测试场地，但该机场无法在短期内为 Me 163 部队做好准备。在 8 月 3 日提交的一份报告中，施佩特上尉表达出对巴德茨维什安机场测试环境的疑惑："基于对当前阶段制空权变化的考量，16 测试特遣队质疑在巴德茨维什安集中展开 Me 163 相关的行动的可行性，因为几乎可以肯定该机场会遭受空中打击，宝贵的飞机将受到损害。因而提议下达命令，莱希费尔德机场马上着手准备展开 Me 163 任务。莱希费尔德可以在几个星期之内完成准备，因为只有燃料储箱和燃料车需要就位。和佩内明德相比，莱希费尔德距离奥格斯堡更近，可以加

快厂家测试的进程。"

8 月 17 日，在导致梅塞施密特公司损失惨重的雷根斯堡大轰炸后不久，Me 163 项目在几个小时之后的深夜再次遭受打击：英国皇家空军出动 597 架重型轰炸机对乌泽多姆岛展开猛烈空袭。虽然有 40 架轰炸机损失，英军机群依然重创佩内明德东机场的"复仇武器"项目，炸死 735 名极为重要的技术工人。佩内明德西机场没有受到严重伤害，但德国空军为保证 Me 163 的项目进度，决定只在此地保留纯粹的试飞内容，将 16 测试特遣队的大部分飞机（重点是 7 架 Me 163 A、1 架 Me 163 B、3 架滑翔机以及 5 架牵引机）、人员以及训练科目转移到位于内陆、乌泽多姆岛对岸的安克拉姆（Anklam）。

乌泽多姆岛大轰炸之后第二天，16 测试特遣队的转场在慌乱中开始。按照计划，所有 Me 163 均依靠牵引机拖曳转场至新基地。8 月 23 日，有一架 Me 163 暴露出副翼液压作动机构异常的故障，因而经验最丰富的奥皮茨主动选择驾驶这架飞机。在安克拉姆机场上空，Me 163 脱离牵引机滑翔降落的时候，奥皮茨发现着陆滑橇的液压设备失灵以至于无法放下。此时，飞行员已经没有更好的选择，只得使出浑身解数驾驶"彗星"尽可能平稳地在安克拉姆机场着陆。

和一年前海尼·迪特马尔的事故一样，这次 Me 163 在着陆滑跑过程中遭遇颠簸不平的地表。强烈的震动使得奥皮茨的两块脊椎骨受损，不得不进入医院接受为期三个月的康复治疗。然而，Me 163 项目的进度使奥皮茨无法安心休养，他经常违反医嘱，冒着永久瘫痪的危险溜出病房。通过个人在德国空军的关系，奥皮茨居然秘密地征集到一架菲泽勒公司的 Fi 156 "鹳"式轻型联络观测机，定期飞往单位驻地视察项目进度。

一年时间内两名核心试飞员先后受伤住院，这引起了 16 测试特遣队的高度关切。医务人员对两人的伤势进行研究后，认为他们的脊椎骨受伤时，身体承受的外力可达体重的 15 到 30 倍。然而，基于结构和减重的考虑，Me 163 的着陆滑橇无法完全吸收如此大的冲击。为此，后续出厂的 Me 163 之上，飞行员座椅之下均加装扭力弹簧，有效地减少了飞行员受到的伤害。

在安克拉姆机场短暂停留后，16 测试特遣队最终在 8 月 27 日继续转移到巴德茨维什安机场。然而，这支小部队发现新驻地的专用设施、地勤维护设备并未配备完全。而且更糟糕的是，机场周边雇佣大量外籍劳工进行整备工作，这使得最新型战机的保密性完全得不到保障。按照计划，这批丹麦人为主的外籍劳工要到 10 月底方才撤离巴德茨维什安机场，因而 16 测试特遣队在这个时间之前一直无法展开正常的测试训练飞行。

为此，德国空军高层在 9 月 15 日作出指示：新加入 16 测试特遣队的飞行员首先转移至格尔恩豪森（Gelnhausen）的滑翔机学校，在该部军官的带领和陪伴下进行滑翔机训练。大致与此同时，德国内陆戒备森严的莱希费尔德机场在 9 月 13 日开始尝试性地展开 Me 163 的测试飞行任务。

1943 年 9 月 29 日，16 测试特遣队收到帝国航空部供应办公室的一个坏消息：C 燃料产量不足、无法供应该部队，而且由于运输和储存设备的紧缺，需要三到四个星期的时间方可等到燃料的正常交付。在施佩特上尉的月度报告中，他表示巴德茨维什安机场的 Me 163 B 已经无法进行"热式"火箭发动机的动力测试了；如果 C 燃料供应问题无法解决，Me 163 的实战测试将不可避免地受到延误。作为燃料产地，霍尔里格尔斯库特（Hollriegelskruth）的化工厂通知梅塞施密特公司，表示现阶段产能仅够满足基尔的 HWK 工厂的火箭发动机测试工作。

9 月中，16 测试特遣队开始在巴德茨维什安展开新手飞行员的地面和室内训练。此时，这支小部队拥有总共 150 名人员，包括 5 名教官和 23 名学员，其水平参差不齐，从螺旋桨战斗机部队的老战士到滑翔机学校的新手飞行员不等。

返回巴德茨维什安接受进一步的教导。

到 11 月，这批学员进入到试飞阶段，驾驶 Bf 110 拖曳的 Me 163 A 展开无动力起飞——滑翔降落的体验飞行。由于秋季的雾气影响，该阶段的训练只持续 1 个星期左右。通常情况下，每名新手飞行员需要执行三到四次无动力试飞任务，迅速纠正之前的错误操控习惯。在训练中，飞行员们体现出来的错误包括：

16 测试特遣队的成员在阿尔卑斯山区进行适应性训练。

学员加入 16 测试特遣队之后，都要经过邓克医生的低压氧气舱考验。9 月底过后，在慕尼黑的航空医学研究所（Institut Für Luftfahrtmedizin）的引导下，18 名来自前线并完成滑翔机训练的学员前往德国最高的山峰——阿尔卑斯山区中的楚格峰（Zugspitze，海拔 2962 米）进行为期两个星期的驻留，为将来驾驶 Me 163 在低温低压的高空环境执行任务做准备。随后，这批学员

转弯动作不规范（没有使用或者错误地使用了方向舵）；

频繁不规则地使用升降舵（驾驶 Me 109 养成的习惯）；

无法判断降落航线的角度（飞行员无法再和先前驾驶动力飞机一样降落，缺乏滑翔降落的经验）；

在降落航线时没有足够降低速度，致使航

线高度过高。

很快，他们对 Me 163 的理解愈加深刻。在此期间，有一名学员不适合 Me 163 任务而且"表现得缺乏兴趣"，被送回原单位；另外有一名学员由于身体原因离开 16 测试特遣队。最后，总共有 16 名飞行员完成 Me 163 的转换训练。

试飞员伯恩哈德·霍曼。

11 月底，德国空军佩内明德测试中心受命执行一个特殊的"彗星"任务，根据试飞员伯恩哈德·霍曼的回忆：

1943 年 11 月 20 日，星期六晚上的佩内明德西机场，我们忽然间接到一道命令，把 Me 163 B V22 号机以最快速度转场到因斯特堡（Insterburg）机场，准备给元首司令部（Führerhauptquartier）做演示。

第二天早上，V22 号机和牵引车、地面维护设备以及一辆装满 V1 和 Hs 293 等远程控制武器的卡车，通过铁路运往因斯特堡。

希特勒准备视察最先进的飞机，我的任务是给他进行 Me 163 的展示飞行。我记得我带上了最好的技术人员，包括从 HWK 和梅塞施密特公司来的专家。此外，汉斯·博耶也作为发动机专家就位。

一到因斯特堡，我们就马上注意到这会是一场非常特别的展示。整个机场本来是一个飞行学校的驻地，在冬天的时候通常很少有动静，现在已经一夜之间人去楼空，一个人、一名军官都没有留下。兵营和机库全部空荡荡的，一尘不染。机场指挥官是一名很友好的上校，他告诉我们这里要迎来航空各界代表，我们基本算是最早的一批，只有几个从雷希林来的人比我们早。

我们很快把 V22 号机组装完毕，完成了发动机的地面测试，检查燃料箱的密闭状况。我带上了足够的燃料，可以在演示飞行之前来一次适应性试飞。但是不走运的是，坏天气干扰了我的计划，云层低垂，断断续续地下着雨。所以，我只能开着一架菲泽勒"鹳"来了一次简单的低空飞行，迅速地熟悉一下机场的布局和周边地形，把它们记下来。机场跑道有 1100 米长度，长着 10 至 12 厘米高的草，这对 Me 163 的着陆并不十分宽裕，因为它的老版本钢制滑橇相当光滑，而且还没有装上着陆襟翼。相反，我觉得跑道可能太短了，我没有办法把它全部利用上，因为它一边是高出一截的水泥台和滑行道，另一边是铁道和铁路建筑，紧挨着滑行道的围栏还有一小片农田。如果下起雨来，草皮有一点湿，我没办法把飞机停下来，它会一直滑下去（冲出草皮跑道）。

一列又一列特别列车到站了，运来了航空界的不同企业团队。阿拉多公司带来了它们的 Ar 234 轰炸机，结果他们的飞行员一看到跑道，就马上拒绝飞行。那是一架早期版的 234，没有起落架，配备的是可抛弃滑车和着陆滑橇，这意味着它和 Me 163 有着一样的着陆问题。

……到那时候，我们测试中心的人员才知道，希特勒下了命令，他要接见每一个独立项目的负责人，这一次他要看到真金白银的展示！

准备工作一直进行到 11 月 26 日早晨，随后，整个因斯特堡机场的人员怀着忐忑不安的心情列队整齐，等待着希特勒的到来。霍曼是这样回忆当时的情形的：

演示之前，我们排列整齐，等待元首的专列抵达，这时候不少高级将领走过来观看飞机，和地勤人员交谈。在这之中包括沃尔夫冈·沃瓦尔德(Wolfgang Vorwald) 将军，他由一位海军高级将领陪同，把 Me 163 仔仔细细看了一遍。沃瓦尔德将军是我们的大领导——也就是帝国航空部技术部的头头，他应该对 Me 163 非常了解，但他还是问了很多离谱的问题，还反复强调这架飞机看起来怪里怪气的。他完全无法想象这架飞机怎么可能飞出那么快的速度，因为最起码从外形判断，Me 163 的"螺旋桨"和 Me 109 完全是天差地别！就算我很尴尬，我也得在那位海军高级将领面前向他一一解释清楚：Me 163 是一架无尾飞机，没有普通飞机上的水平尾翼；它和其他飞机不一样的是，它靠机尾的火箭发动机驱动，所以机头那副小小的"螺旋桨"实际上是驱动电动机来给整架飞机供电的，和飞行的动力一点关系没有！

10:55，一列灰白色的特别列车开进机场的站台，这时好几队警卫和哨兵已经把站台围了个里三层外三层。不过，车上下来的不是大人物，而是一位厨师，他朝着列队等候的车辆上的诧异人群们友好地挥了挥手。我们好奇这是不是以安全为考量在元首专列前行驶的列车，用以预防地雷。然后，在 11 点，一列深灰色的特别列车带着希特勒和他的随从抵达了。接送车队直接开到了跑道边上排列整齐随时可以升空的飞机旁。在每一架飞机旁边，站立着准备进行演示飞行的飞行员，以及相关制造厂商的总设计师。在我这边，Me 262 和 Me 163 并排摆

放，梅塞施密特博士站在鲍尔(Baur) 和我之间。当接送车队开来的时候，我很惊讶希特勒靠着警卫的帮助才能下车。他给我的印象是病得很厉害，弯着腰，拄着一根拐棍。他的脸浮肿了起来，和病人一样。

戈林向希特勒介绍这些飞机，这一次尤为特别，他做了精心准备。对于曾经在先前的展示中体验过他讲解的人来说，今天听到他介绍飞机的那么多细节内容，实在不可思议。他甚至准确地记住了飞机的产量和爬升性能，当他讲解图表的时候，他能准确地指出曲线的位置。

希特勒很少说话，时不时地问一个问题。不过，他每次都是问到了点子上，而且细致入微的程度让人吃惊。尤其是谈到 Me 262 的时候，戈林反反复复地大肆渲染这是德国空军的救世主。希特勒问了好几次："这真的是我们拼死一搏的希望吗？如果它真的是我们最好的一张牌，而不是又一个赔钱货，那我们就为它赌上全部身家性命！""不，我的元首，"戈林说，"它会在最少六个月的时间里把制空权掌握在我们手里……"希特勒一直在想把情况问清楚，而戈林显得自信心爆棚。

……飞行演示的预定流程完全没办法实施，根本没有考虑到不同飞机的性能差异。我们要从东向西起飞，沿着机场飞一圈顺时针，再从东到西飞过跑道和 50 米高的塔台之间、位于跑道左边的飞行控制中心。我们只允许进行一个通场，不能玩特技动作，就算大角度爬升也不行。在我看来，Me 163 是一架截击机，爬升性能远远超出其他所有飞机。在这个世界上，没有第二架飞机的爬升性能能够望其项背。但不管我怎样劝说测试中心领导都没有用——他不想破这个例。整个演示流程不会因 Me 163 而调整，飞机的爬升性能和机动性没有办法进行展示……

起飞后，我抛掉了滑车，它掉到了跑道旁

侧，我根据既定流程开始右转弯。这时候，轻微的 T-Stoff 气味渗透进了驾驶舱里头。（后来，有人告诉我飞机刚刚起飞就冒出了白烟。）我在 150 米高度转弯就位时，迅速地把节流阀推满。我不能在起飞后爬升到 150 米以上，因为通场的高度限定在 50 米，这时候飞机的试飞次数不够，我们不知道在负爬升速度的条件下发动机会怎样反应。为了保证发动机不熄火，我必须保持低空低速飞行：低速是由于上头的命令，但我也不想让尾烟把整个机场都给罩住。节流阀全开之后，发动机忽然之间开始喘振，就像一台阿格斯脉冲发动机一样。在它喘个不停的时候，没办法输出足够的推力来提速，所以我就以 780~800 公里/小时的速度，开着发动机喘振的飞机喷出一团团白烟完成了通场！

这次演示飞行没有对 Me 163 产生明显的影响，来年春天，霍曼受命在莱希费尔德组建汉默尔特遣队（Kommando Hummel），专事协助梅塞施密特公司进行 Me 163 的改装、维护以及试飞。

11 月 30 日，对 16 测试特遣队而言是激动人心的一天，新手学员将进行第一次 Me 163 A 的动力试飞。跑道上，Me 163 A V6 原型机（工

一架 Me 163 B 起飞后，滑车抛下的一瞬间。

厂编号 1630000001，呼号 CD+IK）准备就绪。整装待发的学员当中，被指定最先驾机升空的是阿洛伊斯·沃恩德尔（Alois Wörndl）军士长。这位 28 岁的老战士作为战斗机飞行员参加过西班牙内战和闪击波兰的行动，在加入 16 测试特遣队之前担任过训练学校的教官，可谓经验老到，是首飞升空的最佳人选。

地面上，马诺·齐格勒少尉在个人回忆录中记叙下当时的情形：

"好好干，阿洛伊斯！"我们嚷嚷着，然后他就起飞这里了。要让我们的第一次"快速"升空不那么危险，"彗星"的燃料箱并没有加满。不过，在我们看来，一两百升的差异并没有什么用处——它毕竟是 T 燃料！当然了，这意味着这架"彗星"不会爬升到最大的实用升限高度，在整场测试中会一直保持在我们的视野范围之内。正如我们期待的那样，阿洛伊斯的火箭发动机在 6000 米高度熄火，接下来他掉头飞向机场，根据教程指引滑翔下降，一切按部就班。我们能看到"彗星"改平，准备着陆。忽然间，人群中爆发出一声"侧滑！"这时候，我们都清楚地看到了阿洛伊斯的速度太高，无论如何都没办法接近着陆点。"侧滑，侧滑！"我们全都叫了起来，仿佛他能够听得到似的，可是"彗星"直直掠过了我们——以及着陆点！太高了，太快了！我们惊恐地看着它飘出机场，仿佛被一只无形的大手抓着离开跑道周围的安全范围一样。我们心急如焚，看到"彗星"远远地一头栽到机场的原野，向上反弹再像一块砖头一样落了下来，最后滑到一片硬土地上，翻成机腹朝上。紧接着，闪出一道炫目的白光，接下来一团蘑菇云腾空而起！

消防车和救护车已经朝着事故地点赶过去了，我跳上旁边等待就位的一辆维护用的

卡车。我们马力全开，朝着那团越长越高、油腻腻的黑色蘑菇云冲去，这时候，我眼前浮现出几分钟之前，我们把阿洛伊斯安顿在"彗星"的驾驶舱里时他那张快乐的脸庞。"抓紧了!"司机大叫一声，狠狠地踩下油门，我们磕磕碰碰地冲过一片凹凸不平的地面。我的身体从踏脚板上飞了起来，只能用双手死死抓住车门框，差点就支撑不住了，但我还是死死地抓住不放。

距离坠机地点还有一公里左右，我已经能够看到消防车赶到了，消防员正在往机身上喷射白色的泡沫……我们距离残骸还有五百米远的时候，火焰开始平息，从尾喷管压到机身下。卡车没停稳我就跳了下去，跑向那堆冒着烟嘶嘶作响的残骸。20 米之外，救护车的工作人员正在把阿洛伊斯的尸体搬到担架上。

看起来，在飞机第二次撞到地面上的时候，阿洛伊斯从座椅上被甩了出来，脖子和双腿当场折断。至少，他走得很快。

随后，正在外地视察的指挥官施佩特上尉赶回 16 测试特遣队驻地，在第二天为沃恩德尔军士长举办了一次葬礼。在仪式上，施佩特上尉表达哀思之后，向 16 测试特遣队的全体人员强调：这支小部队试飞的是一种全新的飞机，是德国空军最先进、最快速的型号，因而各种意外和牺牲无法避免。他在最后以一句话作为结语："我们会继续飞下去。"

紧接着，16 测试特遣队开始调查沃恩德尔军士长事故的原因。有目击者称失事的 V6 原型机在最后一刻滚转到 90 度进行急转弯后便不受控制地垂直下落，波赫斯中尉以此为线索找到了问题的症结。这场悲剧是由于 Me 163 的一个罕见特性引起的：由于升降副翼位于翼尖的后缘部分，它在大角度偏转时会对流经机翼的空气产生扰动；如果飞行员在大角度滚转后猛拉

操纵杆急转，空气扰动的结果等同于展开一块减速板。施佩特上尉亲自驾机试飞，证实了这个结论。16 测试特遣队随后调整了飞行员的操作手册，规定在降落过程中尽量避免使用升降副翼进行转弯机动，而是使用方向舵。同时，对于经验丰富的飞行员而言，如果在空战中利用这一特性，可以获得相当程度的战术优势。

接下来的一个月依然在紧张的测试工作中度过。临近年底的 12 月 30 日，约斯基·波赫斯中尉按计划驾驶 Me 163 A V8 原型机（工厂编号 1630000003，呼号 CD+IM）升空试飞。对于接下来的一切，马诺·齐格勒少尉是这样回忆的：

约斯基爬进 Me 163 A 的驾驶舱中，系好了座位上的安全带。这只是一次例行测试飞行，就像以前完成的许多次一样。约斯基满不在乎地咧嘴一笑，和帮助他接好各种按钮导管的皮茨（Pitz，奥皮茨的昵称）和托尼（Toni）说了一两个笑话，然后关上了座舱盖，启动了他的火箭发动机……

随着一声颤抖的尖啸，约斯基的 Me 163 滑过草皮跑道，快速地积累速度。它飞离了地面，滑车抛了下来。但紧接下来，沉重的钢制滑车底盘落在地面上，反弹起来砸中了飞机! 火箭发动机马上熄火了，应该是反弹的底盘砸坏了 T 燃料的管路。这到底是怎么发生的? 飞机飞得太低了，还是底盘砸到了地面上一块异常的凸起? 约斯基肯定立刻意识到发生了什么事情，他把机头拉起，靠着速度爬升到 100 米，然后像以前的皮茨一样朝着跑道大角度侧滑转弯回来! 看起来，飞机完全处在他的操控之下，我们稍稍松了一口气，心想靠着约斯基的经验，他应该能够把飞机安全降下来。可是，他下降的时候非常危险地逼近了机场边缘的一个高射炮塔。"小心，约斯基!"他听不到我们，这时候

做什么都太晚了。他的视野很明显被机翼遮挡住了，他的飞机碰到了炮塔。只是那么一点点，但已经能酿成大祸了。所有的一切都是在转眼之间发生的。约斯基的飞机像一块石头一样掉下来，斜斜地撞到地面上。

地面上，16测试特遣队指挥官施佩特上尉正在他的新办公室工作，完全没有意识到跑道上发生的一切：

我听到一架 Me 163 A 起飞滑行的啸叫声，知道波赫斯中尉打算驾驶我们的一架训练飞机进行测试飞行。另外，我还能听到几架 Fw 190 引擎的咆哮，它们正在好奇地绕着我们基地打转。大概波赫斯是想借这个机会把它们赶跑。

最近一段时间以来，火箭动力起飞已经驾轻就熟，我就把任务重心转回到文书工作上。忽然间，我听到一阵电气冲击的声音，马上从椅子上跳起来冲到窗口去。发动机的声音骤然停止了。根据我的推断，发动机一定是起飞后不久就熄火了。我完全看不到外面发生了什么。紧接着，一阵爆炸冲击波震撼了兵营的墙壁和窗口，仿佛一枚炸弹引爆了。在外面机场的西边，我看到一团灰白的浓烟升起，这景象以前从来没有见过……那团巨大的浓烟被下方连连的爆炸闪光照亮，向上快速升起。几乎两公里半之外，你能看到救火车在跑道的另一边围绕着看起来很像我们的 Me 163 的残骸在忙碌。

一辆汽车发出刺耳的刹车声，在我们的建筑前面停下来。是泰勒。他把我捎上，驶向坠机的地点。在路上，我知道了一些细节。实际上那名飞行员就是约斯基·波赫斯……

等到我们抵达以后，消防队员已经往机腹朝上的残骸喷洒了上千升的水。基地的军医戴克霍夫已经在那里了。"死了，"他简单而又肯定地说，"救不回来。"

我看到两条腿伸出机头段的破口，那就是我最好的朋友！大脑一片空白，肢体完全不受控制，我穿过那堆黏糊糊的泡沫走向飞机，从破碎的座舱盖往里张望。我意识过来他完全没有生还的可能。现在，我能做的事情就是把这起事故的负面影响降到最低。

调查结果表明，反弹而起的滑车击中机身腹部，导致一根 T 燃料管路泄漏。火箭发动机的自动控制系统感应到异常，立刻切断所有燃料管路以避免进入燃烧室的燃料混合比异常。结果，火箭发动机在爬升阶段停车，波赫斯中尉驾驶满载燃料的 Me 163 A 迫降，结果失事坠毁。毫无疑问，没有人能从 Me 163 坠毁时巨大的冲击力和火箭燃料爆炸的威力中幸存下来。

经过军医的检查，V8 原型机残骸内剩余的 T 燃料渗透进入飞行服，将波赫斯中尉尸体的头部和左臂融化成一团软组织，而右臂部分完全溶解，仅剩一只空荡荡的袖子。战后，齐格勒少尉在他的个人回忆录《火箭战斗机》省略掉 V8 原型机爆炸的事实，声称波赫斯被大量 T 燃料"活活溶解掉"。在各路媒体的推波助澜下，这一令人毛骨悚然的不实传说流传至今。

接连两次机毁人亡的事故，均因迫降时 Me 163 机身内残存的大量不稳定的燃料而引发。因此燃料安全性问题再次引发"彗星"部队的严重关注。实际上，考虑到燃料突出的危险性，HWK 公司火箭发动机研发的一项核心任务便是确保在飞行过程中燃料的完全消耗。然而，Me 163 升空后，各种异常状况使得理论上精准无误的燃料消耗发生各种变数。例如，试飞员奥皮茨少尉在 1943 年 7 月 31 日遭遇的负 G 状态下燃料管路堵塞便是极为典型的例子。一旦"彗星"的机头猛然向下摆动，燃料管路中便会出现大量气泡，以至于 1 到 2 倍重力的负 G 加速度均能导致火箭发动机熄火。因而，Me 163 的试飞员们强烈要求在燃料系统中增设排放设备，以备在发动机熄火、无法重新启动耗尽燃料的条件下快速将危险的 T 燃料排出机身之外，将在降落时燃料箱破裂引发事故的几率降至最低。这项建议被梅塞施密特公司采纳，量产型的 Me 163 B 上最终安装上燃料排放设备。

1943 年 12 月，16 测试特遣队终于获得最早两架配备火箭发动机的 Me 163 B-0 V9（工厂编号 16310018，呼号 EC+AY）和 V14（工厂编号 16310023，呼号 VD+EW）预生产型机。1944 年 1 月 9 日，奥皮茨少尉驾驶 V9 号机完成验收试飞，最后在 14 日驾驶 V14 号机完成验收试飞。

根据 16 测试特遣队的记录，奥皮茨少尉曾经驾驶 V14 号机进行过一次模拟拦截测试。当时，一个轰炸机编队以 6000 至 7800 米高度飞越巴德茨维什安机场，奥皮茨驾机升空，爬升至目标后方展开攻击。然而，在 6000 米高度从爬升中转为平飞，V14 号机突然熄火，奥皮茨需要两分钟时间才能重新启动 HWK 火箭发动机，毫无疑问，在这性命攸关的两分钟时间里，火箭战斗机将成为盟军护航战斗机的重点猎物。HWK 公司消耗相当时间方才解决火箭发动机突然熄火的问题，这对 Me 163 的出厂进度造成相当程度的影响。

实战型的 Me 163 B 只能进行无动力滑翔降落，因而需要飞行员具备娴熟的滑翔飞行技能。在 16 测试特遣队中，奥皮茨引导学员先从卡兰尼克（Kranich）双座滑翔机中开始训练。一旦技能达到相应的水平后，学员们将转换到翼展更短、速度更快的"斯图莫-老鹰（Stummel-Habicht）"滑翔机之上。该型号的降落速度提升到 100 公里/小时，与风驰电掣的"彗星"仍有相当的差距。

为了驾驭实战型的 Me 163 B，学员们必须经过 Me 163 A 的适应性飞行。16 测试特遣队一共获得 8 架 Me 163 A 用以训练飞行员，这批飞机配备有相当实用的着陆襟翼，安装在翼弦中间位置，可以灵活地调节飞机阻力，同时不会引发升力以及高度的变化。在这一阶段，学员们通常驾驶着 Me 163 A 在牵引机的拖曳下起飞升空，完成训练科目规定的动作后，再以先前从未体验过的 160 公里/小时高速滑翔降落。

充分掌控"彗星"的滑翔飞行以及起降要领之后，学员们将迎来心潮澎湃的一刻——驾驶 Me 163 A 的"快速"升空——亦即动力起飞。该型号的动力系统是 HWK R II-203b"冷式"发动机，通常起飞条件下发动机的涡轮泵转速为每分钟 8000 转，并向燃烧室以 20 个大气压输送推进剂，喷口温度为较低的 600 摄氏度。起飞时，飞行员需要密切关注仪表板上的读数。一旦出现数值偏低的状况，就意味着发动机的运作不正常，飞行员需要立刻关闭发动机、滑出跑道中止起飞。

此阶段训练科目完成后，学员们将转入实战型"彗星"的训练。相比之前的空军飞机，Me 163 B 有着明显的区别。

首先，起飞升空是 Me 163 B 飞行过程中最危险的阶段。火箭飞机本身需要极高的起飞速度，万一在此期间发生发动机熄火的事故，飞行员需要最少 90 秒的时间方能将燃料排放完毕。如果"彗星"迫降时机身内仍然有燃料留存，等待飞行员的将是灾难性的后果，16 测试特遣队中便有若干名飞行员因此丧生。因而，驾驶 Me 163 B 滑跑起飞，是每一名飞行员必须周密准备、全力以赴的关键阶段。

其次，由于"彗星"的爬升速度和飞行高度远远超过所有螺旋桨战斗机，这意味着在短短 3 分钟左右时间里，飞行员便能从海平面高度抵达 10 公里高的平流层，在驾驶舱内承受极为剧烈的温度和气压变化。为使飞行员更好地适应这个严酷的任务环境，德国空军特意将一台从苏联境内搜刮到的低压氧气舱送往 16 测试特遣队，由邓克医生控制，训练新手飞行员适应短时间内爬升到上万米高度再降落回地面的过程。

奥皮茨曾经在食用过豆类和卷心菜之后的第二天进行 Me 163 的爬升测试，结果在抵达 11500 米高空后由于腹部胀气疼痛难忍，不得不终止测试。为此，飞行员们的饮食同样受到严格控制，容易引起腹部胀气的各种食品被摈弃在食谱之外，以免飞行员在高空低压环境下身体不适。

对于鲁道夫·奥皮茨的学员而言，Me 163 B 的"快速"升空是无比刺激的飞行体验。首先，飞行员登上"彗星"左侧的小型舷梯，爬进驾驶舱。与 Me 163 A 相比，这个操作空间较为宽裕，甚至可以称之为"办公室"。随后，地勤人员帮助飞行员固定降落伞，在聚碳酸酯防护服之外系牢保险带。飞行员迅速地检查一遍驾驶舱内各个仪表，确定各设备运作正常后，接通联系塔台的无线电话筒、打开主要的电气设备、再戴上护目镜。接下来，飞行员扳动控制杆、踩下脚舵，测试各控制面，再将升降舵的配平调整为 3 至 6 度的"尾重"趋势。将氧气面罩连接到飞行员头盔上进行氧气流量测试后，地勤人员关上座舱盖，飞行员在驾驶舱内部将插销闭锁，再在外部辅助电源设备的协助下开始起飞流程。

飞机的节流阀有 5 个挡位：停车、怠速、一挡、二挡和三挡全推力。当节流阀处在怠速挡时，飞行员可以按下启动按钮，涡轮泵开始将 T 燃料输送至燃烧室中。在启动涡轮泵 4 至 5 秒钟之后，飞行员松开启动按钮，此时涡轮泵已经达到 40% 至 50% 的转速，发动机开始点火。飞行员快速检查座舱内的仪表，将节流阀推进

至一挡，随后至二挡。最后一次检查仪表，确保一切运作正常后，飞行员将节流阀推进至三挡。此时，"彗星"连带着滑车，开始在跑道上向前滑行。

离地升空后，飞行员在 6 至 10 米高度将滑车投掷而下，再在速度提升至 600 公里/小时以上后开始大角度爬升。此时，火箭发动机推力可以在 20% 至 100% 之间调节，但相当一部分飞行员出现过操作失误导致发动机完全停车的事故。奥皮茨等试飞员用自己的亲身体验证明，在 100% 推力条件下从爬升改为平飞危险性极大，因为往往会在几秒钟时间里出现压缩效应和部分控制失灵。

飞行任务完成后，飞行员们要面临的最后一道难关是降落。相比先前型号，Me 163 B 的标准着陆速度有着 60 公里/小时的增加，这意味着滑翔降落的危险相应提升。如果燃料没有消耗完毕，额外的重量将极大地影响飞机的降落速度以及滑跑距离。一旦操作不慎发生事故，化学性质极不稳定的火箭燃料往往能导致灾难性的后果——高浓度过氧化氢溶液 T 燃料挥发性极强，其燃料箱存在爆裂的可能。一旦沾染到有机物，剧烈的化学反应极易引发着火。由于机体空间狭小，Me 163 B 的飞行员实际上被 T 燃料的燃料箱所包围：座椅左右两侧各有一个燃料箱，后方还有第三个。如果燃料箱破裂导致 T 燃料泄漏，它将会无情地侵蚀飞行员的躯体。

为此，16 测试特遣队的一项重要任务就是研究如何保护"彗星"飞行员的生命安全。经过一番探索，科学家研制出一种全新的石棉纤维飞行服。接触到 T 燃料后，石棉质地的无机面料不会与 T 燃料发生化学反应，比起传统的飞行服较为安全。但是，科学家们忽视了一个事实——石棉纤维并不防水，T 燃料能够透过飞行服的面料和缝隙渗透进入内部，一旦接触飞行

员的皮肤，同样会引发灾难性的后果。因此，这种新发明最终被束之高阁。由于 T 燃料能够腐蚀钢铁和橡胶，其燃料箱必须由铝制成，相应的燃料容器和管路均使用醒目的白色标识。与之相对应，C 燃料储存在搪瓷或者玻璃容器中，使用黄色标识。

变轻，我看到后面也没有燃料排放出来。所以我就更用力地拉！我从小就进行体育锻炼，所以我的力气完全没问题。这一次，我用左手操控飞机，用右手使出全身力气拉动手柄。毫无反应！我松开了安全带，尽可能用右手把稳操纵杆，同时试着用左手从前面扳动这个紧急排

沃尔夫冈·施佩特上尉驾驶这架 Me 163 B V14 预生产型机测试时遭遇事故。

通过实践逐步摸索 Me 163 的飞行性能和操作规范，施佩特上尉竭力推进 16 测试特遣队的试飞工作。1944 年 2 月 18 日，施佩特上尉驾驶 Me 163 B V14 预生产型机(工厂编号 16310023，呼号 VD+EW)进行试飞，结果遭遇不测：

　　……V14 号机的发动机表现得不令人满意，只在全推力状态下维持了不到一分半钟。忽然之间，刺鼻的烟雾涌进驾驶舱，推力时大时小，"过热"告警灯也亮了起来。我收回节流阀，放下滑橇准备降落。我从飞机操纵的手感来判断，应该还剩下 1000 公斤左右的燃料。所以，要快点把它们清空掉！燃料排空手柄安装在驾驶舱右侧下方，不是很容易就能够得着的。我拉了手柄，但它没有反应。飞机的重量根本没有

放手柄。这无济于事。

　　开着一架满载的飞机降落！这事情我以前做过两次，为什么今天我就不敢呢？因为地面上积有 20 厘米的雪，下面的草皮很滑。摩擦系数几乎就是零，等于在一块湿肥皂上降落。我一边飞一边快速检查了仪表，推断出降落的速度不会低于 260 公里/小时。"你对付得了吗?"这个问题从脑海中掠过……

　　我把飞机降落在刚过预计着陆点的位置。接下来这只大鸟开始靠着滑橇滑起来了，就像一个滑雪运动员顺着平整的斜坡溜下去一样。地面上绝对没有什么东西能让飞机的速度慢下来。当我滑到跑道正中的时候，空速计显示飞机的速度还有 200 公里/小时。飞机滑啊滑，速度太快了，我根本没有办法压下一边机翼让方

向舵和尾轮来一个打地转，只能等着它自己停下来。我感觉，直接跳出飞机总比跟着它冲出机场围栏扎到外面没有开垦过的田野里头要好，那有很大几率出现翻转过来的危险。我已经很接近围栏了，飞机在撞上它之前是绝对不可能停下来的。空速计上还显示着 120 公里/小时。我把树脂玻璃座舱盖推开抛除掉，解开腰带，爬到机翼上以后缩成一个球，滚了下去。博纳太太，也就是博纳中尉的妻子刚好站在地面塔台里，她靠着一副望远镜看到了整个过程。后来，她告诉我看起来就像是飞机后头跟了一个大雪球在滚。如果不是那副原来包裹得很紧的降落伞出了问题松开来、狠狠地砸到我的后脑勺上的话，感觉就会好很多。我在那里晕头转向地躺了好长一段时间，这才回过神来开始骂骂咧咧。那些跑过来的人冲着我废话连篇，我大骂了一通之后，他们才住嘴，把我抬上救护车送到医院。

我一直到第二天早上才醒过来，一位护士叫醒了我，说由于脑震荡，我在接下来的三个星期里都由她照顾。不可否认的是，这结果还不算坏，尤其是给我分配了最漂亮的护士。不过，几天之后，我开始担心自己不在的时候 Me 163 项目进展得怎么样。每天都有朋友和战友们来看望我。从他们口中，我了解到当时滚下机翼之后，V14 号机继续朝着同一个方向滑行，一直冲到邻近的树林里头。在那里，飞机的机头卡在两棵树干的中间，停了下来，受到的损伤降到了最低。后来，把整场事故复盘了一遍之后，我们认定：如果我继续呆在飞机里头，想要冲到树丛里把飞机停下来，那么飞机的燃料箱或者燃料管路就有可能出现泄漏，整架飞机就会被炸毁。剩下的 1000 公斤燃料不但能够引发一场惊天动地的爆炸，也足够把我直接挥发掉了。我赌对了，换来了脑震荡和一个

迷人的护士……

当威利·埃利亚斯来看我的时候，我很自然地想了解为什么燃料紧急排空手柄不起作用。

"在那种情况下是肯定不会起作用的。"埃利亚斯有点不好意思地回答说。

"可这是为什么呢?"我追问下去。

"因为它们还没有安装好，"埃利亚斯承认了，他负责梅塞施密特公司分遣部门的相应工作，"闩锁出了问题，被拆下来了。替换的零部件由福克-阿赫格里斯(Focke-Achgelis)公司生产，他们要到四月才能发货……"

除了指挥官的意外，16 测试特遣队在 1944 年 2 月的运作受到恶劣天气的影响。在天气好转时，又极不走运地遭到盟军战略轰炸机的压制——2 月下旬的"大轰炸周"对德国本土的航空工业以及空军部队造成致命的打击。此时，这支小部队的 Me 163 A 总共完成 86 次试飞，而 Me 163 B 完成 82 次试飞。

这一阶段在生产单位方面，除最初的 70 架 Me 163 B-0 的合同之外，克里姆工厂承担另外两个批次的 Me 163 B-0 生产，其中 20 架 Me 163 B-0/R1 与 Me 163 B-0 大致相同，而 30 架 Me 163 B-0/R2 的改进在于采用下一阶段生产型 Me 163 B-1 的机翼。在 2 月初，16 测试特遣队一共装备有 5 架配备发动机的 Me 163 B，其中只有不超过 2 架可以升空。在 2 月中，该部从克里姆接收了 6 架 Me 163 B，直到 3 月 8 日仍未做好升空准备。在巴德茨维什安，所有的 5 架 Me 163 同样无法升空，原因为:

1. 缺乏机身的零备件，厂家的交付时间过长;

2. 液压系统损坏;

3. 火箭发动机损坏，尤其是在燃烧室部分;

4. 燃料箱和燃料管路泄漏;

5. 运输和装卸过程中导致的损坏。

可以说，在 1944 年 2—3 月间，梅塞施密特公司交付的"彗星"依旧存在相当程度的质量问题，同时 16 测试特遣队也仍有大量测试任务等待完成。然而，此时帝国防空战的压力迫使德国空军成立第一支 Me 163 作战部队，将这款远未成熟的新型战机仓促推上战场。这意味着各生产厂家已经没有太多优化工艺的时间，Me 163 即将接受战火的残酷洗礼。

1944 年 6 月，克里姆工厂的"彗星"机体被送往耶绍(Jesau)，完成最后总装以及验收试飞后，再正式分配至前线部队。到 8 月，组装和验收的工作转移至柏林附近的奥拉宁堡(Oranienburg)，而克里姆和容克斯工厂开始联手生产 Me 163 B：克里姆工厂负责提供机体，而容克斯工厂从 1944 年 9 月 1 日开始全面接管 Me 163 B 系列的总装生产工作。后者出厂的"彗星"基本为 Me 163 B，其中有两个批次（工厂编号 191600 至 191641，及 191901 至 191197）编号为 Me 163 B-1a。

在第三帝国败局已定的态势下，德国空军最高统帅部在 1945 年 2 月下令停止生产 Me 163。至此，算上在 1945 年出厂的 42 架，"彗星"的总产量达到 364 架，其中 279 架为生产型。在所有的这些火箭截击机中，不到四分之一的数量投入战斗。

Me 163 B 性能参数

机身

Me 163 B 的机身由五个主要部件构成：机头、机身前段(包括驾驶舱、T 燃料主燃料箱和滑橇)、机身上段(包括后视窗和无线电天线杆)、机身后段(包括尾轮和火箭发动机)和机身尾段(包括火箭发动机尾喷管和尾喷口)。所有的机身部件均为全金属半硬壳结构。

机翼

机翼后掠角为 27.5 度，几乎全部由胶合板材构成。其中，机翼主梁和较小的前缘翼梁由扭丝木材制造，机翼框架和翼肋由胶合板材制造，以胶合板材和帆布覆盖。固定的前缘缝翼安装在翼弦的 10% 位置，距离翼尖约 0.3 米，全长约 2.18 米。机身上有 3 个钢制链接点用以安装机翼，使用配备自位轴衬的螺栓进行固定。

控制面以及机构

机翼后方，内侧为大型襟翼，外侧为兼备襟翼作用的升降副翼，所有的控制面均为帆布蒙皮结构。升降副翼的配平可以在地面通过升降副翼上的金属调整片实现。飞行中的配平依靠机翼内侧的大型襟翼，由驾驶员在座舱内依靠曲柄机构进行操作。方向舵的配平同样可以在地面通过金属调整片加以实现。着陆襟翼是一块包裹厚铝片的胶合板，安装位置处在机翼下方 50% 翼弦的位置，在驾驶舱中通过液压机构操作。所有的控制面链接均为扭转管构造。

起落架

采用后三点式起落架。机腹前下方为可收放的滑橇以及安装在下方的可抛弃两轮滑车。滑橇为液压控制收放，配备减震设备。尾轮可调节方向，同样为液压控制收放。起飞升空后，在收起滑橇时，滑车自动抛弃落下。着陆时，飞行员放下滑橇，在草地上滑跑降落。在紧急条件下，滑橇可通过压缩空气放下。

梅塞施密特公司曾经尝试为 Me 163 研发火箭助推的起飞滑车和滑橇的犁式尾钩刹车系统，但都没有投入批量生产。

驾驶舱

驾驶舱为非增压结构，后期型号中，飞行员的座椅安置在拉齐尔公司的减震弹簧之上。驾驶舱内配备基本的飞行控制、导航和发动机

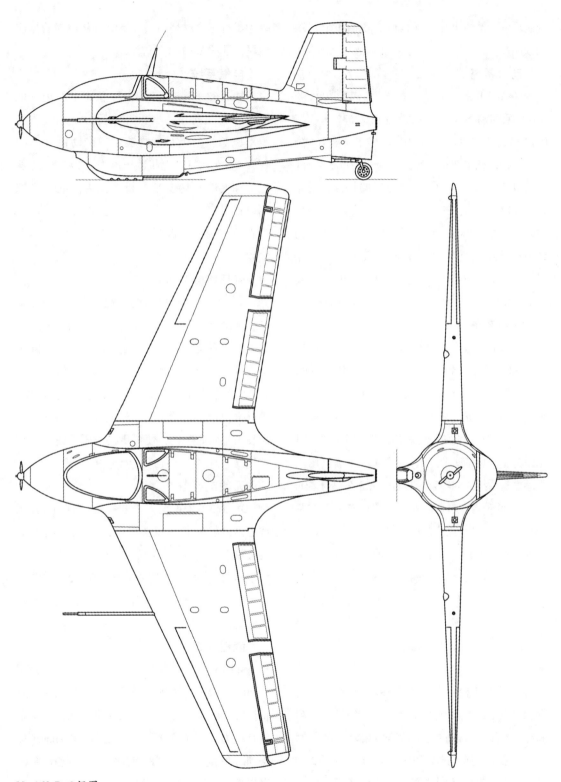

Me 163 B 三视图。

控制设备。无线电操作面板位于右侧 T 燃料箱的顶端。

动力系统

Me 163 B 最初的动力系统为 HWK 109-509 A-0 型双燃料发动机。该设备长 2.532 米、高 0.732 米、宽 0.90 米，其中发动机本身重 166 公斤，燃料系统重 200 公斤，控制系统重 3 公斤。发动机从外部由电启动，节流阀的挡位包括停车、怠速、一挡、二挡和三挡(全推力)。怠速状态时，推力为 100 公斤；全推力状态时，推力为 1500 公斤，燃料消耗为 5.5 克×公斤推力/秒。在量产型的 Me 163 B-1 系列之上，HWK 509 A-1 或者 A-2 发动机的最大推力将提升至 1700 公斤。

燃料系统

Me 163 B 配备的燃料包括 468 公斤 C 燃料和 1550 公斤 T 燃料。C 燃料为 57% 甲醇、30% 水合肼和 13% 水的混合物；T 燃料为 80% 的高浓度双氧水，加注有稳定剂。燃烧室中，C 燃料中的甲醇和水合肼发生燃烧，T 燃料中的双氧水作为化学反应的氧化剂，同时产生蒸汽用以驱动燃料系统的涡轮泵。T 燃料储存在机身内的一个 1040 升主燃料箱以及飞行员座椅旁侧的两个 60 升小型燃料箱内。C 燃料储存在 4 个燃料箱内，每侧机翼各容纳 2 个，前方燃料箱容量为 73 升，后方燃料箱容量为 173 升。燃料系统中，C 燃料特别添加亚铜氰化钾以催化 T 燃料，使得燃烧室内能够实现充分的化学反应。燃料系统的涡轮泵连接 2 个离心泵，用以将两种燃料输送至燃烧室中。燃料系统中，T 燃料需要流经含高锰酸钙和铬酸钾的多孔石滤器。此外，涡轮泵驱动 C 燃料流经燃烧室的双层外壳，起到冷却作用，再通过一个调节器用以控制 T 燃料的流量，使其通过雾化喷嘴进入燃烧室。2 种燃料经由节流阀控制的阀门，最后通过雾化喷嘴进入燃烧室。与此同时，C 燃料流速的压力

带动燃料充分燃烧后，高温燃气从尾喷管排出机尾，推动 Me 163 前进。

电气系统

Me 163 B 配备有一组 24 伏特电池用以地面滑行起飞阶段。飞机升空后，前方气流将驱动机头的一副小型螺旋桨，带动机体内的一个 2000 瓦特发电机输出电力。20 安时的蓄电池和发电机均安装在机头段内。电气系统用以提供机身内各设备的动力以及加热。机身右侧有辅助电源设备的接口，用以启动火箭发动机。

液压控制系统

Me 163 B 机身内有两套独立的液压系统管路。主系统由压强为 130 大气压力的压缩空气筒驱动，用以在着陆时控制滑橇和尾轮，同时负责可抛弃滑车的紧急抛除。辅助系统用以控制 2 副着陆襟翼，其放下的最大角度可达 45 度。进行维护时，地勤人员打开机身前段后方处在驾驶舱左侧的舱门，便可更换液压系统的压缩空气筒。

无线电设备

Me 163 B 有两套无线电系统。FuG 16ZE 无线电收发机安装在机头段中，得到装甲防护，其接收天线位于驾驶舱后方的天线杆上，其环状中继天线位于垂直尾翼前方。FuG 25a 敌我识别系统安装在飞行员座椅下方，其天线位于左侧机翼下方。

武器系统

Me 163 B 的早期型号安装有 2 门毛瑟公司的 20 毫米 MG 151/20 加农炮，分别处在左右翼根位置。从 V45 号预生产型飞机开始，武器系统升级为莱茵金属-博尔西格公司(Rheinmetall-Borsig) 30 毫米 MK 108 加农炮。每门炮配备 60 发炮弹，弹药箱位于无线电天线杆后方。防弹玻璃底部基座上，安装有一副标准的 Revi 16 B

1 - 发电机驱动螺旋桨
2 - 发电机
3 - 压缩空气瓶
4 - 电池组
5 - 驾驶舱通风口
6 - 机头安装15毫米装甲板
7 - 驾驶舱加压空气控制
8 - 驾驶舱直接空气进气口
9 - FuG 25a无线电
10 - 方向舵控制电缆
11 - 液压及压缩空气加注阀

12 - 升降副翼操纵控制臂
13 - 控制中继
14 - 飞行控制组件甲
15 - 无线电方向舵控制
16 - 驾驶舱通风
17 - 转接轴
18 - 驾驶舱加压空气控制
19 - 配平面板
20 - 仪表仪表板
21 - 风挡防弹玻璃支柱
22 - Revi 16b 瞄准镜
23 - 风挡50毫米防弹玻璃
24 - 右侧舱控台武器及无线电总开关

25 - 飞行员座椅
26 - 8毫米头枕装甲
27 - 13毫米头枕及臀部装甲
28 - 无线电调频设备
29 - 头垫
30 - 可抛弃座舱盖
31 - 通风面板
32 - 机翼前缘固定缝翼
33 - 配平调整片
34 - 布制蒙皮的右侧升降副翼
35 - 右侧蒙皮缝翼翼
36 - 内侧配平襟翼
37 - FuG 16zy无线电天线
38 - 口盖进加注口
39 - 无防护的1040升1燃料机身储箱
40 - 驾驶舱后视窗
41 - 左侧内装60毫米弹药箱

42 - 右侧加装炮6燃料防护箱
43 - 输油通道
44 - 1燃料启动储箱
45 - 方向舵控制上方双襟曲柄
46 - C燃料加注口
47 - HWK 509火箭发动机机壳
48 - 火箭发动机主安装框架
49 - 方向舵制动器
50 - 链接接线点
51 - 垂直安定面
52 - 垂尾前梁安装接点
53 - 垂尾结构
54 - 方向舵平衡配重
55 - 方向舵上方铰接
56 - 方向舵结构
57 - 方向舵控制铰接
58 - 方向舵控制摆臂
59 - 连杆铰接点
60 - 垂直后梁-机身连接点
61 - 方向舵下方铰接
62 - 火箭发动机喷管

63 - 垂尾整流罩
64 - 火箭发动机喷口
65 - 排气管出口
66 - 液压缸
67 - 提升杆筒
68 - 尾舵整流罩
69 - 可操纵的尾舵
70 - 尾舵轴承
71 - 尾舵减震器
72 - 尾舵可调节连杆
73 - 垂直控制臂
74 - 翼梢支撑杆
75 - 燃烧室支撑架
76 - 加装炮主发动机
77 - 配平操舵抛弃壳盖
78 - 螺杆顶头
79 - 配平襟翼安装座
80 - 闪烁配平襟翼
81 - 升降副翼安装接头
82 - 配平襟翼安装接头
83 - 升降副翼作动推杆
84 - 左侧升降副翼

85 - 机翼后梁
86 - 配平调整片
87 - 升降副翼外侧铰座
88 - 翼尖减震器
89 - 翼梢结构
90 - 机翼前缘固定缝翼
91 - 升降副翼控制双襟曲柄
92 - 左侧襟翼缝翼位置
93 - 前主梁内的推杆
94 - 前主梁
95 - FuG 25a天线
96 - 空速管

97 - 机翼燃料箱注接安装整流罩
98 - 机翼前部73升C燃料储箱
99 - 机炮击发压缩空气道
100 - 机翼173升C燃料主储箱
101 - 左侧30毫米MK108型加装炮
102 - 加装炮抛壳机构
103 - 左侧襟翼固定缝翼
104 - 机炮控制安装接座
105 - 排气管
106 - 机炮调节把手
107 - 加装炮口
108 - FuG 25a故障识别设备
109 - 地面电源接口

110 - 着陆滑橇的压缩空气作动液筒
111 - 液压和压缩空气通道
112 - 滑橇锁销轴
113 - 机身下部滑橇安装室
114 - 滑橇液压杆
115 - 滑橇抛弃机构
116 - 基座液压
117 - 滑橇缓冲器
118 - 滑车b滚凸轮
119 - 滑橇定位座
120 - 低压轮胎

Me 163 B 剖视图。

瞄准镜，可根据需求拆下。

防御设施

飞行员前方的防御设施包括机头段位置的一块 15 毫米固定装甲板和一块 90 毫米厚的防弹玻璃。后上方的 13 毫米厚的装甲板为头部和胸部提供防护，后方的装甲板则为 8 毫米厚度。

氧气系统

氧气瓶为 3 个金属球状容器，机头段和驾驶舱之后分别安装一副氧气瓶。氧气系统的调节器、导管和警告灯安装在驾驶舱右侧。

乘员

Me 163 B 可容纳 1 名乘员，从机头段左侧的舷梯中爬入驾驶舱。单片式座舱盖在右侧铰接，从左向右开启。在空中，飞行员拉动一副控制开关，弹簧机构可将座舱盖弹开。飞行员座椅配备有扭力弹簧，以及容纳坐垫式折叠的降落伞以及便携氧气瓶的空间。飞行员弃机跳伞之前，必须将飞机的速度降低到 400 公里/小时以下，因为高速条件下附面层效应将阻止座舱盖弹开。

Me 163 B-0 参数	
翼展	9.30 米
长度	5.70 米
高度	2.50 米
机翼面积	19.60 平方米
空重（配备 MG 151/20 机炮）	1777 公斤
乘员、燃料，弹药重量	2173 公斤
最大起飞重量	3950 公斤
着陆重量	1900 公斤
可抛弃滑车轮胎	700 毫米×175 毫米
尾轮轮胎	260 毫米×85 毫米
最大平飞速度	900 公里/小时
最大平飞速度（襟翼放下）	300 公里/小时

续表

Me 163 B-0 参数	
理想爬升速度	700-720 公里/小时
着陆速度	160 公里/小时
爬升时间	1. 48 分至 2000 米
	2. 02 分至 4000 米
	2. 27 分至 6000 米
	2. 84 分至 8000 米
	3. 19 分至 10000 米
	3. 45 分至 12000 米
实用升限	大于 12000 米

在 Me 163 B 系列投产以来，厂商为其制定的实用升限数据是 12000 米。实际上，这个数值受到了飞行员体能的限制——由于没有配备增压座舱，再继续爬升将极有可能引发事故。在 1944 年 10 月 12 日，Me 163 B-0 的 V14 号预生产型机进行了一次极限爬升测试。飞行员佩戴上缴获自美军的氧气设备，驾机一口气爬升至 15000 米的高度。

Me 163 B 日常运作流程

地勤人员用一个千斤顶对准 Me 163 B 机头下方的一个小孔，准备将其抬起。

Me 163 B 的机头和滑橇整体抬起后，地勤人员将滑车移动至滑橇的下方准备安装，注意千斤顶支撑 Me 163 B 机头的位置。

放下千斤顶，滑车安装完毕后的构型。

地勤人员将刚性牵引杆连接在 Me 163 B 机头下方的拖曳连接点。

三轮拖车将 Me 163 B 拖曳至混凝土跑道。

点火升空。

在 30 米高度抛下滑车。

滑车通过三轮拖车回收。

Me 163 B 在草皮跑道上降落。

朔伊希拖拉机(Scheuch-Schlepper)开到 Me 163 B 前方准备拖曳。注意后方 2 副支架即将伸到两侧机翼下方以提供平衡的支撑。

朔伊希拖拉机正在拖曳 Me 163 B，注意后方 2 副支架托住机翼。

准备加注 C 燃料，注意燃料车上的字母"C"。

燃料车后门打开，引出燃料导管，身穿严密防护服的地勤人
员通过一个巨大的漏斗将 C 燃料加注到燃料箱当中。

C 燃料加注完毕，漏斗使用清水彻底地进行清洗。

准备加注 T 燃料，注意燃料车上的字母"T"。

T 燃料的加注直接通过燃料泵完成。

T 燃料加注完毕，设备同样需要经过清洗。

在对发动机进行拆卸或者维护工作之前，需要将清水加注到燃料箱之中，再通过高压将其泵出尾喷口，以此彻底清洗机身之内所有的残存燃料。

机库之内的 Me 163 B，火箭发动机裸露在外。对发动机进行动力测试时，地勤人员直接在驾驶舱中控制节流阀。

设施完善的机场配备有火箭发动机的固定试车台，其余机场使用流动试车台。注意 C
燃料和 T 燃料储箱的字母标识。

安装在流动试车台上的火箭发动机。

"彗星"后续发展

武器系统研发

猎拳

Me 163 被赋予拦截轰炸机编队的任务，但一方面自身速度接近音速，与目标的相对速度过快，另一方面 MK 108 加农炮的初速较低、射程较短。两个因素的综合作用，导致 Me 163 的射击窗口较小。对此，技术人员从各个角度尝试加以改善，16 测试特遣队的信号官古斯塔夫·科尔夫（Gustav Korff）中尉发明的 SG 500"猎拳（Jägerfaust）"便是其中之一。

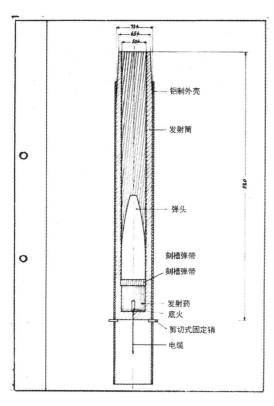

SG 500 剖视图。

本质上，SG 500 是一种向斜上方发射的无后坐力炮，炮管口径 50 毫米，长度 520 毫米。其底部封闭，内部安装发射药、引信和炮弹。在重量 1 千克的炮弹之内安设有 400 克高爆炸药，杀伤力相当可观，如正中重型轰炸机，有极大几率能够将其一发击落。

一套 SG 500 总重量为 7 公斤，在战斗机的机翼位置穿透安装，炮口指向前上方。该武器通过机身内的光电感应设备控制击发，目标进入飞机前上方既定角度和距离时，SG 500 自动开火。发射药爆炸的能量使弹头获得 400 米/秒的向上速度，同时也使炮管向下弹出，以达成动量守恒，抵消作用在机翼之上的应力。根据估算，SG 500 的射程为 100 米，意味着战斗机需要保持 100 米的高度差接近目标，在下方展开攻击。

1944 年秋天，胡戈·施耐德股份公司（Hugo Schneider AG）——即反坦克"装甲拳（Panzerfaust）"的生产厂家——生产出 32 套 SG 500，交付布兰迪斯（Brandis）机场。随后，SG 500 以四枚一排的方式分别安装在 Me 163 B V45 预生产型机的左右机翼正中，炮管角度进行过精心调整，微微向中央倾斜，以求两翼发射的炮弹能够在目标位置取得交汇。

在最初的试飞中，V45 号机在加装八枚 SG 500 之后的表现一切正常，外露的炮管没有对 Me 163 的飞行品质造成明显的影响。飞行员手动击发武器系统，发现其震动较小，同样影响甚微。

接下来，便是对 SG 500 的光电感应激发设备的测试。在布兰迪斯机场的跑道尽头，地勤人员竖立起 2 根高达 25 米的旗杆，中间悬挂一块长 40 米、宽 1 米的幕布以模拟轰炸机的轮廓。首先一架 Fw 190 战斗机安装上 SG 500，超低空飞过幕布下方，武器系统成功击发，没有出现

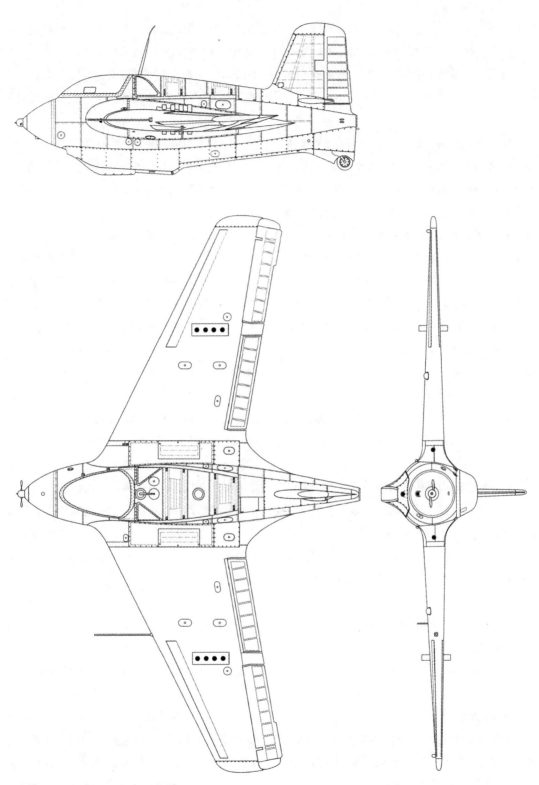

安装 SG 500 的 Me 163 B 三视图。

任何问题。

按照流程，随后轮到 V45 号机的射击测试。其飞行员奥古斯特·哈赫特尔少尉在报告中有着如下记录：

1944 年 12 月 24 日，我在 14：30 驾驶 Me 163 B V45 号机升空测试（SG 500）武器系统。在燃料耗尽后，我朝向机场俯冲，在大约 300 米高度，武器提前击发。（刚才高空飞行的）低温导致座舱盖变脆，现在碎掉了，我的脑袋上挨了重重的一击，晕了一会儿。在这种情况下，我把飞机拉起来，转弯着陆。这时候我的视力受到影响，因为眼睛里头有碎片，又被太阳晒得睁不开眼，结果我的降落高度太高了，于是我来了一个侧滑以降低高度。我的转弯角度不够了，在一片冻结的平地上来了一次硬着陆。飞机两次反弹回 10 米的高度，最后滑行了短短一段距离，停了下来。我想办法自己爬出驾驶舱，过后才意识到我没有把飞机配平成尾重状态。

据分析，SG 500 极有可能被低空的云层影响，导致过早击发。随后的测试表明，在低温条件下，如果机翼上的 SG 500 齐射，极有可能产生较大的应力毁坏飞机的座舱盖。为此，HASAG 工厂将 SG 500 调整为以千分之三秒的时间间隔击发，该问题随即得到解决。一架 Me 163 安装上 SG 500 之后，在 1945 年 2 月初成功完成飞行中的射击试验。资料显示，总共 12 架 Me 163 配备上了这种独特的武器，但它们在战争结束前只等到一次实战的机会。

R4M 火箭弹

R4M 火箭弹的起源始于 1944 年初。当时，德国空军迫切要求获得一种更可靠的武器，用以对抗美国陆航的轰炸机编队。

对于防空作战，英美两国的 VT 近炸引信是极为关键的先进设备，不过第二次世界大战的德国没有能力将类似技术付诸实战。基于现有科技水平，德国航空部技术局对国内各式设计进行审核之后，选择以下四个方向发展未来的对空拦截兵器：

1. 现有自动武器系统的改良；
2. 远射程武器（大口径加农炮和火箭）；
3. 短射程武器（垂直发射、配合光学瞄准系统）；
4. 火力猛烈的特种武器。

在这之中，空对空小口径集束火箭系统具备足够的威力，而且安装简易、使用方便，这使其成为极具前景的一个方向。对此，德国空军在 1944 年 6 月提出相应的技术规格，并委托几家德国企业成立一个工作小组分别负责该火箭弹的不同部分研发。

1 个月之后，工作组牵头的德意志武器暨弹药制造厂（Deutsche Waffen and Munitions，缩写 DWM）提出最新的空对空火箭弹的规格书。该火箭弹全长 814 毫米，总重 3.5 公斤。火箭弹尾部安装有八副折叠尾翼，发射后受到气流冲击向后展开，保证火箭飞行的稳定性。火箭弹的战斗部直径 55 毫米，装填 520 至 530 克奥克托今高能炸药，由一枚 AZR 2 触发引信所引爆。

火箭弹的燃烧室内是 815 克高能推进剂，在 0.8 秒时间内提供 540 米/秒^2 的加速度。值得一提的是，该火箭能够达到 525 米/秒的最大速度，与 Me 262 上 MK 108 加农炮的 540 米/秒大致相当，因而可以共用一套瞄准系统。

德国空军给予该设计较高的评价，并赋予 R4M"旋风（Orkan）"火箭的编号，与 DWM 签订开发合约。在这里，R 指代德文"火箭（Rakete）"，数字 4 指代重量 4 公斤，M 指代"高爆弹头（Minen Geschoß）"。

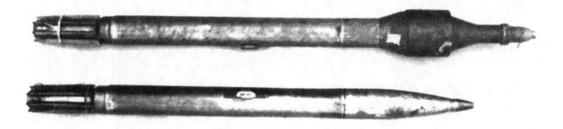

尾翼折叠的 R4M 火箭弹，上方为配备反装甲弹头的对地型。

从 1944 年 10 月开始，R4M 火箭弹开始进行射击测试。到 1945 年初，火箭弹的大部分问题已经得到解决，只剩下挂架尚不适用。

这个阶段的乌德特费尔德（Udetfeld）机场，13. /EJG 2 的 Me 163 A 机群由于缺乏燃料极难获得升空的机会。空闲时间里，中队长阿道夫·尼迈耶（Adolf Niemeyer）中尉看到同机场的其他部队正在测试 R4M 火箭弹，便设法"借"来一套 24 枚训练弹，并安装在 Me 163 A V10 原型机（工厂编号 163000007，呼号 CD+IO）之上展开试飞。他在 1945 年 1 月 10 日发往 EJG 2 的电报中表示：

有关测试翼下安装 24 枚 R4M 火箭的 Me 163 A。当前测试阶段：挂载 24 枚 R4M 训练弹的"快速"升空。由于缺乏点火药，无法在空中发射火箭。EJG 2 征求训练有素的人员前往乌德特费尔德的 13. /EJG 2 以接管测试飞机，并评估测试结果。

最后，第 10 战斗机大队（Jagdgruppe 10，缩写 JGr 10）在格奥尔格·克里斯特尔（Georg Christl）少校的领导下完成 R4M 火箭弹击发系统的研发，并将该武器系统分配至 Me 262 部队中投入最后的帝国防空战。由于资源过于紧缺，Me 163 部队从来没有获得在实战中运用 R4M 火

这架 Me 163 A 安装有 R4M 火箭弹进行测试。

箭弹的机会。

Me 163 S

16测试特遣队开始进行"彗星"的试飞之后，飞行员们普遍希望能够获得双座的Me 163，使新手飞行员能够在教官的指导下高效率地进行训练飞行。对此，德国空军高层持欢迎态度。1944年4月5日，德国空军最高统帅部（Oberkommando der Luftwaffe，缩写OKL）的一份电报中表示：鉴于双座版本的改造成本不高，"当前三个月时间内，将订购10架飞机。流水线生产不得受到干扰"。

在后续军方和厂家的沟通中，Me 163 S双座教练机的规格逐渐定型：飞机在Me 163 B的基础上展开改装；原座舱后上方增设教官的座舱，包括全套操控设备，但无需仪表盘；教官全程控制滑车的抛弃，没有他的批准，学员无法抛弃滑车。由于教官的座舱占据燃料箱的大部分空间，该机的留空时间被大幅度削减，几乎无法完成承载两名飞行员的动力起飞。

1944年5月23日，第一架Me 163 S在德绍（Dessau）的容克斯工厂完成，随后由测试中心的试飞员霍曼完成试飞。7月25日，第二架Me 163 S出厂。

有关Me 163 S的飞行性能，可从多名德国空军飞行员的回忆中窥见一斑。根据容克斯工厂的Me 163试飞员海因茨·彼得斯（Heinz Peters）回忆：

1944年12月29日，我在斯塔肯（Staaken）接手一架双座型（Me 163 S），受命把它飞到布兰迪斯去。由于我不知道这架飞机有没有完成验收飞行，我开着它来了一次拖曳升空，绕着机场放了个单飞。飞行一切顺利。在拖曳飞往布兰迪斯的航程中，容克斯公司一名叫做盖伊灵（Geyling）的工程师成了这架双座163第一位、也是唯一的一位乘客。从斯塔肯起飞之后，我没办法抛掉滑车，一直到快降落的时候才成功。在不同的高度我都得想办法把滑车抛掉，这阻止了我们享受一次无忧无虑的滑翔飞行。

彼得斯这两次飞行中，Me 110牵引机的飞行员是汉斯·约阿希姆·潘切兹（Hans-Joachim

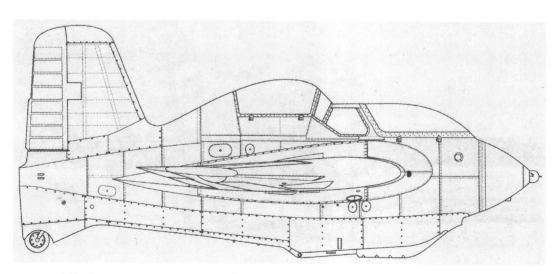

Me 163 S 侧视图。

Pancherz）。从斯塔肯到布兰迪斯的转场飞行从14:20开始，在14:54完成。在布兰迪斯机场，潘切兹也亲身体验过这架 Me 163 S 的测试飞行，时间是 1945 年 1 月 22 日的 16:33 至 16:46。

此外，克里姆工厂的首席试飞员卡尔·沃伊（Karl Voy）在 1945 年 1 月 23 日将一架 Me 163 S 从斯塔肯的工厂转场至奥拉宁堡。根据其飞行记录，这次飞行耗时 9 分钟，而飞机的工厂编号是 440177——意味着该机由一架克里姆工厂的 Me 163 B 改装而来。

在布兰迪斯机场，1./JG 400 的飞行员体验过 Me 163 S 的飞行。根据汉斯·博特少尉的回忆：

有一次我飞了 Me 163 S，当的是"学员"，而法德鲍姆（Falderbaum）上尉则扮演"教官"角色。这次飞行是在布兰迪斯进行的，结果我作为"学员"却要纠正后座"教官"的动作，因为在降落时，他的视野受到严重阻碍，没办法正确判断地面上飞机的高度。由此我们认为在这架飞机上进行训练飞行太危险了。

以作战部队飞行员的观点，博特少尉给与 Me 163 S 负面评价。不过，在佩内明德西机场，测试中心的试飞员霍曼则认为这是一架优秀的飞机，很适合飞行员训练，他在战争结束前以教官的身份带领其他飞行员执行过 Me 163 S 的训练飞行。

不过，随后德国空军取消大批订单，Me 163 S 项目在完成少量交货之后戛然而止——由于战争末期的混乱，具体数量已经无法考证。战争结束后，所有的 Me 163 S 均被苏联红军缴获。

Me 163 C

早在 Me 163 的图纸阶段，利皮施团队已经意识到火箭发动机的燃料消耗对于航程的影响过于严重，开始着手后续改进。1941 年，改进型的 Me 163 C 先期研发工作开始，但一直到 1943 年春天，其进度依然相当缓慢。利皮施博士离开后的 7 月 27 日，梅塞施密特公司授权克里姆公司生产 Me 163 B-1 的同时，决定以这个亚型为基础继续 Me 163 C 的研发工作。正式接

这架 Me 163 S 被苏军缴获，战后用以测试。

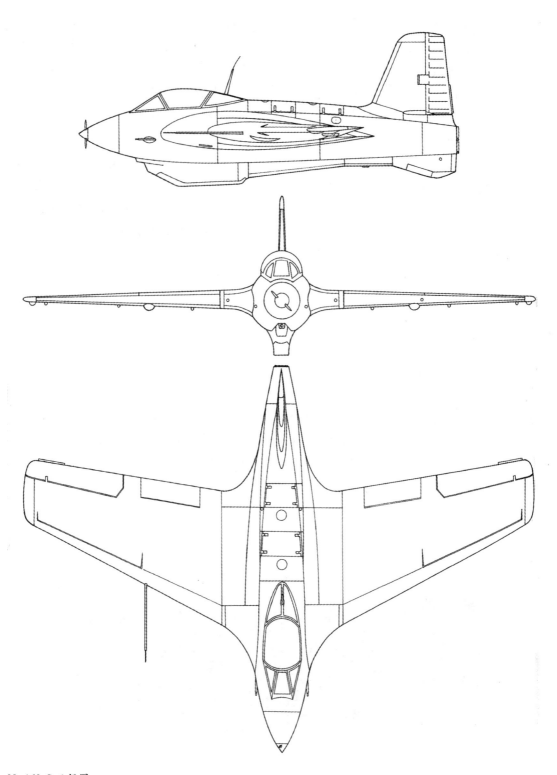

Me 163 C 三视图。

管 Me 163 C 项目后，梅塞施密特公司提交一份报告阐述该型号的设计规格，表明飞机即将在沃尔德玛·福格特（Woldemar Voigt）博士的领导下进入细节设计阶段。

根据梅塞施密特公司的报告，Me 163 C 基本保留先前型号的机翼设计，不过机身经过大幅度改造。其座舱为全增压设计，能保证飞行员在万米高空中的良好工作环境。座舱盖改为气泡状，以提供更好的视野。武器系统升级为四门 MK 108 加农炮，机身内的两门安装在飞行员座椅两侧。

该型号的动力系统升级为 HWK 109-509 C 型发动机，配备"玛施豪芬"辅助燃烧室。从外观上看，新发动机比原有型号在正下方增设一个辅助燃烧室的尾喷口。该设备产生的推力较小，同时燃料消耗的速度也较小。此外，机身内的燃料箱加大，主燃烧室配备 1700 公斤燃料，辅助燃烧室配备 300 公斤。根据推算，Me 163 C 的新型动力系统可以保证在"彗星"在 15000 米高空以 800 公里/小时的速度飞行 4 分钟。

按照计划，劳普海姆（Laupheim）的福克-阿赫格里斯工厂承担 4 架 Me 163 C 的原型机制造，其技术人员由梅塞施密特公司提供。不过，由于工厂空间狭小，无法提供制造原型机所需的保密车间，人员的调配直到 1943 年 12 月方才开始。随后，该型号的进度在九个月的时间里进展缓慢，直到容克斯公司完全接管 Me 163 B 的生产为止。

在 1944 年，梅塞施密特公司将 HWK 109-509-C 型发动机安装在 Me 163 B 的 V6 和 V18 号预生产型机上进行测试。

7 月 6 日，海尼·迪特马尔在 V18 号机的试飞中首次同时启动火箭发动机的两个燃烧室。

这架 Me 163 B V6 号预生产型机用以 HWK 109-509-C 型发动机的测试。

"彗星"毫不费力地爬升到 5000 米高度，但随着速度的继续提升很快引发压缩效应。迪特马尔被迫关闭火箭发动机，V18 号机立即转入近乎垂直的俯冲之中。迪特马尔使出浑身解数，才在最后关头将飞机拉起——距离机毁人亡的悲剧只剩下几米的高度。平安着陆后，地勤人员发现 V18 号机的垂直尾翼部分已经在巨大的应力作用下开始解体，而现场测试仪器表明飞机的俯冲速度超过了 1100 公里/小时！

1944 年年底，Me 163 C 的制造正式开始。按照计划，该型号的首个生产型获得 Me 163 C-1a 的编号，但最终只完成三架原型机，即 Me 163 C 的 V1/V2/V3 号机。根据德方记录，仅有一架原型机进行过试飞。在战争结束前，为了不被苏联红军缴获，所有的 Me 163 C 均被毁掉。

1944 年 7 月 6 日，这架 Me 163 B V18 号预生产型机差点和海尼·迪特马尔一起机毁人亡，注意方向舵已经完全脱落。

Me 163 D 与 Ju 248/Me 263

与 Me 163 C 并行，梅塞施密特公司展开另一个旨在最大程度摈除"彗星"短板的项目，即 Me 163 D。

在这个亚型上，首当其冲的改进便是取消备受飞行员诟病的起落架滑车/滑橇系统，改为更方便的前三点起落架。其中，机头起落架收入机头整流罩下方，后方的主起落架收入机腹左右下方。

该型号的动力系统比 C 型有所改进，升级为 HWK 109-509C-1 型发动机，机翼和机身的燃料箱中共储存有 392 升 C 燃料和 1300 升 T 燃料。为容纳更多的燃料，其机身相比 Me 163 B 有所延长，座舱盖造型则一脉相承。

1944 年夏天，用以测试 HWK 109-509C 型发动机的 Me 163 B V18 预生产型机被抽调而出，作为 Me 163 D V1 原型机展开改装。

不过，在第二次世界大战的最后一年，梅塞施密特公司承担着大量新型飞机的研制工作，对于 Me 163 D 已经略显力不从心。为此，帝国航空部在 10 月 21 日将 Me 163 D 项目转交容克斯公司继续进行，并赋予其 Ju 248 的军方编号。

在海因里希·赫特尔（Heinrich Hertel）教授的领导下，Ju 248 的设计比 Me 163 D 有着更进一步的调整。该型号采用与 Me 163 C 类似的增压座舱，可以将 8000 米高度的气压保持至 15000 米。Ju 248 配备全新的气泡状座舱盖，可在紧急情况下使用爆破装置弹开。飞行员的防护设施从整体的装甲座舱段改为多块防弹钢板的组合。在机翼之上，利皮施团队的固定式缝翼改为可以自动收放的结构，着陆襟翼也同时加大。武器系统保持为两门 MK 108 加农炮，各自备弹 150 发。

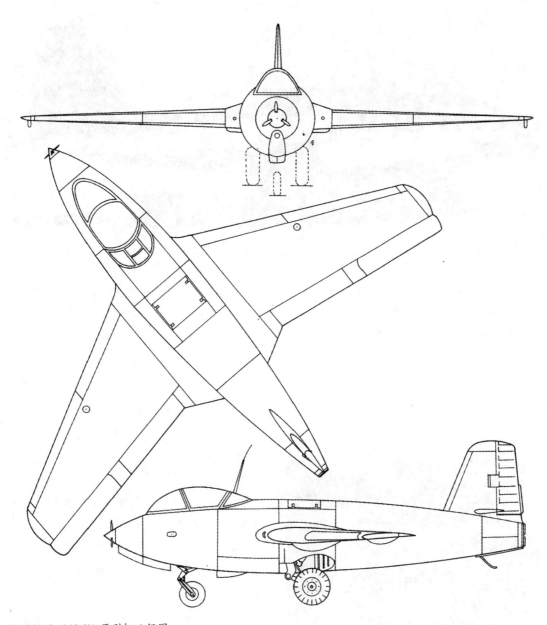

Me 263/Ju 248 V1 原型机三视图。

作为过渡型号，Me 163 D 原型机的工作继续进行。除了原先的 Me 163 B V18 预生产型机，V13 号预生产型机也被改装为 Me 163 D。根据容克斯公司的安排，这两架 Me 163 D 在机翼前后方的机身各插入一段机身加以延长，同时配备不可收放的前三点式起落架。这两架飞机在1944 年底先后完工，均没有安装火箭发动机。

根据现有资料，V18 号机在 1945 年 1 月初完成滑翔试飞。

同一阶段，第一架 Ju 248 V1 原型机（呼号DV+PA）的制造并行展开，该机同样配备不可收放的前三点式起落架，外观与 Me 163 D 最大的区别在于气泡状座舱盖和 HWK 109-509C 火箭发动机的安装。

Ju 248 V1 原型机。

帝国航空部对容克斯公司的进度表示满意，决定将 Ju 248 以 Me 263 的编号展开量产，编号更改的原因是高层人士认为梅塞施密特公司才是该型号的研发单位！1944 年 12 月 22 日，军方决定以 Me 263/ Ju 248 V1 原型机为蓝本，集中力量开始 Me 263 的批量生产，即 Me 263 A-1型。军方对其的性能指标要求是 1000 公里/小

Ju 248 V1 原型机尾喷口细节。

时的最大平飞速度，在 11000 米高度能以 700 公里/小时的速度飞行十五分钟。

1945 年 2 月 8 日，容克斯公司的德绍机场，Ju 248 V1 原型机由卡尔·温特（Karl Wendt）驾驶，通过 Me 110 牵引完成首次试飞。在后续的一系列试飞中，试飞员们发现该机的飞行品质与原版"彗星"相比存在一定程度的问题，主要表现为重心的位置、襟翼/升降副翼/方向舵的效率等。

总体而言，容克斯公司的试飞员们对该机印象良好，在总结报告上表示：

当前状态，配备不可回收起落架的 Ju 248 V1可以认为状态较为完备。着陆时，其重心应当稍微向后移动，主起落架也应当相应调整位置，但以上调整必须在飞机以自身动力飞行后进行。Ju 248 还没有进行火箭动力的起飞和飞行，不过该型号已经被认定是 Me 163 B 的成功后续型号。

Ju 248 V1 原型机的动力飞行迟迟未能展开。3 月 23 日，容克斯公司在一份报告中表示该机的 HWK 109-509C 火箭发动机已经安装完毕，但

仍需要等待 HWK 公司的改装配件，预计在 3 月 29 日送达。4 个星期之后的 4 月 24 日，德绍工厂被美军占领。在接下来的 6 天时间中，美军情报部门缴获大量 Me 163、Me 263/Ju 248 相关的技术资料，将其运回美国。美方在报告中记录如下：

机场以北树林的一个机库或者车间中，发现两架 Ju 248 飞机。其中一架被德国人部分破坏，不过动力系统依然保存完好，目测没有受损。另外一架 Ju 248 正处在制造阶段，美军部队抵达时接近完工。其动力系统没有安装，一些细小的调整仍需要进行。使用机库中和机场周边存放的零备件，还可以轻易组装出另一架 Ju 248。在机场的其他机库中，发现 Me 163 和 Ju 287 的部分零备件。

利皮施博士的维也纳工程

1943 年 4 月，梅塞施密特公司"L 部门"解散之后，"彗星"的研发速度显著放慢，直到战争末期的 Me 263 仍具有原先设计的浓重风格。不过，对于利皮施博士而言，他在高性能无尾飞行器方向上的探索还将继续飞速向前。

5 月 1 日，利皮施来到维也纳，正式在维也纳航空研究所入职。在这里，他可以相对自由地掌控大量资源，用以新型飞机的研发。

10 月，利皮施与帝国航空部签下一纸合同，展开 P 11/"三角 VI"双发喷气式轰炸机的项目。本质上，这是一款 Me 163 的双发放大版本。之

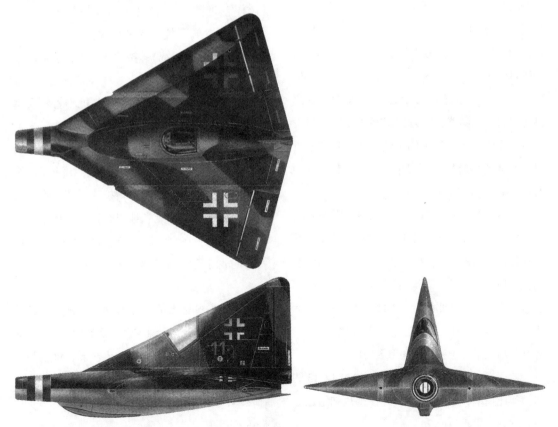

P 13a 三视图，其造型在任何一个角度均显得极为前卫。

P 13a 剖视图，可见驾驶员的座椅完全安装在巨大的三角形尾翼当中。

后，利皮施对冲压发动机产生浓厚的兴趣，并由此展开 P 12 飞机的设计。该型号是一架小巧紧凑的无尾三角翼飞机，冲压发动机的进气口位于机头，机尾部分则是高耸的垂直尾翼。如能研发成功，P 12 有极大几率和"彗星"一样发展成为一款小型高速截击机。不过，战争末期，德国的冲压发动机技术远未达到实用标准，P 12 注定永远停留在绘图板阶段。此时，加之液体燃料生产紧张，军方授意利皮施博士研发一款使用成本相对低廉的高速战机，其冲压发动机消耗的燃料极其匪夷所思——煤粉。这便是 P 13 型飞机的由来。

P 13 有 P 13a 和 P 13b 两个构型。从外观上，能很容易地看出 P 13a 和 P 12 的技术传承，其冲压发动机的进气口均位于机头，区别在 P 13a 的座舱后方延伸出一段背鳍结构，与垂直尾翼完全融为一体。从侧面看，P 13a 的飞行员实际上是端坐在一副巨大的三角形垂直尾翼之中，整架飞机几乎等于三副三角形翼面拼装而成。

接下来，利皮施首先制造出一个 P 12/13 的过渡等比模型，于 1944 年 5 月在维也纳附近进行试飞，结果相当成功。

第三帝国末日前夕，德军为组建炮灰部队"人民冲锋队"，从高等院校中抽调大批年轻学生，即便是航空专业的高精尖人才也不例外。要使自己免于无谓的死亡，唯一的机会是参与到优先级最高的军方研发项目当中。为此，达姆施塔特和慕尼黑的技术学院师生联系上利皮施，希望能够为其制造 P 13。利皮施毫不犹豫地答应下来，他在基姆湖（Chiemsee）畔的普林（Prien）机场旁找到一间小机库，动用自己的职权为年轻学生们启动制造一架 P 13a 的无动力滑翔机版本的项目。对于这架飞机，利皮施以达姆施塔特和慕尼黑两个城市的首字母定名为 DM-1。随后，大量学生聚集在普林机场，在利皮施的助手海涅曼（Heinemann）的指导下一点一点地展开DM-1 的制造，平安无事地等到了战争的结束。

美军占领普林机场时，发现这架外观极为科幻、接近完工的滑翔机。在美军技术顾问团领导、航空航天技术权威西奥多·冯·卡门（Theodor von Kármán）教授的建议下，项目团队将 DM-1 制造完成。

接下来，美国航空名宿、单机不着陆飞越大西洋第一人查尔斯·A. 林德博格（Charles A. Lindbergh）上校来到德国，跟随美军视察被占领区。当地人员向他展示 DM-1 号机，并介绍两个城市的高校学生动手制作该机的过程，不过利皮施的名字被有意无意地忽略掉了。林德博格回到美国后，在个人回忆录《查尔斯·A. 林德博格的战时记录》中提及 DM-1：

……海涅曼无尾飞翼机由 DFS 进行，其设计意图为以煤炭作为燃料（由于燃油缺乏，"这将比汽油更为实用"）。以此为起点，他们预计在一台冲压发动机的推动下达到 1200 至 1300 公里/小时的速度。

随后，DM-1 被作为战利品运往美国。

战争结束后被缴获的 DM-1 滑翔机，注意机头和 P 13a 的差异。

最后的设计：P 15

第三帝国崩溃之前的最后阶段，德国空军的少量先进战机已经无法击退盟军来势汹汹的战略轰炸大潮。为使得尖端技术迅速形成战斗力，亨克尔公司的 He 162 作为一款低成本、操作简易的"人民战斗机（Volksjäger）"开发，但机身结构和飞行品质的严重缺陷注定了这个型号的失败。1944 年 12 月 10 日的海德菲尔德（Heidfeld）机场，He 162 V1 原型机在一众德国空军高官面前进行第二次试飞，结果右侧机翼的中段前缘脱落，气动外形的剧变最终导致飞机当即失控坠毁。

一时间，亨克尔公司内部的士气跌落至谷底，帝国航空部也开始怀疑 He 162 项目的可行性。远在维也纳，利皮施向亨克尔公司的技术总监卡尔·弗兰克（Carl Francke）发出一封慰问信函，表示愿意提供帮助。12 月 27 日，弗兰克向利皮施回信致谢：

亲爱的利皮施博士！多谢您有关我们 He 162 事故的来函。对于这次事故，即便已经有了大量调查结果，真正的原因还是没有清楚。对于您的援手，我真是感激不尽。我会在几天之后拜访您。如果可能的话，我可以带您到海德菲尔德或者"龙虾（Languste，He 162 工厂的代号）"去看这架飞机。

利皮施确认 He 162 失事的原因在于纵轴稳定性，以不影响飞机量产为前提，他的解决方案堪称信手拈来——在机翼两端加装一段下反

45 度的小型翼尖。只需几天时间，调整图纸便在 1945 年 1 月上旬完成，随后 He 162 迅速出厂交付部队。利皮施设计的这副小型翼尖改善了 He 162 的纵轴稳定性，使飞行员的横滚操作更加轻松，被亨克尔公司内部亲昵地称为"利皮施之耳"。

也许因为这段小插曲，航空设备技术部内负责飞机研发的西格弗里德·克内迈尔（Siegfried Knemeyer）上校在这一阶段前往维也纳航空研究所，请求利皮施开发一款新型喷气式战斗机，要求是能够利用现有战斗机的零部件生产，同时具备更优秀的性能。

值得一提的是，此时的克内迈尔上校已经在德国第一线飞机厂商中发起一场竞标：基于研发当中的下一代 HeS 011 涡轮喷气发动机，征求一款新型的喷气动力"紧急"战斗/截击机，用以应对未来盟军喷气式战斗机以及 B-29 超级轰炸机的威胁。

参加竞标的包括容克斯、布洛姆-福斯、福克-沃尔夫公司、梅塞施密特公司和亨克尔公司。

在各厂商提交的方案中，以梅塞施密特公司的 P. 1101 和福克-沃尔夫公司的 Ta 183 系列方案完成度及知名度最高，在战争结束后多年俨然成为德国空军众多"末日战机"的代表。实际上，战争末期的梅塞施密特公司忙于 Me 262 改进型的研发和生产，P. 1101 的设计能否成功量产完全是未知数；Ta 183 的设计团队缺乏高速飞机的开发经验，福克-沃尔夫公司的总设计师库尔特·谭克（Kurt Tank）在第二次世界大战结束后远走南美，应阿根廷政府的邀请以 Ta 183 为蓝本开发 IAe 33 战斗机，并不成功。

因而，基于当时的条件，克内迈尔上校对利皮施持有相当程度的期望：相比其他德国空军新锐战斗机，Me 163 的飞行品质无可挑剔，倘若能够将危险的火箭发动机替换为涡轮喷气发动机，有极大几率能够发展出成功的下一代制空战斗机。

1945 年 2 月，利皮施完成 P 15 的设计方案，根据其个人回忆录《三角翼发展史》，该型号的机翼继承自 Me 163 C，翼根处为涡轮喷气发动

战后被盟军缴获的 He 162，注意翼尖的"利皮施之耳"。

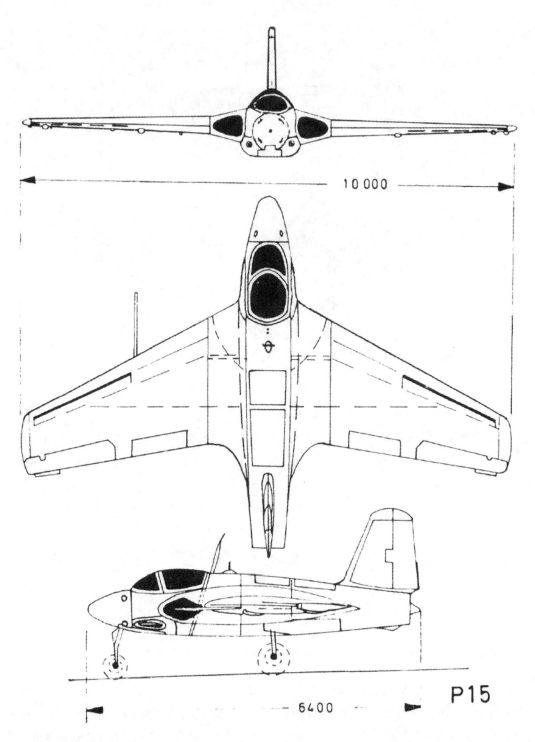

利皮施在 1945 年 2 月完成的 P 15 战斗机三面图。近年发掘的史料表明，该型号当时还有其他类似 P 13 的三角翼设计。

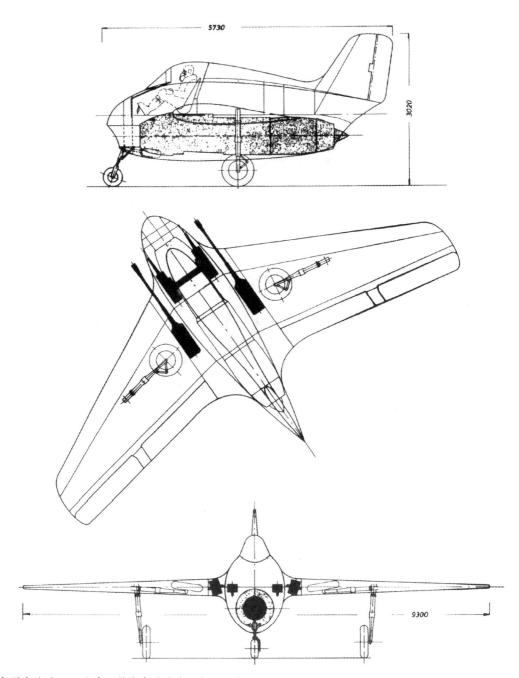

1943 年利皮施的 P 20 方案，技术底蕴绝非两年后的喷气动力"紧急"战斗/截击机可比。

机的进气口，机身沿用 Me 263/Ju 248 的设计，而驾驶舱则来自 He 162。很明显，这是一架"彗星"血统浓厚的单座喷气式战斗机。此时，曾经横扫欧洲大陆的第三帝国已经开始土崩瓦解，德国空军没有任何可能将利皮施的设计从绘图板上推向战场。

实际上，作为"彗星"的总设计师，利皮施非常清楚火箭发动机是制约 Me 163 作战效能的关键。为了最大程度地弥补航程的短板，利皮施早在 1939 年 4 月 13 日便提出 P 01-116 涡轮喷气式截击机的方案——此时梅塞施密特公司的Me 262项目仅仅开始了不到两个星期。在整整四年时间里，利皮施的多款涡轮喷气式战机设计都没有得到德国空军的青睐。一直到离开梅塞施密特公司之前的1943年4月，锲而不舍的利皮施还最后完成了P 20的设计方案——这实际上就是一款配备机头进气口、涡轮喷气发动机和可收放起落架的Me 163。

可以想象，如果德国空军最开始便给与利皮施足够的支持，使他的新引擎战机计划能够顺利展开，和梅塞施密特公司的Me 262齐头并进，那么火箭发动机的所有致命缺陷便会得到彻底解决。根据现有数据进行推算，涡轮喷气动力版"彗星"的速度和爬升性能同样远超盟军战斗机，同时具备足够的安全系数和航程，其机动性和飞行品质更是出类拔萃。以第二次世界大战的真实技术水平，涡轮喷气动力版"彗星"堪称德国空军能够获得的最完美的"末日战斗机"。

不过，历史无法重写。在第三帝国的最后一年中，德国空军飞行员们驾驭的仍然是火箭动力的截击机——个性十足、让他们又爱又恨的"彗星"。

第二章　Me 163 战争历程

1944 年 3—5 月：1. /JG 400 的成形和 16 测试特遣队的探索

就在 16 测试特遣队持续摸索 Me 163 的性能的同时，德国空军已经开始考虑将这款火箭战斗机投入战场。1943 至 1944 年的冬天，JG 1 的编制下增加第 20 中队为第一支 Me 163 作战部队做准备，其指挥官为出自 III. /JG 1、曾经执掌 16 测试特遣队 1 中队的罗伯特·奥莱尼克上尉。1944 年 1 月 31 日，20. /JG 1 第一次出现在帝国航空军团的作战序列中，在 16 测试特遣队的协作下展开作战任务的准备工作。在这一阶段，该部的驻地位于威廉港西北沿海地带、对 Me 163 的支持较为完善的维特蒙德港（Wittmundhafen）。

大致与此同时，16 测试特遣队的人员抵达

茨维申纳湖航拍，对岸便是巴德茨维什安机场。

维特蒙德港后方的巴德茨维什安机场，开始为期四个星期的飞行员训练和整备工作。

从 2 月 1 日开始，雷达操作人员开始进驻维特蒙德港，着手无线电导航的准备工作，超短波无线电信标设备也在同期投入使用。不过，对于 20. /JG 1 而言，维特蒙德港的指挥中心仍然缺乏足够的通信设备。2 月，维尔茨堡雷达（Würzburg-Riese）的操作人员抵达维特蒙德港，很快，"彗星"部队发现这批专业人士之前只接受过两个小时的雷达操作培训，而且在此期间连雷达的电源都没有接通。对于这种令人无法接受的混乱，16 测试特遣队的信号官古斯塔夫·科尔夫中尉向上级发出一份报告加以反映。

1944 年 2 月 20 日，奥莱尼克上尉前往柏林，从战斗机部队总监阿道夫·加兰德中将的手中得到建立第一支 Me 163 作战部队的正式命令，该部的最初 12 名飞行员和地勤人员由 16 测试特遣队提供。随后，战斗机部队总监办公室向奥莱尼克上尉发出一封密电，确认从 1944 年 3 月 1 日开始，20. /JG 1 改组为全新的第 400 战斗机联队 1 中队，人类历史上唯一的火箭战斗机联队开始成形。

3 月 7 日，1. /JG 400 举办了一次庆祝仪式纪念该部的成军，并邀请 16 测试特遣队的人员共同参与。此时，该部飞行员包括：罗伯特·奥莱尼克上尉、格哈德·埃伯勒（Gerhard Eberle）中尉、弗朗茨·罗斯尔中尉、汉斯·博特少尉、弗里德里希·胡塞尔（Friedrich Husser）军士长、齐格弗里德·舒伯特（Siegfried Schübert）上士、汉斯·维德曼（Hans Wiedemann）下士、弗里德里希·奥尔特延（Friedrich Oeltjen）上士、库尔特·席贝勒（Kurt Schiebeler）下士、鲁道夫·齐默尔曼（Rudolf Zimmermann）下士。

未来加入 1. /JG 400 的飞行员包括：哈特穆特·赖尔（Hartmut Ryll）少尉、赫伯特·斯特拉兹尼奇（Herbert Straznicky）上士、安东·施泰德尔（Anton Steidl）下士等。

罗伯特·奥莱尼克签名照，他是 1. /JG 400 的首任中队长。

3 月 10 日，16 测试特遣队中经验丰富的鲁道夫·奥皮茨少尉开始帮助 1. /JG 400 将 Me 163 从巴德茨维什安向维特蒙德港转场。和以往一样，这些转场飞行大部分依靠 Bf 110 牵引机的协助进行。该部最早获得的 Me 163 B 中，包括 V9、V16、V20、V39 和 V34 预生产型机。随后，奥皮茨少尉将第一架装备 MK 108 加农炮的 Me 163 B 从巴德茨维什安滑行升空，飞往维特蒙德港。五十余公里风驰电掣的旅程结束后，奥皮茨少尉的"彗星"抵达 1. /JG 400 的新驻地上空，此时，他决定给地面上的兄弟部队一个突如其来的登场秀——从 2500 米高度俯冲而下：

当我俯冲到奥莱尼克的机场上方，来一个高速超低空通场的时候，长长的曳光弹弹道从四面八方向我扑过来。由于发动机关掉了（没有剩下燃料），我挨过了极其紧张的几分钟。不过，我最终把它们甩掉了，在最后进场航线上放下了襟翼和滑橇。射击停止了，我可以不受影响地完成我的着陆动作。迎接我的是许多尴尬的表情和道歉的话语。我们觉得这是个好兆头，因为他们一发子弹都没有打中飞机。在俱乐部举行的盛大聚会上，我收到了一瓶一百年的法国干邑白兰地作为赔礼。

3 月 12 日，德国空军参谋部通过战斗机部队总监向 1./JG 400 发出一封密电，指示为了避免引起盟军注意，禁止该部执行作战任务，不过可以在日常执行射击训练。

3 月 15 日，1./JG 400 开始在维特蒙德港执行飞行训练。一开始，该部队就发现 Me 163 B 的日常飞行需要大量的清水——由于燃料具备强烈的腐蚀性，每次飞行之后均需要消耗相当多的清水冲洗燃料箱或者稀释泄漏到地面上的燃料。不过，机场方面的清水储备严重不足，无法满足该中队的需求。在得到德国空军参谋部的允许后，该部队在驻地附近自行钻出一口 142 米深的水井，解决了水源问题。

接下来，1./JG 400 继续有条不紊地执行日常射击训练。Me 163 B 先后配备的两款武器——20 毫米 MG 151 和 30 毫米 MK 108 加农炮均已定性量产，飞行员们的射击训练针对 Me 163 的高空高速特性，主要在高空环境或者高速转弯条件下展开。训练中，云层的空洞或者云团

的尖端都是很受飞行员青睐的目标。

熟悉飞机的特性后，飞行员们发现在平飞状态下射击，机炮的表现一切正常；如果 Me 163 在 800 公里以上高速转弯条件下射击，机炮的弹链很容易断裂。经过研究，指挥官罗伯特·奥莱尼克上尉建议 Me 163 的机炮采用弹鼓供弹的形式替代弹链。相关的飞行测试证明他的方案相当成功，但最终并没有被生产厂家所采纳。

三月底到四月初的阶段，"彗星"部队作战任务的禁令没有撤销，但盟军已经多多少少察觉到了 1./JG 400 的存在。每天都会有两到三架盟军侦察机飞过维特蒙德港机场拍摄照片。这些飞机通常是高空飞行的蚊式，其蒸汽尾凝能够从地面上清晰地观察到。每次侦察机出现，1./JG 400 均要将 Me 163 拖曳到隐蔽地点。人员则藏匿在机场外的防空洞或者附近森林中的兵营中。为此，该部的日常训练和地勤维护受到极大影响，飞行员的士气一度颇为低落。

发动机测试车间之外的 Me 163 B V45 号预生产型机，注意左侧车间后方墙上的圆形孔洞，这是火箭尾焰的排放口。V45 号机的机身下方有大片水渍，意味着飞机的燃料管路刚刚得到清洗。

在这一阶段，巴德茨维什安的 16 测试特遣队拥有 14 架 Me 163 的兵力，其中一架损坏。在未来的六个星期中，沃尔夫冈·施佩特上尉和升迁至中尉的鲁道夫·奥皮茨将带领飞行员们完成首个阶段的训练飞行。其中，12 名飞行员将进行拖曳升空的训练，33 名飞行员（其中 11 人驻地在维特蒙德港机场）将进行火箭动力起飞的"快速"升空体验。

3 月 27 日，2. /JG 400 在奥拉宁堡组建，但在接下来的几个月时间内基本只有一个空架子。

2. /JG 400 中队的涂装，一个屁股喷吐火焰的跳蚤，文字为："像个跳蚤一样……不过哦豁！"

1944 年 4 月 21 日

4 月 21 日的维特蒙德港机场，1. /JG 400

继续进行训练飞行。在此之前，罗伯特·奥莱尼克上尉已经进行过 15 次试飞，他满怀信心地认定当天飞行将是他完成 Me 163 训练所需的最后一次。奥莱尼克上尉穿好防护服之后，登上 Me 163 B-0 V16 号预生产型机（工厂编号 16310025，呼号 VD+EY）的驾驶舱。不过，野战电话中传来盟军战机来袭的消息，奥莱尼克上尉不得不撤离跑道疏散，而满载燃料和弹药的 V16 号机也被迫拖入隐蔽地点。一个半小时后，机场塔台发出"警报解除"的信号，奥莱尼克方才继续他的试飞准备工作。

此时，16 测试特遣队的马诺·齐格勒少尉驾驶一架 Bf 110 降落在维特蒙德港机场，为 1. /JG 400 送来必需的飞机零配件。跑道的一侧，齐格勒少尉全程目睹了接下来发生的一切：

我看见跑道的尽头稳稳地停着一架做好起飞准备的 Me 163 B。我把 Bf 110 降落下来后滑行到机库。"那边是谁要起飞了？"我向一名迎上来准备卸下货物的地勤人员询问。

"长官，那是奥莱尼克上尉！"他回答道，"这是我们转移到这里之后的第一次起飞！"

就在这时候，奥莱尼克的燃烧室喷吐出一团蒸汽，刹那间随着一声闷响，燃料被点燃了，喷出的蒸汽变成了一道尖利如刀锋的明亮火焰。奥莱尼克把推力从一挡加到二挡，发动机的轰鸣越发响亮。到三档时，整个机场回荡着发动机的啸叫，"彗星"开始滑行了。这一幕我之前看过许多次——实际上很长一段时间里天天都能看到——不过我还是像第一回那样眼睛紧紧地盯着 Me 163 B 的起飞过程。"希望他一切顺利！"我暗暗对自己说，这时候奥莱尼克的飞机抛下了滑车，开始大角度地朝着高空冲刺。

"现在他没事了。"我想，打算转向我的 Bf 110。这时候，奥莱尼克的"彗星"处在 1000

米高度猛烈爬升，忽然间慢了下来。火箭发动机开始时断时续，尾喷口涌出不规则的浓厚烟雾。奥莱尼克维持了一阵子爬升，然后把飞机改平，看起来是要重新启动火箭发动机。"彗星"尾巴后面的蒸汽和浓烟消失了，过了一秒钟左右，燃烧室喷吐出一团白色的雾气，很快变成不祥的黑色浓烟。"跳伞！"我叫道，同时注意到奥莱尼克的紧急燃料释放口喷出白色的一大片。倾泻完 T 燃料之后，"彗星"掉头朝着机场飞回来。座舱盖弹了出来，打着转掉下地面。"差不多是时候了！"我寻思着，以为奥莱尼克会跟着座舱盖跳离飞机。啊，不要啊！那架"彗星"越飞越低，绕着机场慢慢地转了一大圈，然后对准跑道进行最后的进近流程。但是情况不妙，那架飞机看起来速度不够，开始掉了下来，越来越低。奥莱尼克竭尽全力地想要把飞机改平，但它还是栽下来了！不是操控正常的平稳降落，而是像一块石头一样栽下来反弹到空中，再次重重落下。

V16 号机的滑橇没有放下，奥莱尼克驾驶飞机以 340 公里/小时的速度猛烈撞击地面，冲击力巨大。在地面上滑跑了整整 600 米之后，"彗星"方才停了下来。奥莱尼克爬出机舱，顺着机翼滑下地面。他注意到发动机正在熊熊燃烧，血液正源源不断地从自己的脸上流淌而下。此时，后背传来一阵剧痛，奥莱尼克的双腿开始感觉到异样，但他还是意识到在燃烧的飞机旁边多停留一秒钟都会意味着灾难性的后果，便使出全身力气，跌跌撞撞地跑开一段距离，终于支持不住一头栽倒。几秒钟之后，V16 号机轰然炸成碎片，齐格勒少尉回忆道：

……闪起了一道耀眼的红色闪光，接下来就是一大团白色的烟雾。我找不到卡车带着我

穿过机场，不过消防车和救护车已经在奥莱尼克飞行状况异常的时候做好了预警，几乎是第一时间赶到了坠机地点。水柱扑灭了冒烟的残骸，医护人员火速赶到奥莱尼克平躺的地方，小心翼翼地把他抬上担架，送上救护车。"老天爷！"我寻思着，"这运气真是没治了！"

事后查明，V16 号机事故的原因是 T 燃料的流量调节器故障，泄漏出的燃料将调节器的合成橡胶密封圈腐蚀掉。奥莱尼克上尉幸运地从坠机爆炸的 Me 163 中活了下来，但头部受伤，脊椎压缩性骨折。不巧的是，1./JG 400 的军医刚刚加入这支部队，完全没有经验应对如此严重的创伤，因而奥莱尼克上尉被送往附近的海军医院进行紧急救治。

随后，格哈德·埃伯勒中尉代表奥莱尼克临时掌控这支小部队，并向病床上的后者随时报告最新进展。4 月中，Me 163 B 开始从克里姆工厂等制造商运送至维特蒙德港机场。接下来，克里姆工厂的首席试飞员卡尔·沃伊进驻这支小部队的基地，他负责"彗星"最后的验收飞行，确认质量合格后再将其交付 1./JG 400。

5 月初，奥托·博纳上尉接过 1./JG 400 的临时指挥权。5 月中旬，出自克里姆工厂的第一架 Me 163 B-0/R1（工厂编号 440001，呼号 BQ+UD）交付该部，并在 26 日通过卡尔·沃伊的验收飞行。不过到了本月底，所有验收飞行都移交 Jeasu 的测试中心进行。

这一阶段的巴德茨维什安机场，16 测试特遣队的训练工作继续有条不紊地进行。到 1944 年 5 月，总共有 33 名飞行员（其中 11 人驻地在维特蒙德港机场）完成了 Me 163 的动力起飞训练。此外，有 12 名飞行员同步进行拖曳升空的训练，训练将在这个月告一段落。

巴德茨维什安机场最早的 Me 163 B 之一。

1944 年 4 月 25 日

根据美国陆航记录，当天的战略轰炸攻势中，轰炸机机组乘员极有可能遭遇德国空军这款最先进的火箭战斗机。

第八航空军的部分 B-17 机组乘员报告目击一架有可能是 Me 163 的飞机。这架飞机是在 4 月 25 日的任务被目击的，地点位于北纬 48 度 30 分、东经 1 度（法国北部），距离大约 3 到 4 英里（5 至 6 公里）。当地的能见度为 5/10，这架飞机在 10 分钟之内被看到两次，其中有一次穿过提交报告的这架飞机前方。

该机的机身为尖锐的泪滴形，被形容为比一架 P-47 小。它的机翼后掠角相当大，在翼尖部几乎是尖梢形，翼根很宽阔，翼展比机身长度大得多……没有明显的座舱盖，看起来没有尾翼。没有发现武器，也没有留下尾凝。

估计这架飞机的速度有 350 至 400 英里/小时（563 至 644 公里/小时）。它的涂装看起来全部为黑色，从被观察到的距离，没有显示出明显的标记。

这个目击报告中的"Me 163"具备真实飞机

的几乎所有外观特征，但根据现存德军资料，法国北部地区并没有任何 Me 163 基地，因而美军记录中的这架神秘的火箭飞机有待进一步考证。实际上，在第二次世界大战结束前的一年时间里，盟军航空兵部队上报大量目击 Me 163 的记录，但相关空域均与已知的"彗星"基地相距甚远，真实性尚待进一步考证。

1944 年 5 月 4 日，发动机测试

长久以来，16 测试特遣队一直反映 Me 163 B 的火箭发动机时常出现熄火事故，为此军方给发动机厂商 HWK 公司施加强大压力，要求其彻底解决这一问题。5 月 4 日这天，赫尔穆特·瓦尔特和他的首席工程师施密特（Schmidt）博士来到巴德茨维什安，和 16 测试特遣队一起探究问题症结。

该部反映 Me 163 B V33 号预生产型机（工厂编号 16310042，呼号 GH+IL）的发动机最容易熄火，因而该机被选中进行测试飞行。起飞的跑道与茨维申纳湖的湖岸平行，以便出现变故时可以在湖面上紧急迫降。在升空前，V33 号机由最优秀的厂家技师进行彻底的维护和检查，它的飞行员则是经验最丰富的奥皮茨中尉。此时施佩特上尉已经伤愈出院，与瓦尔特博士和施密特博士一起排列在跑道旁边观看 V33 号机的试飞。他在事后描述道：

> V33 号机喷出白色的蒸汽，皮茨启动了！地面启动设备被拉走了，你可以听到燃烧室运作的声音——2 挡——3 挡。飞机开始滑行，开始慢，不过越来越快——那台发动机看起来能够提供足够的推力——飞机达到升空速度——离地——滑车抛除。

> "看起来一切正常。"我旁边的施密特博士一

边说，一边继续用他的望远镜看着起飞过程。那架 163 飞到了 25 米高度，越过了机场的围栏。一道喷气尾焰像长剑一样从发动机的燃烧室射出到后机身的喷口之外。但是，V33 号机的腹部下漏出了一道灰黑色的烟。这不对劲！它是从哪里冒出来的？这时候，发动机的轰鸣已经不再响亮了，它变得沙哑刺耳。现在，一团厚厚的黑色烟团喷到了空中……

停车了！发动机的声音已经完全哑火了。飞机才刚刚飞过树梢高度，燃料满满当当！它的空速有多少？够不够飞到湖面上？千万别栽到树林里啊，皮茨！感谢上帝，它的速度足够在茨维申纳湖面上紧急迫降！

那台发动机！那台木头脑袋做出来的破烂货！上级命令我们驯服这头野兽，而此时此刻就是这头野兽正在撕咬着我们的皮茨！

"这就是你们该死的发动机！"我嚷了出来。瓦尔特和施密特博士哑口无言。我们全都盯着皮茨，看着他小心翼翼地在树林上头转了个大弯，飞向湖面方向。他成功了！从我们的方向，看起来他能够在湖面上迫降。但这是怎么回事？那架飞机继续转弯，朝着机场方向转回来了。如果他能够成功那就太好了！他打算怎么做？我们的小皮茨是发了什么神经？但是看起来情况越来越顺利，当我们看到那架飞机滑翔越过机场围栏的时候，一个个目瞪口呆。这太惊险了！他着陆了——滑橇接触到地面……飞机几乎是在 A 机库正前方停了下来。

事故的原因很快找到了：T 燃料的紧急排空阀门在飞行的时候自动打开。我命令检查其他的飞机，我们发现好几架飞机的阀门都有可能自动开启阀门。我向瓦尔特道歉："原来不是发动机该死，是飞机制造厂该死，活干得太潦草。"赫尔穆特·瓦尔特若有所思地点点头，没有作更多评论。

Me 163 B V33 号预生产型机即将降落在巴德茨维什安，注意大型襟翼已经放下。

鲁道夫·奥皮茨中尉冒着生命危险驾驶满载燃料的 V33 号机成功降落，争取到暴露症结的珍贵机会。V33 号机的停车原因固然可以归因于梅塞施密特公司的质量控制，但 HWK 火箭发动机仍然存在相当数量的未知隐患，无时无刻威胁着"彗星"飞行员的生命。

1944 年 5 月 14 日，Me 163 首次出击

这一天，对整个德国空军的 Me 163 部队而言意义重大：美国陆航空袭德国北部沿海地区的军事设施，16 测试特遣队的指挥官沃尔夫冈·施佩特上尉驾驶 Me 163 B-0 V41 预生产型机（工厂编号 163010050，呼号 PK+QL）从巴德茨维什安机场升空，首次执行"彗星"作战任务。在日后的回忆录《绝密战鹰》中，施佩特的记录如下：

1944 年 5 月 14 日清晨，有报告说轰炸机编队正在英伦三岛上空集结。中午左右，我做好登机的准备。科尔夫捎话过来，说今天可能就是上战场的日子了。我看到博纳上尉为我升空迎敌提供的第一架飞机时，很是有点目瞪口呆。跑道上停放着 Me 163 B-0 V41 号机，涂装鲜红

明亮就像个番茄一样。很显然，每个人都觉得他们这项准备工作非常漂亮。之前有人已经开着它进行了两三次试飞，以确认做好了战斗准备。

"当里希特霍芬把他的三翼机涂上亮红色的时候，他已经拿了好些战果，"我训斥博纳说，"我感觉还没有这份自夸的本钱，而且我怀疑敌人在看到这个红色涂装的时候根本不会

信号官古斯塔夫·科尔夫。

被吓到。你在它上面用了多少涂料？"我一边说一边转向施耐德（Schneider），他正站在旁边等待起飞。

"大约 20 公斤。"他诚实地回答道。

"这额外的重量会让我在起飞时多跑一段不必要的距离。"我向他解释。我爬进驾驶舱的时候一直盯着那亮红色的机翼看，感觉很不舒服。如果我开着这么一架飞机以 700 公里/小时的速度大角度爬升在敌机旁边一掠而过，他们可能会以为我是个外星怪物。不过，如果我要开着它返回机场，一滴燃料没有只能靠滑翔的时候，我会很容易地在几公里之外就能被看到……

算了，就先这样吧！这个今天是改不了了。不过，到了明天，这红色涂装必须清除掉。我挤进驾驶舱，打开无线电。博纳蹲在我左边几米远的混凝土跑道上，听着野战电话。他正在接收科尔夫从塔台用陆上线路发送过来的最新情报。为了避免过早地暴露自己，我们一直到起飞之前都保持无线电静默。

"敌机编队已经掉头。"博纳重复从科尔夫发

来的最新动态。过了一小会，他叫了起来："更多'卡车和印第安人'正在接近（暗语，指代更多的四引擎轰炸机和护航战斗机正在飞向我们的机场）。两分钟内就会有起飞指令。"现在开始进入非常紧张的起飞待命阶段。

关闭座舱盖！我对驾驶舱进行了最后一次检查，包括仪表、按钮、开关，系紧肩上的安全带，再看着博纳，他正蹲在野战电话那里，听筒紧紧地压在耳朵上。现在，他举起了手，用食指比划出一个圈。这意味着紧急升空！我手脚一阵忙活，把节流阀推到启动位置，启动机开始转起来。

一分钟之后，我起飞升空了。迅速瞥一眼仪表板——投下滑车——收起滑橇——燃烧室压力 21 公斤力/平方厘米——转速正常。我给机炮上膛，打开瞄准镜。我以 700 公里/小时速度向西北方向大角度爬升。"巨猿呼叫松鼠，航向 40。"我听到耳机里传来科尔夫的声音。他的话翻译过来就是我要飞向罗盘指向的 040 度位置。（"松鼠"是我的呼号，"巨猿"是地面控制塔台的呼号。）

"松鼠收到，航向 40。"我一边回答，一边已经驾驶着风驰电掣的战鹰向右螺旋爬升。由于我还没有爬升到异乎寻常的高度，我的磁力罗盘仪读数还算正常。"松鼠呼叫巨猿，航向保持航向 40。"我在 30 秒之后向地面塔台呼叫。"转向航向 60。"科尔夫回复。"松鼠呼叫巨猿，航向 60，高度 7000（7000 米高度）。""保持航向 60。"科尔夫快速回了一句，带着一丝兴奋。停了一会儿以后，他问道："你看到'印第安人'了吗？""没有。"我回答。我睁大眼睛搜索头顶上的天空——明亮湛蓝的苍穹，空空如也，什么都看不到。"可是那里应该有点什么东西，"科尔夫的声音开始着急了，"他们就在那里！"

很显然，现在距离我不远的位置有一架或

者更多的敌机。我现在就要把它们找出来，时间只有接下来的五秒钟，否则我很有可能就直直飞过去，没有机会发现它们。这时我都快绝望了，前后左右地进行搜索。在那里！11点钟方向！忽然间，我识别出了两架单引擎护航战斗机的轮廓。银色的铝制蒙皮——大部分情况下，美国人总是没有涂装——几乎融合在地平线的雾霾中。我自动把我的航向对准这两个"印第安人"，它们正在我前方800米、上方500米的高度飞行。出于习惯，我继续搜索我后上方的空域。不出所料，还有两架敌机位于左上方300米的位置。美国人的巡航速度大概有350公里/小时，而我的表速则有700公里/小时。我的爬升速度大概有100米/秒。当我像一枚火箭一样穿过它们之间的时候，强烈地感觉到这两个编队就像是在空中静止一样。

攻击前方编队是一个不可饶恕的过错。敌机的后方编队会一眼发现我，用无线电通知它们的战友。这样我就失去了我的优势。如果敌机开始转弯，那么我所有的优势就会不复存在。不过我还有最后一招，如果我的动作足够快，可以在它们没反应过来之前溜之大吉。我必须从后面开始甩掉这两个编队。我一看到它们，就决定不减慢速度，直接击落四架战斗机的其中之一，再继续爬升甩掉剩下惊慌失措的3架，消失在月亮和星星的方向。

所有的这些攻击计划记录在纸面上花了我15分钟时间，不过在1944年5月14日，欧洲夏令时下午1点08分，一切都是在一秒钟不到的时间里完成的。我的动作尽量轻柔，试着把飞机以一个螺旋开瓶器机动转到护航战斗机的下面。在这个过程中，我为了避免爬升太高冲到敌机的机枪口前面，把操纵杆向前推动。忽然间，我这个动作的负G作用力导致火箭发动机熄火了。

我的第一个念头是掉头飞走，尽可能快地返回基地！但我的战斗机经验让我坚持下去。如果这两个编队其中之一发现了我，我还是可

沃尔夫冈·施佩特上尉遍体火红的 Me 163 B-0 V41 号机，也许是最著名的一架"彗星"。

以转弯掉头的。在这个时候，它们还是和刚才一样四平八稳地飞行，水平距离有 60 至 80 米远。我的红色涂装！他们只要朝着座舱盖右边瞥上一眼，就能够看到我在他们下面 300 米的距离。不过，不知道是什么原因，他们一定把视线和注意力聚集在另外的地方了。

接下来的 30 到 40 秒时间非常紧张，我的精神压力巨大。我正在进行无动力滑翔，在两架敌军战斗机面前门户大开，它们的发动机运转正常，而且很有可能已经机枪上膛。一点点地，我慢了下来，它们开始拉开距离，在我头上向左转弯。我几乎能够识别出它们垂尾上的识别编号。最后，我溜到了它们的后面，完全没有惊动它们。我长舒了一口气，准备开始重新启动发动机。我看到（火箭燃料的）涡轮泵还有转速读数，不过 T 燃料的供应已经中断了。为了确保我的动作符合重启的操作规程，我按下了飞机时钟上的开关，以保证我两次操作之间都等到了既定的时间。在这之前，我从来没有感受到一秒钟的流逝是这么漫长。我前方的敌机编队变得越来越小了。最后，后方编队已经变成了地平线上的两个小点。我终于等到了时钟标定的两分钟时间。我再次按下启动按钮。正如我准确无误的操作，发动机正常重新启动了。我鼓起所有的勇气，把节流阀推过三挡，直到最大的推力。发动机的啸叫声又响起来了，就像老朋友在说话一样。速度迅速提升到我刚才爬升时的级别。太棒了！就这样保持下去。

那些小点变得清晰了，不过还是很小。我通过瞄准镜瞄准。瞄准镜上的十字线调得非常亮，我的眼睛都快睁不开了。我调暗照明灯，直到瞄准镜的设置正常。我又检查了一遍机炮，确保已经上膛。我的右手放在机炮扳机的保险盖上休息，只要大拇指一顶、食指一扣，机炮就会打响。

施佩特上尉信心十足地做好了打响两门 MG 151/20 加农炮的准备，但是意外再次降临：

我比前面的编队低一点点，瞄准了左边的飞机。这架敌机看起来很突出，明显比另一架清楚。我渴望把飞机拉起来，在下面把弹道焦点对准这架飞机，再在（攻击过后的）最后一刻拉起飞走。不过，我意识到它机翼的宽度和我瞄准镜内侧光环的尺寸差异表明它还是太远了。还不够近！在这样的一回合攻击里头很容易误判距离！不过现在，我前面的敌机轮廓在快速地变大。两三秒钟过后——我可以发动进攻了——这场攻击不得不以比我想象得更快的方式进行。

就在这时，仿佛一只无形的大手把我的左侧机翼向下压。我施加相反的控制力来对抗它，但不起作用。相反，机头沉下去了。我向后用力拉动操纵杆，机头颤抖着抬起来一点点。感觉我就像在一块崎岖不平的洗衣板上飞行一样。飞机开始向上一纵。一刹那，我明白出了什么岔子了：我飞到了高速的临界区间。瞥一眼空速表，我的猜想得到了证实：960 公里/小时。

自然而然地，发动机燃料管路阻塞，熄火了。我收回节流阀，一切又恢复了正常。可是这时候我处在敌机下方相当低的高度，还不够接近。我要不要用大提前量打上一梭子？也许运气好能打中一两发！最后我决定中止攻击。第一次作战任务需要平平安安地返回基地，不冒什么风险。

我转向西方的时候，发动机又熄火了，我气得发疯。降落之后，所有人都想知道发生了什么事情。他们从地面上能够看到飞机在头顶飞过，但是不清楚第一次熄火的原因。很快，他们听到火箭启动，又飞了上去。"注意了，接下来我们随时都有可能听到他射击的声音。"基尔伯在那时候叫了起来。然而现在我返航了，没有像每个人期待的那样以胜利者的姿态摇动机翼。

在战后的报告上，我写道："……依靠地面塔台的引导，我与敌机发生接触……"直到今天，我还是不大清楚在我的瞄准镜里出现的敌机是什么型号。后来，和我的朋友迪克·贝特森（Dick Bateson）谈起这件事情的时候，我们一致同意那很有可能是一架 P-47"雷电"。

当天下午，施佩特上尉再次驾驶 V41 号机升空作战。这一回，由于发动机启动故障，导致他起飞时间延误。再加上罗盘和气压高度计的读数错误，施佩特的作战并不顺利。V41 号机未能接触目标，对方早已飞出"彗星"的作战半径。在距离基地 60 公里的位置，施佩特收到地面塔台的信息，被迫调转机头返航。

这两次不成功的尝试之后，施佩特收到命令：结束"彗星"部队的领导工作，组建螺旋桨战斗机部队 IV. /JG 54 投入东线战场。施佩特提出反对意见，认为当前 16 测试特遣队的测试和训练工作更需要他的领导，但无奈之下只能把这支小部队的指挥权移交给安东·泰勒上尉。与此同时，施佩特被迫将 Me 163 项目官的职责转交戈登·格洛布（Gordon Gollob）上校。后者是德国空军之内声名显赫的一位超级王牌飞行员，但缺乏施佩特对 Me 163 作战运用的明智策略，最终导致"彗星"在战争中的效用甚微。

5 月 19 日，16 测试特遣队的维尔纳·内尔特（Werner Nelte）军士长驾驶 Me 163 B-0 V40 预生产型机（工厂编号 16310049）首次执行作战任务。由于缺乏经验，内尔特没有准确遵循地面塔台的引导，因而无法发现目标，这次任务同样无功而返。

5 月 22 日，16 测试特遣队的鲁道夫·奥皮茨中尉驾驶 Me 163 B-0 V33 预生产型机（工厂编号 16310042，呼号 GH+IL）升空拦截盟军战机。地面塔台指示目标的高度位于 2000 米，然而在 1500 米至 2500 米之间密布着 8/10 的云团。奥皮茨中尉完全无法与目标发生视觉接触，同样也无法观察到地面。最后，他驾机在巴德茨维什安机场降落。

5 月 28 日，16 测试特遣队的赫伯特·兰格（Herbert Langer）中尉驾驶 Me 163 B-0 V41 预生产型机升空迎敌。这一次，目标的发现以及"彗星"的紧急起飞均不够及时。虽然地面塔台引导正确，飞行员的操控也没有偏差，V41 号机依然无法接近敌机。最后，飞出机场 50 公里距离后，兰格中尉奉命掉头返航。

在这一天的维特蒙德港机场，1. /JG 400 的临时指挥官奥托·博纳上尉驾驶 Me 163 B-0 V57 预生产型机（工厂编号 16310066，呼号 GH+IZ）升空试飞。在降落时，V57 号机仍有部分燃料留存，而飞机一侧着陆襟翼的操纵连杆断裂。博纳上尉没有时间收起另一侧的着陆襟翼，只能驾机在一片看似比较平滑的玉米地中紧急迫降。结果，V57 号机撞到凹凸不平的地表上重新弹起，博纳上尉的头部撞在前方瞄准镜上受伤，而飞机受损 15%。临时指挥官的意外受伤使这支小部队再受打击。

1944 年 5 月 29 日

巴德茨维什安机场开始有 Me 163 部队运作之后，此地便成为盟军侦察机的重点侦察目标。5 月 29 日，巴德茨维什安机场空域再次出现盟军侦察机的踪迹，高度 12500 米，距离 30 公里。16 测试特遣队立刻出动 Me 163 B-0 V40 号机，由奥皮茨中尉驾驶升空拦截。不过，由于缺乏地面引导，奥皮茨的航向判断失误，以至于与目标距离太远，无法展开拦截。随后，V40 号机顺利滑翔返航。

盟军侦察机拍摄下的巴德茨维什安机场。

当天稍后，英国皇家空军第 542 中队的杰弗里·罗伯特·克拉坎索普（Geoffrey Robert Crakanthorp）上尉驾驶 MB791 号侦察型"喷火"XI 深入德国境内执行侦察任务，接近巴德茨维什安机场。奥皮茨驾驶 V40 号机再次升空拦截，疾速爬升的"彗星"一度接近到距离目标 2 公里的空域，但由于云层和阳光的影响不得不中止任务。

此战过后，英国航空情报部门（British Air Intelligence Department）AI2(g) 发布一份题为《侦察单位"喷火"遭受 Me 163 拦截之报告》的文件进行总结：

1944 年 5 月 29 日，一架敌机——据信为 Me 163——试图在威廉港（Wilhelmshaven）附近空域拦截一架侦察单位的喷火。技术情报部门的官员已经对喷火飞行员进行询问，该事件的内容——包括 AI2(g) 的说明——如下所示：

1. 当时喷火正在执行照相侦察任务，天气晴朗，尾凝形成高度为 30000 英尺（9144 米）。该机两次飞越汉堡、两次飞越不来梅（Bremen），因而敌方获得足够的告警，而当时的空情对目视拦截相当有利。

2. 在 13:15，飞行员（下文以 X 指代）航向西北，在 37000 英尺（11278 米）高度接近威廉港，转弯从东向西进入拍摄航线。正当他转向西方时，发现一道飞机形成的白色尾凝，估计位于下方 7000 至 8000 英尺（2134 至 2438 米）、水平方向大约 2000 码（1829 米）的东南方向。这架飞机当时向北飞行，正在 X 保持观测时，看到尾凝向西剧烈转弯跟随他的航向而来，他随即推断敌军飞行员正在试图拦截他。

3. 在敌机完成转弯之后，尾凝中断，在飞行了大约三倍尾凝长度的距离后，尾凝重新出现。这一行为以看似有规律的间隔进行，一共出现四段尾凝。X 在看到尾凝后立即全力爬升，此时已经抵达 41000 英尺（12497 米）高度。他估计敌机处在下方 3000 英尺（914 米），大约南-东南方向 1000 码（914 米）距离。

4. 由此可见，当 X 爬升大约 3500 英尺（1067 米）时，敌机爬升了大约 8000 英尺（2438 米），将水平方向的距离缩短大约 1000 码。此

飞行中的侦察型"喷火"XI。

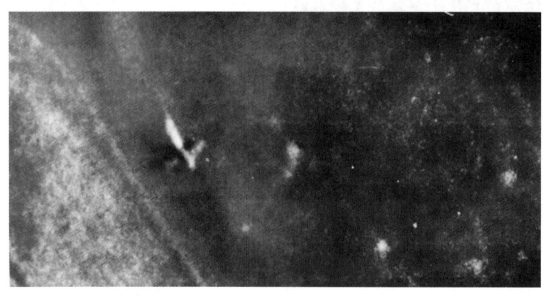

盟军镜头之下，巴德茨维什安机场的一架 Me 163 B 正在紧急起飞，发动机尾焰清晰可见。

时，X 看到了敌机，但识别仍不够准确。他表示对方"接近全飞翼（造型）"。他同样认为（敌机的）机翼显著地后掠，但观察的视角使他无法作出明确的论断。

5. 随后，尾凝不再出现，X 失去了飞机的视觉接触。此时，他已经几乎完成了拍摄航线。

他返回基地，没有遭遇更多变故。

5 月 29 日这次交锋的结果是 MB791 号"喷火"带着 500 张航拍照片安全降落在英伦三岛。不过，克拉坎索普上尉的好运气没有一直持续下去：在 11 月 27 日的侦察任务中，他驾驶的 PL906 号侦察型"喷火"XI 被 III. /JG 7 的赫尔穆特·伦内茨（Helmut Lennartz）军士长的 Me 262 击落，克拉坎索普跳伞被俘。

5 月 30 日，在美国陆航第八航空军的战略轰炸任务中，第 2 轰炸机师的 71 架 B-24"解放者"对巴德茨维什安机场展开猛烈空袭。这次攻击制定得相当巧妙，轰炸机编队分三路同时直扑机场，使地面的德军猝不及防，来不及疏散跑道上的飞机。结果，巴德茨维什安机场损失惨重，16 测试特遣队有两名防空炮手阵亡，6 架 Me 163 B 损失，包括：

V33 号机（工厂编号 16310042，呼号 GH+IL）100% 全损；

V14 号机（工厂编号 16310023，呼号 VD+EW）10% 损伤；

V12 号机（工厂编号 16310021）30% 损伤；

V21 号机（工厂编号 16310030，呼号 VA+SS）25% 损伤；

V45 号机（工厂编号 16310054，机身号 C1+06）15% 损伤；

V47 号机（工厂编号 16310056，机身号 C1+06）15% 损伤。

此外，该机场有另外 23 架飞机损失，所幸重要地面维护设备以及飞机零备件及早疏散在其他地点，因而躲过一劫。空袭过后，巴德茨维什安的供水和供电中断，大量设施需要修复，在 6 月 10 日之前，残余的飞机均无法得到清点整备。

1944 年 6 月

巴德茨维什安机场的空袭过后，16 测试特遣队在 6 月 7 日开始将训练转移至布里格（Brieg）机场。这个新驻地目前由一个战术侦察大队使用，驻扎有大量 Ar 56、Fw 65、Bü 131 和 Bf 109 战机，每个月起降次数高达 10000 至 12000 次。由于布里格机场已经被侦察机占满，留给 16 测试特遣队进行拖曳起飞的空间只有东西走向的一条跑道，使得 Me 163 抛弃滑车的过程变得相当危险。因而该部强烈要求上级转移布里格机场的战术侦察大队，否则该部的训练无法正常展开。

6 月 10 日，16 测试特遣队的训练分部转移至布里格机场，拆解过的飞机以及相应的零备件也经由陆路运输同期抵达，储存在一间小型车库中。然而，由于机场方面没有多余的机库和维修车间，Me 163 的组装完全无从谈起。16 测试特遣队频频向上级求援，但一直无法改变布里格机场的困境。

1944 年 6 月 13 日

16 测试特遣队收到雷希林测试中心指挥官埃德加·彼得森（Edgar Petersen）上校的命令：参与战斗机专案组（Jägerstab）在 6 月 12 日和 13 日雷希林机场展开一系列尖端战机的展示飞行，届时现场观摩表演的将包括戈林、米尔希以及来自日本和意大利的轴心国外交使节。不过，该部当时并无富余的 Me 163 可以进行飞行表演，只能提供奥皮茨中尉和兰格中尉这两名飞行员，升空表演的 2 架和地面展示的 1 架 Me 163 均从 1. /JG 400 抽调。

6 月 12 日的雷希林机场，在众多高级官员

雷希林机场地势开阔，是德国空军的重要测试中心。

的注目下，奥皮茨中尉驾驶 Me 163 B-0 V29 预生产型机(工厂编号 16310038，呼号 GH+IH)升空演示。离地升空后，V29 号机在 2000 米高度突发火箭发动机熄火的故障。奥皮茨中尉多次重启发动机失败，随即排空燃料之后紧急降落。事后，调查显示故障的原因是基尔出厂的 C 燃料含有太多的杂质，以至于燃料管路堵塞。入夜，基尔方面加急运来一批新的 C 燃料，同样发现杂质含量过高，需要仔细过滤后方能加注使用。

6 月 13 日，兰格中尉成功地完成了一次演示飞行。接下来，齐格勒少尉在现场记录下鲁道夫·奥皮茨中尉的表演：

……一架 Me 262 喷气战斗机降落了，奥皮茨爬进他的驾驶舱里，开始发动涡轮。几秒钟之内，飞机就伴随着震耳欲聋的轰鸣声冲向跑道的尽头，投下滑车后，几乎垂直地朝着高空拔地而起，身后只留下一道耀眼的火舌。所有的观众眼睛都紧紧地盯着这架快速消失在视野

里的"彗星"里面，那些以前从来没有见过"彗星"的人一个个都是目瞪口呆动弹不得！奥皮茨的表演绝对是无与伦比的。在 4000 米高度，他把节流阀收回到第一挡，然后拉了半个筋斗成倒飞，然后熟练地滚转以避免负 G 加速度的影响。接下来，他把"彗星"机头对准戈林和他的客人站着的位置，来了个完全无法想象的俯冲。那架"彗星"有如从天而降的陨石一样越来越低，在距离地面 100 米左右的地方，奥皮茨向前猛推节流阀到第三挡——或者说全推力的位置，然后在那些大人物头上不到 10 米的高度一掠而过！啸叫声令人闻风丧胆，戈林蹲了下来，意大利人吓得面无血色，就连矜持的日本人也有那么一会儿失去了他们那神秘莫测的笑容。这时候奥皮茨早已扬长而去，在五六千米高空远远传来砰的一声，宣告了他的燃料耗尽。

现在，帝国元帅抓起他的双筒望远镜，注视着奥皮茨的美妙航迹。奥皮茨把他的"彗星"机头压下，以积累更多的速度，然后玩了几个优雅的机动。最后，大概在 2000 米高度，他开

始朝着机场又来了一次俯冲，呼啸着掠过跑道，再次拉起转弯准备最后着陆。这时候，意想不到的事情发生了！正当奥皮茨朝着跑道滑翔而下的时候，一架在"彗星"之前起飞升空的 Me 262 也准备要降落了。它从右边插入，不偏不倚地挡在奥皮茨的飞机前面！

对于接下来的一切，鲁道夫·奥皮茨中尉是这样回忆的：

为了避让同样进行演示飞行的那架喷气机，我沿着跑道的边缘着陆。有件事情是我们这些来表演的飞行员不知道的：机场的防空炮手们沿着跑道边上他们的各个炮位挖了一条防空壕，这样他们在遇到紧急情况的时候就能得到掩护。结果就是我快停稳的时候，面前就是这么一条防空壕！没有人和我说起这事。飞机一头扎了进去，来了个倒栽葱，停了一会，还看不出来是要向前倒还是向后倒。最后，它向前倒了下去，座舱盖被压碎了。谢天谢地，整个动作很缓慢，我根本没有受伤。我只是挂在我的安全带上，等着士兵们过来把我拉出去——他们就在旁边。他们竭尽全力地刨开地面，这样我就能从破碎的座舱盖里头钻出来。不过就当我正在钻出来的时候，驾驶舱里爆出了一团火焰。

那会儿我已经解开了安全带，爬到座舱盖下面的泥地上。不过我不知道的是一部分过氧化氢已经渗透到驾驶舱里。所以，当我快手快脚地爬出来的时候，身上已经着火了——我的手在燃烧，因为燃料渗过了手套面料，

接触到皮肤，一下子烧起来了。面料烧糊了，手套脱不下来。幸运的是，救援人员就在那里，他们把消防车的龙头对准了我。我在飞行服下面穿着最好的制服，过氧化氢已经渗透到了我整个后背——这一点我根本没有意识到。当然，我的制服是有机织物面料，当他们七手八脚地把我的飞行服脱下来的时候，发现我的制服的双手和后背的位置全部烧着了，不过燃料还没有烧到我的内衣的部分。有水冲刷，我的皮肤没有受到损伤，不过我的的确确是吓了一跳。

奥皮茨的左手 2 度烧伤，他被送往维斯马（Wismar）的德国空军医院进行治疗，遇到了半个月前同样在事故中受伤的 1. /JG 400 临时指挥官奥托·博纳上尉。雷希林的演示飞行在颇为尴尬的气氛中结束，不过日本客人很显然被"彗星"惊世骇俗的高速和爬升性能所打动，随后毫不迟疑地签下引进 Me 163 的合同。

6 月 15 日，经过整整两个星期的整备之后，

日版 Me 163 编号 J8M"秋水"，于 1945 年 7 月 7 日仓促展开首次动力升空试飞，结果以机毁人亡告终。

巴德茨维什安得以重新开始 Me 163 的试飞工作。当天，16 测试特遣队起飞两架"彗星"，展开 11 次动力试飞和 7 次拖曳升空试飞。6 月 19 日，维尔纳·内尔特军士长驾驶 Me 163 B-0 V38 预生产型机（工厂编号 16310047，呼号 GH+IQ）由一架 Bf 110 牵引机拖曳升空试飞。在茨维申纳湖上空 50 米高度，牵引机的一台发动机故障，不得不将 V38 号机早早抛除。当时，该机速度仅有 220 公里/小时，湖面上又刮起了 40 公里/小时的顺风，内尔特军士长不得不在湖面上紧急迫降。机腹在湖面上反弹两次，最后翻了一个筋斗，座舱盖破碎，内尔特军士长及时爬出座舱逃生。

1944 年 7 月

上个月底，身上打着石膏的奥莱尼克上尉从海军医院回到维特蒙德港机场，继续担任 1./JG 400 指挥官职责。在这一阶段，禁止升空作战的禁令被废除，"彗星"部队开始跃跃欲试地对飞越驻地的盟军战机展开拦截。7 月 6 日，维特蒙德港的 1./JG 400 拥有 7 架 Me 163 的兵力。当天鲁道夫·齐默尔曼上士驾驶 Me 163 B-0 V59 预生产型机（工厂编号 16310068，呼号 GN+MB）执行拦截任务，结果无功而返。第二天，库尔特·席贝勒下士驾驶 Me 163 B-0 V55 预生产型机（工厂编号 16310064，呼号 GX+IX）两次升空出击——在早晨拦截一架 P-51 "野马"、在傍晚拦截一架 P-38 "闪电"，结果均一无所获。

在这个月中根据戈登·格洛布上校的要求，1./JG 400 逐渐中止在维特蒙德港的活动，转而向后方莱比锡（Leipzig）东郊的布兰迪斯机场转移。此地从 1943 年初开始被德国空军选为空勤人员的训练场地，同样也是若干作战部队的基地。从 1944 年开始，布兰迪斯机场还兼备容克斯飞机与发动机公司（Junkers Flugzeug und Motorenwerke）的试验场地。

毫无疑问，转场布兰迪斯的命令使沃尔夫冈·施佩特上尉的 Me 163 "机场集群"战术完全化为泡影。在这个时间段，他已经和德国西北部的芬洛（Venlo）、代伦（Deelen）、巴德茨维什安、维特蒙德港、诺德霍尔茨（Nordholz）和胡苏姆（Husum）等机场取得联系，建立起一系列 Me 163 的配套辅助设施。只要假以时日，未来"彗星"编队便能以这些机场集群为依托，来去自如地展开针对盟军轰炸机编队的穿梭拦截任务。然而，格洛布上校以螺旋桨战斗机部队指挥官的固有思维来指挥 Me 163 部队，认为在一个机场内集中"彗星"部队的实力能够达成最佳的作战效率。殊不知，布兰迪斯远离盟军轰炸机日常航线，驻扎在此地的 Me 163 部队极难获得升空出击的机会。即便条件适合，大量 Me 163 能够以 20 秒的时间间隔滑跑升空拦截，等到几分钟后任务完成的时候，多架火箭战斗机降落回同一个机场，那也将意味着极大程度的混乱——首先，此时可能还有"彗星"起飞升空、两波机群相互干扰的危险无可避免。其次，Me 163 降落之后无法依靠自身动力驶离跑道，必须等待牵引车的牵引，毫无疑问地增加被后续降落飞机碰撞损失的可能。以上这些劣势，将在转场布兰迪斯之后逐渐展现而出。

7 月 10 日，指挥官罗伯特·奥莱尼克上尉开始带领 1./JG 400 向布兰迪斯转场。到 17 日，一个先遣分队已经入驻布兰迪斯，大部分飞机也随之抵达。和以往的转场任务类似，能够升空的 Me 163 通过 Bf 110 牵引机的拖曳完成。不过，这次转场航程接近 200 公里，充满各种不确定因素，为此每架牵引机均额外携带一副 Me 163 的可抛弃滑车，以备中途因故迫降其他

戈登·格洛布上校的命令使 Me 163 "机场集群" 战术化为泡影。

机场时 "彗星" 重新起飞。事实证明这番考虑绝非多余——由于气候恶劣和天色渐晚，一对 Bf 110 和 Me 163 的转场小队被迫在柏林以南的波克海德（Borkheide）机场降落。第二天，在地勤人员的协助下，转场小队从波克海德机场一片长 1000 米、宽 800 米的空地上成功起飞，在身后留下 "彗星" 的可抛弃滑车作为这次拜访的纪念品。转场任务告一段落后，1. /JG 400 的 11 架 Me 163 平安降落布兰迪斯机场。

布兰迪斯机场的 Me 163 机群。

在转场之前，16 测试特遣队特别成立一支附属 JG 400 的辅助中队（Ergänzungsstaffel），由弗兰兹·梅迪库斯中尉指挥。辅助中队的职责为协助 JG 400 训练新手飞行员，同样于 7 月转

场至布兰迪斯机场。当时，这支小部队拥有 6 架彗星：Me 163 A V10 原型机（工厂编号 1630000007，呼号 CD+IO）、Me 163 A V11 原型机（工厂编号 1630000008，呼号 CD + IP）、Me 163 A V13 原型机（工厂编号 1630000010，呼号 CD+IR）、Me 163 B-0 V1 原型机（工厂编号 16310010，呼号 KE+SX）、Me 163 B-0 V4 原型机（工厂编号 16310013，呼号 VD+EN）和 Me 163 B-0 V8 预生产型机（工厂编号 16310017，呼号 VD+ER）。不过，只有 Me 163 A V10 原型机配备有火箭发动机，其他型号均无动力，需要牵引机的协助方能升空。

到达布兰迪斯机场后，Me 163 部队引起了这个新驻地人员的强烈关注，一名 20 毫米高射炮手杰克·魏玛（Jack Weymar）回忆道："我自己从来没有和飞 '彗星' 的飞行员接触过。因为他们完全隔绝在自己的王国里，不会注意到一名 16 岁的高射炮手正在以无比崇敬的心情好奇地打量着他们。以我的观点，那些飞行员的档次可以和现在年轻人眼中的宇航员相比，因为我意识到他们肯定既是一流的飞行员，也是无所畏忌的勇者。换句话说，是精英中的精英。"

7 月 16 日，英国情报部门破译一封德国空军第 1 战斗机师发往第 7 战斗机师的密电：要尽快取得战果，Me 163 B 部队应当在莱比锡周围 100 公里左右的空域内展开作战行动。这意味着在帝国防空战压力下，德国空军急切将布兰迪斯机场的 JG 400 投入战场。

7 月 19 日下午，莱比锡空域出现一架美军 "P-38" 的踪迹，拦截指令立即发送至 1. /JG 400 驻地。16:30，库尔特·席贝勒下士驾驶 Me 163

20 毫米高射炮手杰克·魏玛（左二）。

B-0 V50 预生产型机（工厂编号 16310017，呼号 PK+QU）升空拦截，然而错失机会。15：55，席贝勒下士驾驶 V50 号机降落在布兰迪斯机场，完成"彗星"中队在新驻地的首次出击。

此时，德国空军高层表现出对布兰迪斯机场的担忧，命令奥莱尼克上尉前往法兰克福、慕尼黑和林茨（Linz）等地寻找更合适的 Me 163 运作基地。这次寻访任务通过一架菲泽勒公司 Fi 156"鹳"式轻型联络观测机进行，从 7 月 25 日一直持续到 8 月 2 日。

大致与此同时，JG 400 的第 2 中队也在慢慢成形。根据德国空军官方文件，该部最早于 3 月 27 日在奥拉宁堡机场成立，到 4 月 10 日时拥有 12 架飞机的兵力，但不具备作战能力。该部一度由舒伯特少尉代理中队长职责，到 7 月，原 1 中队的临时指挥官博纳上尉伤愈出院，被正式任命为 2. ／JG 400 中队长。当时，该部飞行员包括：约阿希姆·比亚卢查（Joachim Bialucha）中尉、京特·安德烈亚斯（Günter Andreas）少尉、罗尔夫·施莱格尔（Rolf Schlegel）少尉、海因茨·舒伯特（Heinz Schubert）少尉、雅各布·博伦拉特（Jakob Bollenrath）军士长、弗里德里希·胡塞尔军士长、弗里茨·基尔伯军士长、霍斯特·罗利（Horst Rolly）上士、曼弗雷德·艾森曼（Manfred Eisenmann）下士、罗尔夫·格洛格纳下士、恩斯特·舍尔珀（Ernst Schelper）下士。

7 月中旬，2. ／JG 400 的人员集中在荷兰-德国边境地区的芬洛机场，接受训练，同驻地的德国空军单位包括 I. ／NJG 1、III. ／KG 3 等。此时，该部开始接收出自克里姆工厂的 Me 163，博纳上尉亲自驾驶第一架"彗星"降落在芬洛机场，结果以洋相告终：

这个机场有一点点特别，当你从一个特定的方向降落——例如是西方的时候，你会受到地面上沙丘带起来的上升气流的影响，飞机会被往上托，转眼之间，跑道就显得太短了。我就遇到了这样的问题。我一头飞到了跑道的外头。结果不出意外，飞机全部损失，我自己没事。

7 月 26 日的芬洛机场，2. ／JG 400 再次发生事故。霍斯特·罗利上士驾驶一架 Me 163 B-0（工厂编号 440009，呼号 BQ+UL）训练时出现意外，飞机坠落受损 25%，罗利上士右臂受伤。

1944 年 7 月 28 日

当天早晨，美国陆航第八航空军执行第 501 号任务，出动 1057 架重轰炸机和 753 架护航战斗机空袭比利时、法国和德国境内的德军目标。

浩浩荡荡的编队中，第 45 轰炸机联队的 B-17 机群在第 359 战斗机大队的 P-51 护卫下向梅泽堡（Merseburg）的炼油厂进发。此时，在绵延不绝的尾凝下方，布兰迪斯机场的 7 架 Me 163 正在等待升空出击的命令。7 月的天气灼热逼人，"彗星"飞行员们——包括汉斯·博特少尉、哈特穆特·赖尔少尉、齐格弗里德·舒伯特上士、罗尔夫·格洛格纳下士——均打开座舱盖减轻高温的折磨。侦测到 B-17 机群进入轰炸航路起点后，布兰迪斯机场的指挥塔台发出呼叫，飞行员们开始准备滑跑起飞。

升空之前，飞行员在 Me 163 B 的机翼上稍事休息。

09:33，"空中堡垒"机群在目标上空投下炸弹，但浓密的云层遮挡了美军机组乘员的视线，无法观察到空袭成效。接下来，美军编队调转机头，开始朝着英国方向回航。在这一时刻，布兰迪斯机场的 7 架 Me 163 启动火箭发动机，逐一升空。

09:45，美军第 96、388 和 452 轰炸机大队的机组乘员开始目击下方多架小型飞机拖曳着长长的尾凝正在急速爬升。在这之中，舒伯特上士带领 7 架 Me 163 爬升至轰炸机编队上空，结果全部在改平时遭遇火箭发动机熄火的事故。幸运的是，此时附近并没有美军护航战斗机的出现。随后，"彗星"飞行员们各自选定目标分散出击——有人选择冲击轰炸机洪流，有人则跃跃欲试地挑战护航的野马战斗机。然而 Me 163 的速度过快，7 名德国飞行员无一例外地错判接近目标的速度，失望地空手而归。

根据美军第 359 战斗机大队的档案，该部在 09:40 至 09:46 之间的梅泽堡以南空域与多架"彗星"发生接触。其中，指挥官小阿维林·P. 塔肯（Avelin P. Tacon Jr.）上校在战报中记录如下：

我的八机编队正在为空袭过梅泽堡的 B-17 机群提供贴身护卫。那些轰炸机以 24000 英尺（7315 米）高度往南飞，我们在它们东侧 1000 码（914 米）距离，以 25000 英尺（7620 米）高度飞行。有人呼叫六点钟高空有多道尾凝出现。我向后看，发现五英里（8 公里）之外的 32000 英尺（9754 米）高度有两道尾凝。我马上呼叫编队说出现了喷气动力飞机。这可以从它们的尾凝准确无误地分辨出来——就像积云一样很白很密集，形状也差不多，就是被拉长了一点。我看到的那两条尾凝大概有 3/4 英里（1207 米）长。

我们立刻投下副油箱，打开机枪保险，向后方敌机转弯 180 度。后来我们才知道当时一

共有 5 架 Me 163 出现，我看到的那个双机小队
打开了火箭发动机，另外一个三机小队处在关
机状态。我看到的那两架向左来了一个螺旋俯
冲，保持着很好的密集编队，从轰炸机编队的
六点钟方向发动攻击。它们转弯的时候，关掉
了火箭发动机。一开始，我们从上面向它们对
头杀过去，卡在了它们和轰炸机编队之间。它
们距离轰炸机还有 3000 码（2743 米）的时候发现
了我们，向左朝着我们大半径转弯掉头，然后
飞离了轰炸机。它们转弯时的倾角有 80 度，不
过航向只改变了 20 度。它们没有袭击轰炸机。
看起来，它们的滚转率非常出色，但转弯半径
非常大。我保守估计它们的速度有 500 至 600 英
里/小时（805 至 965 公里/小时）。虽然我一路看
着它们俯冲、执行攻击动作，我还是没有办法
把瞄准镜套在它们上面。两架飞机保持着密集
编队，关闭着火箭发动机在我们下方 1000 英尺
（305 米）距离穿过。我来了个半滚倒转机动想
跟上追击。结果它们一飞过我们，其中一架就
以 40 度角继续俯冲，另外一架朝着太阳方向拉
起，（爬升）角度大概有 50 至 60 度。我朝着太
阳方向瞥了一眼，没有看到这一架。大概一秒
钟之后，我回头向下张望，寻找俯冲逃跑的那
一架时，它已经在五英里（8 公里）之外了，高
度大约有 10000 英尺（3050 米）。虽然我没有看
到拉起爬升的那架敌机，不过我的第二小队长
机报告说它在向太阳爬升的时候断断续续地启
动它的火箭发动机，看起来就像是在吐着烟圈。
这架飞机最后消失了，我们不知道它的去向。

这架飞机飞起来很漂亮。它的涂装和某些
Fw 190 差不多，是铁锈棕色。它打磨得很光亮，
看起来上过蜡。（军内）发布的该型号识别图鉴
很准确。虽然这两名飞行员看起来很有经验，
但他们并没有进攻性，看起来只是升空执行一
次训练教程。

当天战斗结束
后，美军第八战斗
机司令部指挥官威
廉·凯普纳（William
Kepner）少将向旗下
所有战斗机大队发
出紧急通知，警告
新型火箭动力拦截
机的存在：

美军第 359 战斗机大队指
挥官小阿维林·P. 塔肯
上校。

1944 年 7 月 28
日，在梅泽堡附近的目标区中，观察到五架喷
气推进的 Me 163 敌机，分为两个编队飞行，一
个编队有 2 架，另一个编队有 3 架。双机编队从
32000 英尺（9754 米）高度接近轰炸机编队后方。
它们喷射出非常浓密的白色尾凝。敌机以一个
小角度螺旋俯冲攻击轰炸机编队后方，速度极
快，据称在每小时 500 至 600 英里之间……我们
将能马上遭遇更多的此类敌机，攻击将从轰炸
机编队后方以编组或攻击波次的方式展开。要
争取转向它们展开反击的时间，我们的部队需
要和轰炸机保持相当近的距离，方可挡在他们
和轰炸机群中间。据信，这类战术将能够阻止
它们对轰炸机群反复展开有效的攻击。注意，
（我们的飞行员）目击的第一个信号将是轰炸机
编队后方出现的厚重浓密的尾凝，高度可能达
到 30000 英尺（7620 米）。喷气机极有可能在莱
比锡和慕尼黑或东经 9 度线以东的任何区域
出现。

1944 年 7 月 28 日，"彗星"部队成建制地参
加帝国防空战，结果一无所获。飞行员们意识
到 Me 163 的速度与螺旋桨战机差距太大。按照
常用战术规程，从正后方接近盟军轰炸机编队

时，Me 163 的速度往往不会低于 900 公里/小时，而无论美军的 B-17 还是 B-24 轰炸机的巡航速度均极少超过 400 公里/小时。因而，在大部分任务中，"彗星"与目标之间往往存在 550 公里/小时左右的速度差，这意味着每过一秒钟，双方之间的距离均会缩短 150 米。Me 163 装备的 Mk 108 加农炮弹道弯曲，在 600 米之外射击命中率较低；另一方面，"彗星"飞行员必须在距离目标 200 米之前完成攻击脱离接触，否则剩余的一秒多时间不足以避开对方，必然引发同归于尽的撞机惨剧。综合各方面因素，只有在轰炸机正后方 600 至 200 米的距离开火，Me 163 才有机会顺利地完成一次攻击，而整个过程的持续时间不到 3 秒，即便对于最精英的王牌飞行员来说也是极大的挑战。

当天战斗过后，JG 400 的飞行员逐渐探索 Me 163 的拦截战术，此时帝国防空战的局势已经无法逆转了。

1944 年 7 月 29 日

当天，美国陆航第八航空军执行第 503 号任务，其中第 1 和第 3 航空师的 657 架 B-17 轰炸机在 429 架护航战斗机的掩护下空袭德国梅泽堡等地的化工厂。

目标区空域的高射炮火准确密集，有 3 架"空中堡垒"被击落。接近中午时分，任务完成，此时大批轰炸机已经是伤痕累累，蹒跚着掉头返航。其中，第 100 轰炸机大队的一架 B-17（美国陆航序列号 42-107007）速度变慢落在编队后方，由第 479 战斗机大队第 434 战斗机中队的 P-38"闪电"掩护。11:45 的威廉港空域，驾驶"回旋镖（Boomerang）"号 P-38J-15（美国陆航序列号 42-104425）的亚瑟·F. 杰弗里（Arthur F. Jeffrey）上尉发现异样：

在第八战斗机司令部第 470 号战地指令中，我负责"新十字（Newcross）"黄色小队的指挥。在目标区（梅泽堡），大队指挥官指派我的小队护航第 3 师受伤的一架 B-17 返航。我和我的僚机负责贴身护航，黄色 3 号和 4 号机负责高空掩护。那架 B-17 在 11000 英尺（3353 米）高度缓慢飞行，在云层中的孔洞中穿行以避开高射炮火。11:45，我观察到一架 Me 163 处在它背后的攻击位置。我不知道那架 Me 163 是从哪里来的，我当时正在用 C 频道试着联系轰炸机，所以没有时间呼叫敌机来袭，就直接杀了过去。那架梅塞施密特在 5 点钟方向朝着那架 B-17 斜斜地扑下来，然后就是一个小角度俯冲，跟着改平。这时候，那个德国人一定看到我出手了，因为他接着又是一个小角度俯冲，然后开始了一个非常陡峭的爬升，一路左右摇摆。在它晃来晃去的时候，我追上了它，开火射击，看到命中了这架 Me 163。在 15000 英尺（4572 米）高度，这架 Me 163 改平，开始左转弯，看起来要反咬攻击我。我能转出比它更小的弯，然后在 200 至 300 码（183 至 274 米）左右的近距离打出了一个漂亮的高偏转角射击。接下来，那架梅塞施密特来了个平缓的半滚倒转机动，接入一个 80 至 90 度角的俯冲。我跟了上去，只要一接近到射程范围之内就开火射击，观察到命中目标。在俯冲中，这架梅塞施密特喷出浓烟，不过这是它的"喷气"动力还是被我打中的结果，我实在看不出来。在 70 度角，我不得不平缓地改出俯冲，不过那架梅塞施密特依然直直向下俯冲，几乎完全垂直。在 4000 英尺（1219 米）高度，我的表速有 500 英里/小时（805 公里/小时），那架梅塞施密特在前面把我甩掉，我开始改平拉起了。那架梅塞施密特在 3000 英尺（914 米）高度的云层中消失，一直保持几乎垂直的俯冲。在我看来，它的速度不可能低于 550 英里/小时（885 公里/小时）。我在 1500 英尺（457 米）高度拉起时，出现了一阵子的黑视。我钻下云层，搜寻那架梅塞施密特，没有发现它。于是我返回云层里面躲避高射炮火。

以我的观点，没有哪架飞机和哪个飞行员能够在 3000 英尺以 80 至 90 度角俯冲，速度超过 550 英里/小时的条件下改平拉起。

我宣称击落一架 Me 163。弹药消耗：720 发点 50 口径穿甲燃烧弹，145 发 20 毫米高爆燃烧弹。

黄色小队 2 号机理查德·辛普森（Richard Simpson）中尉证实了长机的宣称战果，他估算 Me 163 的俯冲速度在 550 至 600 英里/小时（885 至 965 公里/小时）之间，同样认为德国飞行员不可能改出这个俯冲。此时，16000 英尺（4877 米）执行高空掩护的黄色 3 号和 4 号机没有目击

杰弗里上尉的这次战斗。不过在 3 分钟之后的 11:48，另一架 Me 163 从后方借助太阳光的掩护以 70 度俯冲角直扑 42-107007 号 B-17，这两名闪电飞行员均没有看到尾凝的迹象。只见"彗星"打出多个短点射，随后将俯冲角度逐渐收回至 60 度，转进下方 8000 英尺（2438 米）的云层中。在这一回合转瞬而逝的战斗里，Me 163 即便关闭火箭发动机，其俯冲速度仍然远远高于绝大多数螺旋桨战斗机。

杰弗里上尉的宣称战果最终得到美国陆航的官方认证，成为第一个斩落"彗星"的飞行员。值得一提的是，他的这次胜利也是 P-38"闪电"——到"二战"末期已经略显陈旧的双引擎战斗机——取得的唯一火箭/喷气战斗机战果。对照现存德方档案，"彗星"部队并无当天战损的记录。在 1963 年，罗伯特·奥莱尼克表示：

当时，我是第一支 Me 163 B 中队的中队长，

第 479 战斗机大队的 P-38"闪电"战斗机。

我很乐意就亚瑟·F. 杰弗里上尉的报告作出评价。

我很遗憾，这份击落一架 Me 163 B 的报告无法核实，理由如下：

在当时，1. /JG 400 仍然处在组建阶段，它在 1944 年 7 月 29 日的主要任务是武器测试。

帝国航空部、战斗机部队总监和战斗机师下发过严格的命令："禁止对敌军侦察机或者轰炸机编队采取空战行动。"这些命令是基于安全考虑，避免 Me 163 B 的作战基地遭到轰炸。

JG 400 这第一支接近作战整备的中队在 1944 年 6 月 15 日左右转场到莱比锡附近的布兰迪斯，这意味着 1944 年 7 月 29 日在宣称击落这架 Me 163 B 的地区是没有 Me 163 部队执行训练或者作战任务的。这架 Me 163 B 从布兰迪斯升空拦截的可能性也极其微小，因为这种飞机的航程是 100 公里（不足以飞抵威廉港）。

（美军）飞行员们宣称击落这架飞机时的俯冲速度也表明它不可能是一架 Me 163 B，因为在 80 至 90 度的俯冲角，Me 163 B 即便关闭发动机，也能达到 800 至 900 公里/小时的速度。这就是说，那些（P-38）战斗机是没有办法跟上的……

证实击落该机的"新十字"的护航战斗机飞行员们声称这架 Me 163 B 冒出黑烟，作为它被击落的确切证据。

Me 163 加注的燃料是 T 燃料和 C 燃料，这些液体推进剂的化学反应结果是喷出一道白烟。

很有可能在这场交战中被击落的是一架 Fw 190 单机。我记得帝国元帅戈林命令这些飞机在测试飞行时，飞行员一定要攻击视野中的敌机。福克-沃尔夫公司在不来梅附近有一个机场，工厂的测试飞行员会有可能攻击编队。

这架飞机也不大可能是一架 Me 262，因为各 Me 262 部队当时处在组建阶段，大部分驻扎在德国南部地区。此外，Me 262 在水平飞行中已经可以达到 850 公里/小时的速度，这意味着它能够依靠水平飞行甩掉攻击者，不需要进入俯冲。

根据多方面资料分析，美军第 479 战斗机大队的这个 Me 163 击落战果仍需进一步的考证。

2 天后，1. /JG 400 在新驻地布兰迪斯机场向德国空军提交报告，声称拥有 16 架 Me 163 的兵力，其中 4 架堪用。

1944 年 8 月

在 1944 年 8 月，16 测试特遣队获得专有的机号标识"C1"，并对旗下的所有 Me 163 完成重新的涂装，在机身左侧喷涂"C1+"系列的机身号。根据现有资料，该部配备有机身号的 Me 163 均为 Me 163 B 系列，包括：

机身号	机号
C1+01	V28
C1+02	V30
C1+03	V40
C1+04	V41
C1+05	V45
C1+06	V47
C1+07	—
C1+08	—
C1+09	—
C1+10	—
C1+11	V7
C1+12	V14
C1+13	V35

值得一提的是 Me 163 B-0 V7 预生产型机在 9 月 11 日因故被毁后，其机身号"C1+11"由克里姆出厂的 Me 163 B-0(工厂编号 440008，呼号 BQ+UK)所继承。

1944 年 8 月 2 日

8 月 2 日，美国陆航第 7 照相侦察大队的杰拉尔德·亚当斯(Gerald Adams)少尉驾驶一架 F-5"闪电"侦察机深入德国腹地检视先前对化工厂的空袭战果。在 33000 英尺(10058 米)高度进入拍摄航线时，亚当斯少尉发现异常：

……我注意到东边五英里(8 公里)开外有一架飞机，正朝我飞过来。我调转无武装的侦察机转向西方，推动节流阀，心想"小意思啦"，它应该不会赶上我的。不过，等到我下一次查看它的动向的时候，它已经接近到大约 1000 码(914 米)的距离了，开始朝我开火。发现比 P-38 快这么多的一架飞机，这个事实真是让我非常震惊。于是我把机头直直向下压，朝着 8000 英尺(2438 米)的一块云团冲过去，很幸运地逃脱了。一路上，那架老 P-38 晃来荡去的就像一匹野马。那架 Me 163 跟着我飞下来想继续追击，幸运的是它一直都没办法跟上到正后方合适的射击位置。云团宽阔广袤，足以让我甩掉 Me 163，或者它的燃料见底了。

当天的法国加莱(Calais)空域 20000 英尺(6096 米)高度，美国陆航的 B-24 轰炸机组报告发现"Me 163"的踪迹。这一阶段，距离加莱最近的 Me 163 基地位于遥远的巴德茨维什安和维特蒙德港，因而几乎可以肯定美军机组成员目击的并非"彗星"。

根据战后分析：当时德军多次从加莱向英国发射 V-1 巡航导弹，而 KG 3 和 KG 53 的 He 111 轰炸机也频频从欧洲腹地出发，逼近英吉利海峡从空中发射 V-1，因而美军机组目击到的"Me 163"几乎可以肯定是 V-1 导弹。

1944 年 8 月 5 日

当天，美国陆航第八航空军执行第 519 号任务，1171 架重轰炸机在 646 架护航战斗机的掩护下空袭马格德堡-不伦瑞克-汉诺威(Magdeburg-Brunswick-Hannover)地区的化工厂以及军工厂。德国空军第一战斗机军投入四个战斗师展开帝国防空战，13:01 至 13:20 之间，I./JG 400 从布兰迪斯机场出动多架 Me 163 升空拦截。

根据美军记录，的确有多支轰炸机部队遭遇德军的火箭战斗机。例如法勒斯莱本(Fallersleben)空域，第 489 轰炸机大队的机组人员观察到天空中出现三团巨大的火球，拖曳着长长的尾凝。只见这三团火球在轰炸机洪流中上下穿梭，最后径直向上爬升，以惊人的高速消失在所有人的视野当中。对马格德堡完成空袭任务后，第 94 轰炸机大队报告发现 10 架"喷气机"，拖曳着长长的尖锐厚重尾凝。根据现存德军档案，当天的 Me 262 喷气战机部队没有升空出击的记录，因而以上目击记录只能是 JG 400 的 Me 163。

第 100 轰炸机大队的"皇室清洗(The Royal Flush)"号 B-17(美国陆航序列号 42-6087)中，无线电操作员查尔斯·内克瓦西尔(Charles Nekvasil)中士难得地在马格德堡目标区空域目睹 Me 163"彗星"对 P-51"野马"的突然袭击：

在轰炸航路起点转弯后大概两分钟，我观

察到三架 Me 163 喷出的蒸汽尾凝，它们正在我们航线九点钟的大概 35000 英尺（10668 米）高度。它们朝着我们的编队飞来，然后左转弯，攻击了处在我们编队左上方大约 3000 英尺（914 米）的三架 P-51……那些 Me 163 朝着 P-51 编队猛扑过来的时候，拖着尾凝，我能从无线电操作战位清楚地看到它们。攻击一直打到最后一刻，然后敌机大角度拉起跃升，飞向头顶上澄净的天穹。我看到这三架 P-51 都被打着了火，向下俯冲到我的视野之外。在内部通话系统中，顶部机枪手报告说那些喷气机沿着它们来袭的方向撤退了。那时候，在那个空域再也没有观察到其他护航战斗机了。

基于内克瓦西尔中士的这份目击记录，相当数量的战后出版物声称：在 1944 年 8 月 5 日的帝国防空战中，3 架 P-51 被 Me 163 击落。事实上，由于交战时间短暂，任何人的观察都有可能出现偏差，内克瓦西尔中士目睹的 P-51"向下俯冲"仅仅是非常典型的规避机动，并非代表被击落。

根据美方档案，当天第八航空军的战略轰炸任务中，有 8 架护航战斗机损失。具体如表格所示。

部队	型号	序列号	损失原因
第 479 战斗机大队	P-38	43-28472	汉堡任务，在与 Bf 109 的空战中机械故障，于 12:20 在汉堡周边的奥滕森（Ottensen）地区坠毁
第 78 战斗机大队	P-47	42-74723	不来梅空域被高射炮火击落
第 353 战斗机大队	P-47	42-26027	机械故障，在英国费利克斯托（Felixstowe）空域跳伞
第 20 战斗机大队	P-51	44-13713	罗克施泰特（Rockstedt）空域，在与 Bf 109 的空战中机械故障坠毁
第 339 战斗机大队	P-51	42-103567	福尔米尔（Fowlmere）机场起飞时，撞击 42-106934 号 P-51 坠毁，飞行员牺牲
第 339 战斗机大队	P-51	42-106934	福尔米尔机场起飞时，被 42-103567 号 P-51 撞击坠毁，飞行员跳伞逃生
第 352 战斗机大队	P-51	43-6864	汉堡西南空域，在与 Bf 109 的空战中被击落
第 352 战斗机大队	P-51	42-103312	马格德堡空域脱离编队失踪，队友称当时没有德军战斗机出现，12:30 坠落在齐萨尔（Ziesar）地区

其中，第100轰炸机大队所属的第3航空师中，护航战斗机部队只有第78和第353战斗机大队的两架P-47损失，其原因与内克瓦西尔中士的叙述完全不符。由此可以确定：在1944年8月5日的德国领空，没有一架护航战斗机被Me 163击落。

大约16000英尺（4877米）高度，就俯冲下去扫射。我螺旋转弯下降，从东南到西北方向打了一轮，想攻击机场的中央。我观察到一架Do 217停放在大概是指挥塔台的前面。我打了一个长连射，命中了那架飞机和那座塔台。沿着东西向的跑道，我同样打中了两个物体，观察到命中。

第361战斗机大队的P-51D正在飞行中。

大致与此同时的12:30，美军野马机群对阿尔诺恩（Ahlnorn）机场展开一次扫射攻击，第361战斗机大队的威廉·沙克尔福德（William Shackelford）上尉斩获颇丰：

我的僚机发生尾旋掉队了，所以我就加入了第359战斗机大队（绿鼻子）的一个三机编队。在我们返航的路上，我看到了一个巨大的机场，看起来中间停着几架双引擎飞机。当时我位于

我在接近它们的时候，观察到它们是很小的飞机，盖在棕色的伪装网下。我猜这些是喷气式飞机，因为它们机身很短，（垂直）尾翼和机翼合并在一起。它们看起来更像一种飞翼。在我拉起的时候，我观察到一股黑烟从塔台升起。我认为塔台前面的那架飞机起火燃烧了。我宣称击毁一架Do 217，击伤两架喷气式飞机。

根据沙克尔福德上尉的报告，他击伤的极

有可能是两架 Me 163，但德军档案中并无相关记录。

8 月 7 日中午，一架蚊式侦察机接近布兰迪斯附近空域。收到出击命令后，1. /JG 400 的库尔特·席贝勒下士在 12:35 驾驶"白 4"号 Me 163 B 升空拦截，结果没有取得成功，于 12:51 安全降落。

8 月 14 日，1. /JG 400 的席贝勒下士驾驶 Me 163 B-0 V48 号预生产型机（工厂编号 16310057，呼号 PK+QS）在 19:24 至 19:46 之间执行拦截任务。和先前的尝试一样，当天作战同样没有取得战果。

8 月 15 日，盟军展开"龙骑兵行动（Operation Dragoon）"，登陆法国南部。与之相对应，美国陆航第八航空军出动 395 架重型轰炸机对

盟军空袭过后的巴德茨维什安航拍照片，右下角即为茨维申纳湖。

德国境内的 10 个军用机场展开猛烈空袭。很显然，Me 163 机场是空袭的重点之一。美军第 390 轰炸机大队飞临 2. /JG 400 的芬洛机场，投下超过 1000 枚 100 磅炸弹。与此同时，超过 120 架轰炸机将巴德茨维什安机场的 2 号跑道炸得千疮百孔。轰炸过后第二天，第 16 测试特遣队不得不全体出动，消耗 23 天的时间修复跑道上的弹坑。

1944 年 8 月 16 日

当天，美国陆航第八航空军执行第 556 号任务，出动 1090 架重型轰炸机和 692 架护航战斗机空袭德国中部的炼油厂和航空设施。其中，11 个轰炸机联队的 425 架 B-17 和 6 个护航战斗机大队（48 架 P-47 和 241 架 P-51）空袭莱比锡周边的德军目标。

一开始，美军飞行员们模模糊糊地预感到当天任务不会寻常。第 305 轰炸机的一支先头部队由沃伦·埃尔默·詹克斯（Warren Elmer Jenks）中尉带领。在"巍峨泰坦（Towering Titan）"号 B-17（美国陆航序列号 43-38085）之上，飞行员唐纳德·沃尔茨（Donald Waltz）少尉是这样描述当天任务的：

那天早上，我和我的机组乘员收到命令要轰炸莱比锡西南的一个德国合成燃料厂。这是我们的第四场作战任务。鉴于莱比锡在德国领土的位置，这被认为是一场深入敌境的硬仗。我们的飞机最大程度地满载炸弹和燃油。我们中队的 12 架飞机——全部是 B-17——被分成三个四机小队。在先头小队中，我飞在中队指挥官詹克斯中尉的左翼。

十天之前，我们的轰炸机大队就得到通知，很有可能遭受到一种新型德国"喷气"战斗机——Me 163 的攻击。在 8 月 16 日早上的简报会上，我们大队的情报官再一次提起了 Me 163。他说这种飞机处在早期量产阶段，数量不会有非常多，所以我们"在这次莱比锡任务中不大可能碰上 Me 163"。我记得这场任务既漫长又辛苦。如果 1944 年秋天的德国工业有更多产出，那美国陆军航空军和英国皇家空军在欧洲上空的战斗就会越发艰难。

轰炸机洪流轰鸣着挺进德国腹地，帝国防空战打响。德国空军第一战斗机军先后出动超过 110 架螺旋桨战斗机升空拦截，很快便遇上极好的攻击机会。当时，美军第 91 轰炸机大队的 B-17 机群出现混乱，该部第 324 轰炸机中队由于引导失误逐渐脱离轰炸机洪流。结果德国空军的 IV. /JG 3 和 I. /JG 302 趁虚而入，两个大队的 Fw 190 突击机群从后方发动猛烈突袭。仅仅一个回合，在短短 40 秒钟之内，第 324 中队便有 6 架 B-17 被击落，兵力折损过半！混战中，德国空军的螺旋桨战斗机部队先后宣称击落 11 架重轰炸机和 3 架护航战斗机，但损失却极为高昂——27 架战斗机被击落、14 名飞行员阵亡或失踪、4 名飞行员负伤。

此时，轰炸机洪流大体没有受到太多影响，继续向莱比锡西南地区稳步推进。德国空军地面指挥机构判断出轰炸航线经过布兰迪斯基地周边，进入 Me 163 B 的 40 至 60 公里作战半径内，因而 I. /JG 400 在 10:45 左右出动 5 架"彗星"起飞升空拦截。

1. /JG 400 的王牌飞行员哈特穆特·赖尔少尉驾驶他的 Me 163 B（工厂编号 163100）一马当先，很快找到一个看似唾手可得的目标——第 91 轰炸机大队中，里斯·穆林斯（Reese Mullins）中尉的"贝蒂·卢的越野车（Betty Lou's Buggy）"号 B-17（美国陆航序列号 42-31579）刚刚

Me 163 座舱中的哈特穆特·赖尔少尉。

遭到 Fw 190 机群的猛烈攻击，尾部机枪手和右侧机枪手受伤，3 号和 4 号发动机被命中受损，速度变慢后逐渐落在编队后方。10:45，赖尔少尉驾驶 163100 号机扑向蹒跚独行的"贝蒂·卢的越野车"。

此时，受伤的轰炸机距离前方的目标区还有 20 分钟航程，罗伯特·卢米斯（Robert Loomis）上士进入尾部机枪塔担任后方警戒，他一眼就发现异常：一架从未见过的小型飞机，正拖着长长的喷气尾凝从后方朝向轰炸机编队极速爬升。

卢米斯上士通过机内通信系统向驾驶舱发出警报，轰炸机飞行员穆林斯中尉有机会对这个突如其来的袭击者端详了一番：

那架"喷子"看起来就像个蝙蝠一样，它的机身很小，实际上机体大部分都是机翼。这时候，它来了一个高速垂直爬升，拖出一条尾凝。在飞到我们头顶上之后，那个飞行员看起来关掉了发动机，因为我们看不到尾凝了。

实际上，在赖尔少尉朝向轰炸机编队爬升的同时，邻近空域负责护航的第 359 战斗机大队中，第 370 战斗机中队的"野马"指挥官约翰·墨菲（John Murphy）中校就注意到了它：

莱比锡东南 27000 英尺（8230 米）高度，我正在给轰炸机群护航，注意到有一道尾凝从左后方向迅速升起逼近轰炸机编队。基于它的速度，我认定这个尾凝是由喷气推进式飞机产生的。由于它的速度和高度优势，我知道自己是追不上它的。不过，我注意到右侧 25000 英尺（7620 米）高度有一架受伤的 B-17 正孤零零地向着莱比锡东北方向飞去，我就向它飞去，心想着它很有可能遭受攻击。距离那架轰炸机 500 码（457 米）左右的位置，那道喷气尾凝停止了，从这个时间点开始，我就把它保持在目视范围之内。它一路穿过了轰炸机群，向那架掉队的 B-17 俯冲，比我抢先一步。

"贝蒂·卢的越野车"之内，飞行员穆林斯

第 91 轰炸机大队的"贝蒂·卢的越野车"号 B-17。

第 359 战斗机大队的"野马"指挥官约翰·墨菲中校。

中尉要求所有人密切关注后上方的敌机,一旦对方准备发动攻击,立刻向他报告。几秒钟之内,耳机中传来卢米斯上士镇静的声音:"它来了。"

只见赖尔少尉操纵"彗星"俯冲而下,飞速从 B-17 后上方的六点钟位置逼近,他将重型轰炸机的轮廓套在自己的瞄准镜光圈之中,扣动扳机,一枚枚致命的大口径加农炮弹脱膛而出。

就在此时,穆林斯中尉猛烈推动操纵杆,压低轰炸机的机头大角度俯冲。3 秒钟之后,他和副驾驶福里斯特·德鲁里(Forrest Drewry)少尉一起齐心协力地拉动操纵杆,同时往一个方向蹬下方向舵。"贝蒂·卢的越野车"号机以一条漂亮的弧形航线爬升而起,闪过了所有加农炮弹——德国飞行员的背后突袭全部落空!

不过,赖尔少尉依然在宣称在布兰迪斯空域 6000 至 7000 米高度将一架 B-17 击出编队。他驾驶 163100 号"彗星"在 B-17 右侧一掠而过,凭借高速甩掉轰炸机上防御机枪射出的弹道。Me 163 飞出点 50 口径机枪的射程范围,在轰炸机右侧与之保持平行飞行的态势,时间长达 2 分钟。"贝蒂·卢的越野车"的腹部球形机枪塔之内,机枪手肯尼斯·布莱克本(Kenneth Blackburn)上士心急如焚,他屡屡呼叫飞行员把轰炸机向左稍微滚转,这样他就能操纵自己的双联装机枪射击敌机!

这时,第 359 战斗机大队的墨菲中校正带领僚机小西里尔·琼斯(Cyril Jones Jr.)少尉快马加鞭地赶来。身为一名战果超过 5 架敌机的"野马"王牌,墨菲中校满怀信心地把稳手中的操纵杆:

……我落后得不远,正在追上去。在它飞过那架 B-17 的时候,它看起来改平了,这时候我赶上了它,在 1000 英尺(305 米)距离开火射击,一路打过去,直到我射击越标。我有几发子弹打中了机身的左侧,我向左极速拉起,避免射击越标后冲到它前面,结果就失去了它和我的僚机的视觉接触。我的僚机琼斯少尉后来报告说那架喷气机来了个半滚机动,翻成肚皮朝上。他抓住这个机会朝着(喷气机)驾驶舱结结实实地打中了大量子弹,一心要把它干掉。琼斯跟着它俯冲下去,结果黑视了。

这时候我完成了一个向左的急跃升换向机动,看到左边有另一架喷气机飞走,而琼斯在我右边更远的位置。我开始朝着这一架俯冲,它一路向左小角度螺旋下降。我估计转上两圈就能追上它。这时候我意识到接近的速度太快了,不过我一直没有出手,直到大约 750 英尺(229 米)的距离才打出一个连续射击,看到子弹从头到尾扫过它的机身。碎片开始一块块崩落,接着是一阵巨大的爆炸,更多的碎片掉了下来。我跟随着一路穿过爆炸的烟雾的时候,我能闻到驾驶舱里奇怪的化学烟雾味道。我觉得(敌机)座舱盖后面很大的一块机身被炸飞了。我跟着它兜兜转转地飞下去,一开始想跟到它坠毁为止。这时候,我看到两英里(3 公里)开外出现了另一架喷气机,就决定留心这个。这时候我孤身一人,燃料也不够了,于是我没有攻击另外那架喷气机,直接返航了。

墨菲中校宣称击落击伤 Me 163 各 1 架,他的僚机琼斯少尉在报告中记录道:

我飞的是白色 2 号位置，白色小队指挥官呼叫一架喷气机正在攻击我们护航的轰炸机编队，要我们注意那架敌机。我们距离轰炸机编队大约两英里远，那架喷气机在编队的旁边。白色小队指挥官开始朝着一架掉队的轰炸机转弯，它看起来会成为那架喷气机的目标。在我们转弯的时候，我注意到出现了三道尾凝，和白色小队指挥官呼叫的（那架喷气机）差不多。它们准备向另一个轰炸机编队冲刺。在尾凝的顶端我看不见飞机，但我认定这些（尾凝）肯定是其他的喷气机。我没有继续盯着它们，而是集中注意力跟随我的指挥官。

我们尝试拦截的敌机在轰炸机编队中一穿而过，直飞那架掉队的飞机。它来了一个转弯，在那架轰炸机前面穿过到右边，这时候我们赶上它了。最后关头，白色小队指挥官在我前面 1000 英尺（305 米），上面 500 英尺（152 米）。我看到白色小队指挥官开火了，敌机的尾部被连连命中。白色小队指挥官（射击越标）掉头飞走，接下来轮到我了。那架喷气机来了个半滚倒转机动，我跟上了它，以 3 个瞄准镜光圈的提前量打了一个短点射，看到没有命中。我多取一点提前量，再打了一轮，敌机的整个座舱盖看起来被打爆了，这时候我辨认出这是一架 Me 163。我快速地接近它追上去。在我飞过敌机后方的时候，我被它的喷气尾流扫中了，来了一个半滚。恢复的时候，我黑视了，失去了那架 Me 163 的联系。我在 23000 英尺（7010 米）开始攻击，在 14000 英尺（4267 米）改平恢复。那个飞行员一定是被干掉了，因为子弹打进了他的座舱盖。我宣称击落一架 Me 163。我找不到我的指挥官，燃油也不够了，于是我掉头返航。

"野马"和"彗星"之间的猎杀游戏落下帷幕。"贝蒂·卢的越野车"号机的尾部机枪塔之

内，布莱克本上士一路目睹这架速度奇快无比的火箭飞机被 P-51 击中后旋转着坠落地面爆炸，一道黑色的烟柱腾空而起，飞行员没有跳伞。根据德方记录，163100 号 Me 163 B 承载着赖尔少尉于 10:52 垂直坠落在布兰迪斯东-东南（LF4 至 LF6 区块），机毁人亡，成为德国空军火箭战斗机部队的第一个作战损失。这个战果的归属已经难以考证，而两名野马飞行员作战记录中的另外一架 Me 163 也无法从德方档案中加以印证。

大致与此同时，美军第 305 轰炸机大队接连目击火箭战斗机，詹克斯中尉的座机遭到多架"彗星"从后上方的攻击。Me 163 冒着防御机枪火力从 800 码（732 米）一直逼近到 200 码（183 米），随后左转至轰炸机的十一点左下方脱离接触，双方均无命中记录。

10:56，埃尔福特（Erfurt）东北的 MC 5 区块空域 6500 米高度，JG 400 的斯特拉兹尼奇上士驾驶一架 Me 163 B 从第 305 轰炸机大队"巍峨泰坦"号 B-17 后上方 2000 英尺（610 米）高度俯冲而来，连连射击。10:57，斯特拉兹尼奇上士宣称将一架 B-17 击出编队。

"巍峨泰坦"之上，导航员保罗·戴维森（Paul Davidson）少尉难得地见证了这架火箭战斗机的覆灭：

德国上空，飞机遮天蔽日。在整个德国东南部地区，处处交火从几英里之外就能看到。在轰炸航路起点到目标之间，高射炮火打得又准又狠。我们的飞机被打穿了几个洞，其中的一个距离一台发动机只有两英寸（5 厘米）远。要被打中的话那可就要命了。早晨 10:56，一架喷气推进的 Me 163 从 6 点钟方向高空冲着我们的飞机打了一个回合。在它冲过来的时候，我

们的尾枪手霍华德·凯森(Howard Kaysen)上士(我们叫他"里德(Red)")给它一路打了一个长连射。"里德"是我们最好的机枪手,那架 Me 163 接近到 50 码(46 米)距离之内,被"里德"劈头盖脸地打了一通,然后就飞走了。拖曳着一道黑烟,那架 Me 163 开始垂直向下俯冲。

转眼之间,1. /JG 400 的这架"彗星"被"巍峨泰坦"号轰炸机的自卫机枪火力严重击伤,向左滑行至轰炸机编队的九点钟方向。机枪手凯森上士观察到自己的战利品一路坠落到 23000 英尺(7010 米)高度,随后与之失去视觉接触。根据德方档案,斯特拉兹尼奇上士在取得自己的宣称战果后负伤跳伞逃生。

轰炸机洪流继续朝向目标区涌动。11:02,

第 305 轰炸机大队再次遭受一架 Me 163 的袭击。报告称一架"彗星"从编队的左侧九点钟方向发动俯冲攻击,随后横穿轰炸机洪流从右侧两点钟位置脱离接触。片刻之后,火箭飞机从三点钟方向再度来袭。轰炸机上的机枪手在 800 码(732 米)距离开火射击,只见对方压低机头垂直向下俯冲,随后消失在一片云层当中。

从第 305 轰炸机大队的后上方,JG 400 舒伯特上士的 Me 163 从右侧直扑查尔斯·拉弗迪尔(Charles Laverdierre)少尉驾驶的 B-17G(美国陆航序列号 42-102609)。加农炮喷吐出致命的火舌。一梭子炮弹准确命中机尾的机枪塔,有机玻璃整流罩顿时分崩离析四散脱落,机枪手萨尔瓦多·佩皮通(Salvatore Pepitone)中士见势不妙,抓起降落伞包跳伞逃生。紧接着,轰炸

这架"巍峨泰坦"号 B-17 重创斯特拉兹尼奇上士的"彗星"。

齐格弗里德·舒伯特上士是战果最为突出的 Me 163 飞行员。

机内侧发动机被准确命中，襟翼严重受损，机身中部机枪手勒罗伊·马什（Leroy Marsh）中士阵亡。

舒伯特上士一击得手后，驾机快速飞越重伤的 B-17，再从前方调转机头，从低空两点钟方向展开第二次攻击。这一轮，轰炸机的腹部机枪塔被打得四分五裂，机枪手唐纳德·高（Donald Gaugh）中士无助地从高空坠落身亡。

返航的 42-102609 号轰炸机，可见尾部机枪塔严重受损。

11:02，舒伯特上士宣称在埃尔福特东北的 MC 5 区块的 7000 米高度将一架 B-17 击出编队。实际上，42-102609 号机在其余机组人员的齐心协作下，努力返回英国基地安全降落。

极为罕见的照相枪截图，齐格弗里德·舒伯特上士的 Me 163 击中 42-102609 号轰炸机尾部机枪塔的瞬间。

大致与此同时的波伦空域，美军第 359 战斗机大队的查尔斯·希普舍尔(Charles Hipsher)上尉和吉米·肖菲特(Jimmie Shoffit)少尉的编队正在执行护航任务，油量接近临界点。此时，肖菲特少尉注意到周边活跃的火箭飞机：

我飞的是希普舍尔上尉小队中的红色 2 号位置，这时，我注意到有一条巨大的蒸汽尾凝处在 27000 英尺(8230 米)高度，我们背后 15 英里(24 公里)远。拖出尾凝的那架飞机以一个殷麦曼机动直直爬升。我辨认出这是一架喷气式飞机。这时候，我们正处在回家的路上，我是唯一燃油足够转头回去(再打上一轮)的。调转机头，我对头飞向一个盒子编队的 B-17，观察到那架敌机正在轰炸机编队的右侧两英里(3 公里)远，从它们的三点钟方向接近。我转向它的航路，并从 500 码(457 米)之外开火射击。它用左翼上的一门小口径加农炮(朝我)打了一梭子。于是我拉起机头到左边，准备绕到

它后面再打上一轮，这时候它向左转了 90 度。我咬上它的尾巴，开始射击，这时候我迅速地追上了它，把所有的襟翼都放下来(减速)，竭力想保持在它背后。我看到子弹都没有命中。接下来，故机再次向左转弯，我在 300 码(274 米)距离以 60 度偏转角又打了一梭子，看到子弹命中它的右侧机翼。这时候我处在 8500 英尺(2591 米)，它打开火箭发动机，溜到低空去了。

随后，肖菲特少尉宣称击伤一架 Me 163。不过，这架"彗星"的具体信息尚待进一步挖掘。

当天的帝国防空战结束，"彗星"飞行员总共宣称将 3 架重型轰炸机击出编队，然而 JG 400 只向上级提交两架战果，结果由于缺乏证据全部无法通过德国空军的审核。实际上，当天第八航空军在德国境内的战略轰炸任务中损失 23 架重轰炸机，其原因全部与"彗星"无关。具体如下表所示：

部队	型号	序列号	损失原因
第 91 轰炸机大队	B-17	42-39996	哈雷(Halle)任务，10:05 被战斗机击落在哥廷根以南约 10 公里地区
第 91 轰炸机大队	B-17	43-38012	哈雷任务，10:15 被战斗机击落在维岑豪森(Witzenhausen)以西约 2 公里地区
第 91 轰炸机大队	B-17	43-38000	哈雷任务，10:20 被战斗机击落在埃施韦格(Eschwege)东北约 10 公里地区
第 91 轰炸机大队	B-17	42-31673	哈雷任务，10:00 被约 25 架战斗机击落在哥廷根西南约 10 公里地区
第 91 轰炸机大队	B-17	42-31634	哈雷任务，10:00 被战斗机击落在哥廷根以南约 15 公里地区
第 91 轰炸机大队	B-17	44-6126	哈雷任务，10:20 被战斗机击落在哥廷根西南约 25 公里地区

部队	型号	序列号	损失原因
第 95 轰炸机大队	B-17	42-97797	蔡茨(Zeitz)任务，被高射炮火击毁3号发动机和右侧大部分机翼，失控翻转撞中 43-37879 号 B-24 的垂直尾翼，随后于 11:35 在蔡茨东北约6公里地区解体坠毁
第 95 轰炸机大队	B-17	43-37879	蔡茨任务，被负伤的 42-97797 号 B-24 撞击垂直尾翼，随后起火坠落，最后于 11:35 在蔡茨东北约6公里地区解体坠毁
第 95 轰炸机大队	B-17	42-31589	蔡茨任务，被高射炮火直接命中，11:43 坠毁在开姆尼茨(Chemnitz)西北约40公里地区
第 95 轰炸机大队	B-17	42-31514	蔡茨任务，目标区被高射炮火击伤后机组乘员弃机跳伞，轰炸机于 11:35 坠毁在蔡茨以西约25公里地区
第 305 轰炸机大队	B-17	44-6304	波伦任务，10:23 被高射炮火打断右侧机翼，坠毁在魏玛(Weimar)东南15公里地区
第 306 轰炸机大队	B-17	43-37693	波伦任务，在目标区空域被高射炮火击伤，机组乘员弃机跳伞。轰炸机于 11:30 坠毁在莱比锡附近的奥伯马尔比茨(Obermalbitz)地区
第 306 轰炸机大队	B-17	42-97365	波伦任务，由于在哈茨山麓奥斯特罗德(Osterode am Harz)被击伤，机组乘员弃机逃生。无人驾驶的轰炸机在波伦以西约30公里地区以机腹迫降
第 351 轰炸机大队	B-17	42-31702	莱比锡任务，投弹航路中被高射炮火击伤掉队。机组乘员跳伞逃生，轰炸机于 11:30 在莱比锡以西约20公里的布格韦本(Burgwerben)地区坠毁
第 388 轰炸机大队	B-17	44-6123	蔡茨任务，与 42-97328 号 B-24 发生碰撞，垂直尾翼脱落，陷入尾旋后坠毁在上舍瑙(Oberschönau)
第 390 轰炸机大队	B-17	42-29962	蔡茨任务，在投弹航路被高射炮火击中起火，机组乘员弃机跳伞后，轰炸机于 11:40 在蔡茨以西约18公里地区坠毁
第 389 轰炸机大队	B-24	42-109795	德绍任务，在目标区空域被高射炮火击伤，转向瑞士避难途中于 12:15 被高射炮火击落在奥尔登堡(Oldenburg)东北约10公里地区
第 445 轰炸机大队	B-24	42-51098	德绍任务，在目标区空域被高射炮火击伤，撞击 52-52447 号 B-24 后坠毁在德绍西南约6公里地区

部队	型号	序列号	损失原因
第 445 轰炸机大队	B-24	42-52447	德绍任务，在目标区空域被负伤的 42-51098 号 B-24 撞击后坠毁在德绍西南约 6 公里地区
第 448 轰炸机大队	B-24	42-50459	马格德堡任务，投弹航路中被高射炮火击中弹舱爆炸，坠毁在马格德堡西南约 10 公里地区
第 453 轰炸机大队	B-24	42-110138	马格德堡任务，11:15 被战斗机击落在哈茨山以北的斯塔佩尔堡(Stapelburg)地区
第 467 轰炸机大队	B-24	42-50481	马格德堡任务，11:08 被高射炮火击中，机身断为两截坠落在布尔格西南约 10 公里地区
第 489 轰炸机大队	B-24	42-94914	马格德堡任务，11:06 在目标区空域被上方编队投下的炸弹命中坠毁

与实际战果相反，JG 400 有两架"彗星"在空战中被击落，飞行员一死一伤，这次编队出击堪称得不偿失。

战斗过后，美军飞行员纷纷对德国空军的这款最新型战机发表自己的意见，例如第 359 战斗机大队的墨菲中校表示："……另一件值得注意的事情是它们的速度变化范围相当大，但这一点只有你在快速赶上它们的时候才会发现。给我留下深刻印象的是，由于机翼的尺寸(过大)，它们下方和侧面的视野受到严重遮挡。"而队友琼斯少尉的观点则稍有不同："战斗中 Me 163 启动火箭发动机的时候，P-51 是追不上它的，不过，如果火箭关机或者燃料耗尽，它看起来就比 P-51 慢了。在火箭关机的时候，很难判断这架飞机的速度，看起来改变得非常迅速。在我开火之前，一直没有机会跟随 Me 163 做机动，也没有办法预估它的动作。它爬升的时候角度几乎垂直，速度比传统飞机水平飞行的时候还要快。火箭开机的时候就是这样的。它开机的时候加速非常快，关机后的短时间里滑翔速度也很快。"

综合各方面意见，英美盟军迅速整理发布了一份 Me 163 的性能评估报告：

1944 年 8 月 16 日，美国陆军航空军的 B-17 轰炸机编队和它们的护航战斗机在德国领空遭遇若干 Me 163。美国飞行员和(轰炸机)机组乘员的遇敌报告为这种敌机的战术提供了相当有价值的信息。要点以及 Me 163 的最新技术情报如下所示。

爬升

最早目击的 Me 163 以一个非同寻常的速度接近垂直地爬升。估测有一架的爬升角度为 50 度，爬升率为 5000 英尺(1524 米)/分钟，速度为 250 英里/小时(402 英里/小时)。目击到长条的白色"尾凝"，最早发现是在(敌机)27000 英尺(8230 米)高度，随后在 32000 英尺(9754 米)消失，敌机飞行员看似关闭推进系统准备发动攻击。在一次接触中，敌机攻击过后使用两次短促喷射动力爬升脱离。

战术

只有单机攻击的报告。有一次攻击从 B-17

编队 12 点钟方向的 2000 英尺（610 米）上方展开；敌机穿越编队至下方，再从 5 点钟方向以动力爬升脱离接触。另一次攻击从上方 1500 英尺（457 米）发动，敌机向（轰炸机编队）尾部以大半径转弯滑翔接近。所有报告的攻击几乎都是从上方开始的，在正前方或者正后方展开，只有一名 B-17 机组乘员报告过一次攻击从水平 9 点钟方向开始。

盟军情报部门发布的第一张 Me 163 识别图像，可以说较为准确。

一架 B-17（在遭受攻击时）采用侧滑机动进行规避，其尾枪手报告说敌机同样也在侧滑，不过那名飞行员没有办法（在这种态势下）控制好他的机炮。

速度

轰炸机编队的多名机枪手报告敌机速度过快，以至于无法使用机枪塔或者人操机枪进行锁定。（敌机的）速度超过护航战斗机在 25000 英尺（7620 米）俯冲的 400 英里/小时（644 公里/小时）表速，即 595 英里/小时（957 公里/小时）地速。不过有一个报告称敌机水平直线飞行时，速度大约可以慢到 150 英里/小时（241 公里/小时）。有一次，一架 Me 163 在轰炸机编队旁侧以同样的速度飞行。一名战斗机飞行员声称他可以轻易切入 Me 163 的转弯内圈。

外观

Me 163 的识别特征和 AI2（g）号绘图非常相似。目击者最主要的印象是一架"飞翼"。根据报告，敌机的涂装颜色多样，包括淡蓝色、亚光黑色到棕黑色。机翼的上方喷涂有铁十字标记。

武器

轰炸机的机组乘员报告（敌机）在机头或者附近的位置发射 20 毫米高爆炮弹。

防御

一架 Me 163 的左后方机身被命中后，引发的爆炸掀开了机身侧面；另一架 Me 163 的驾驶舱顶端被命中多发子弹以后，其飞行员据信已经当场死亡。在 300 至 400 码（274 至 366 米）距离击发的子弹命中第三架敌机的右侧机翼，但没有观察到明显效果。这架 Me 163 随后动力俯冲脱离接触。

8 月 18 日，美国陆航第八航空军对法国、比利时、荷兰等低地国家发动猛烈空袭，其中，第 1 轰炸机师的目标包括荷兰境内的埃因霍温（Eindhoven）和马斯特里赫特（Maastricht），处在芬洛机场的 Me 163 作战半径之内。由此，2. / JG 400 执行该部成军以来第一次作战任务，京特·安德烈亚斯少尉、海因茨·舒伯特少尉、雅各布·博伦拉特军士长、弗里茨·基尔伯军士长、恩斯特·舍尔珀下士升空拦截，但 5 架

Me 163 均没有取得任何战果。

1944 年 8 月 19 日，"彗星"部队的早期架构

8 月 19 日，在战斗机部队总监阿道夫·加兰德中将的一份备忘录中，首次提起"彗星战斗机(Kometenjäger)"，这是目前已知 Me 163 的这个昵称最早在官方文件中的记录。备忘录中，同样提及奥尔堡(Aalborg)地区的一个"彗星军校(Kometen-Waffenschule)"。

当天，战斗机部队总监发布的另一份备忘录勾勒出当时德国空军第一支"彗星"大队——I. /JG 400 的整体状况：

I. /JG 400 大队部。组建阶段，人员已经到位，基地选为布兰迪斯。

1 中队。基地位于布兰迪斯，编制完整，所有人员就位，已经完成作战部署。持有 15 架飞机的兵力，其中 9 架在 7 月交付。

2 中队。基地位于芬洛，编制完整，所有人员就位。已经分配 8 架 Me 163。

3 中队。基地位于斯塔加德(Stargard)。处在组建阶段，受训过的人员就位，没有分配飞机。计划将从 9 月开始获得产自奥格斯堡工厂的飞机。

4 中队。正在申请组建，人员就位，正处在训练阶段。

5 中队和 6 中队。技术人员就位，正处在训练阶段，预计 1944 年 10 月 1 日结束。

辅助中队。组建完毕，所有人员就位。将根据飞行训练总监制订的计划展开训练，即每个月完成 35 名学员的培训。无法或者无意完成训练的学员将被遣返原部队。

牵引中队。正在申请组建。基地选为科莱达(Kölleda)，即 Bf 110 改装为牵引机的地点。

根据军方的计划，3 中队和 4 中队将在未来成为二大队的骨干力量。

1944 年 8 月 20 日

当天，I. /JG 400 拥有 14 架 Me 163 的兵力，其中 5 架可以升空作战。根据 1 中队博特少尉的记录，当天他和队友罗斯尔中尉对 3 到 4 架 P-38 "闪电"展开拦截任务。不过，罗斯尔中尉本人表明他当时拦截的是蚊式：

这是一个美丽的夏日夜晚，日落前半个小时左右。博特少尉和我在我们的飞机里做好紧急升空的准备，都觉得到了晚上不会有什么任务要飞。忽然间，我们从耳机里收到一条消息，说一架敌军侦察机正在以 8000 至 9000 米的高度接近。我们马上来劲了。几秒钟之后，我们就看到了头顶上的尾凝。我们两个人都没有在意起飞过程中可能会遭遇到的危险。紧急升空的指令下达了。

我马上启动涡轮启动的燃料泵，等着燃料压力上升，然后再把节流阀推到全推力。起飞滑跑距离 1500 米，飞机以 350 公里/小时的速度起飞升空。我的眼睛盯着那条尾凝，一手把滑车扔下去。然后，我把 Me 163 拉到 60~70 度的爬升角，以每秒钟 100 至 150 米的速度冲向目标。若干秒钟之后，我就来到了 8000 米高度，在那里我改平了，看到前方有一架蚊式。我按下上膛按钮，能够清楚地看到瞄准镜里的蚊式。我距离它只有 3 公里远了，这时候，我的飞机猛然直直上仰，操纵杆从我的手里甩了出来。我瞥了一眼空速计，看到当时速度有 1050 公里/小时！过了一会儿，飞机的机头向下压，开

弗朗茨·罗斯尔中尉。

始俯冲，我才能重新恢复控制。

很快，我意识到由于过于激动，我忘记收回了节流阀。后来我发现博特少尉也犯了这样的错。我们两个人都飞过了 1000 公里/小时，在接近音速的时候体验到了压缩效应……

在落日余晖的映照下，两名飞行员心有不甘地驾机返回布兰迪斯机场，等待下一次升空机会的到来。

1944 年 8 月 23 日

在 16 测试特遣队方面，8 月 15 日巴德茨维什安机场的空袭过后，该部投入对机场跑道的紧张修复工作中。按照计划，该部将在 9 月 4 日重新执行训练测试任务。实际上，到 8 月 23 日，"彗星"已经在风向不利的条件下从该机场 1000 米的跑道上起飞。

然而，浩劫过后的第一天飞行却以事故告终。当时，莱茵哈德·卢卡斯（Reinhard Lukas）上士驾驶 Me 163 B-0 V28 预生产型机（工厂编号 16310037，机身号 C1+01）滑跑升空。根据目击者的回忆，卢卡斯上士启动节流阀的速度过快，不过 V28 号机依然顺利起飞，并抛下滑车。飞离跑道 1 公里之外时，飞机爬升至 50 米高度，火箭发动机猛然间熄火。卢卡斯上士试图左转降落回原先的跑道上，但是高度不够，以至于 V28 号机落地后横越南北走向的跑道。只见高

速滑行过程中，飞机的滑橇陷入一个炸弹坑，当场解体，飞机顺着弹坑的坡度被高高弹起，随后重新落在另一个弹坑中。飞机的左侧机翼和 C 燃料的储箱粉碎，强腐蚀性的燃料喷洒而出。卢卡斯上士试图爬出驾驶舱逃生，但

莱茵哈德·卢卡斯上士。

被座舱盖死死压住。转眼之间，大火喷涌而起，将 V28 号机和卢卡斯上士彻底吞没。

悲剧过后，V28 号机的残骸被运送至法斯贝格（Fassberg）的第二航空学校（Fliegertechnische Schule II）作为教材使用。

1944 年 8 月 24 日

当天中午时分，美国陆航第八航空军执行第 568 号任务，出动 1319 架重轰炸机和 739 架护航战斗机突入德国境内。其中，有 195 架B-17 的目标区位于莱比锡以及附近的梅泽堡地区，处在布兰迪斯基地的"彗星"作战半径之内。

11:55，I. /JG 400 收到出击命令，先后有 8 架 Me 163 紧急升空。美军编队中，第 381、457、305 和 92 轰炸机大队的机组乘员最早发现这些风驰电掣的小型飞机直冲云霄，一时间方寸大乱。第 305 轰炸机大队中，"零备件（Spare Parts）"号 B-17 的飞行员小尤金·阿诺德（Eugene Arnold Jr.）少尉回忆道：

我们在德国的腹地飞行，这时候我们看到一架很小的敌军战斗机在我们的左侧方位拉起

来，和我们的编队一起飞行。我们的工程师托尼·兰扎诺(Tony Lanzano)在内部通话频道中嚷了起来："嘿，阿诺德，一架没有螺旋桨的飞机在我们的左边！"果真如此，看起来没有什么设备拉动它在空气中飞行。德国飞行员和我对视了一会儿，我们的距离只有大约 65 英尺 (20 米)。我猜他可能是在观察我们的编队，这样德国人可以更有效地运用他们的战斗机来攻击我们。

我告诉机枪手们向他射击——在这样的距离，我们每一个伙计都不会打偏。结果，他一看到我们的机枪塔动了起来，马上右翼一翘，用那装甲厚实的机腹对着我们，再以我们任何一个人都从没有见过的高速度飞走了。

实际上，JG 400 的这批零星战机没有和对手进行太多近距离接触，而是持续保持爬升直到超出轰炸机洪流的 9000 米左右高度后关闭火箭发动机，依靠惯性继续高空飞行。

在 11000 米高空，舒伯特上士的双机分队从无动力爬升中改平，舒伯特上士环视四周，发现地面塔台的引导出现偏差，轰炸机编队已经从视野中消失得无影无踪。舒伯特上士只得压低机头俯冲，寻找轰炸机编队的踪迹。在 6000 米左右高度，他终于发现第 92 轰炸机大队的低空编队处在自己头顶上 500 米左右。没有更多迟疑，德国飞行员重新启动火箭发动机迅速爬升，准备发动攻击。

12:08 左右，第 92 轰炸机大队正在进入轰炸航路起点，有机组乘员发现这两架逼近的火箭战斗机，在无线电频道中发出了警告。但是已经来不及了，驾机高速爬升的舒伯特上士从左后方瞄准美军低空编队中乔治·科勒(George Koehler)少尉驾驶的领队 B-17(美国陆航序列号 44-8022)猛烈开火。大口径加农炮弹接连击中 44-8022 号机的左侧机翼，随后"彗星"一闪而过，从轰炸机左侧呼啸着直冲高空。舒伯特上士宣称击落对方，实际上负伤的轰炸机逐渐滑出编队，由科勒少尉驾驶在欧洲机场紧急迫降。

舒伯特上士稍事平定心情，继续搜寻下一个目标。此时，他在莱比锡西南空域发现了一队没有护航的"空中堡垒"——美军第 457 轰炸机大队刚刚抵达轰炸航路起点，即将在魏玛上空投下炸弹。在过去的几分钟时间里，该单位一直没有遭遇德国空军的战斗机，保持着紧密整齐的队形。

12:12，舒伯特上士驾驶 Me 163 从"空中堡垒"机群的正面 12 点钟方向高空俯冲而下，对准领航编队中温弗雷德·皮尤(Winfred Pugh)少尉驾驶的 B-17(美国陆航序列号 42-97571)扣动

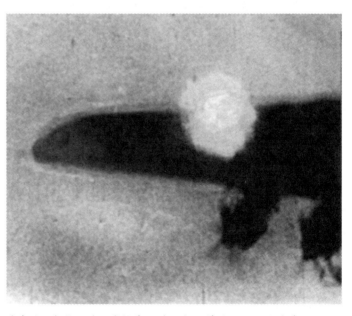

珍贵的照相枪照片，齐格弗里德·舒伯特上士从下方击中 44-8022 号 B-17。

扳机。只见轰炸机被大口径加农炮弹接连命中，"彗星"以电光石火的速度一闪而过，俯冲至轰炸机编队的下方。紧接着，舒伯特上士拉起机头掉转方向，从 42-97571 号机的后方发动第二轮攻击。此时，交战双方的相对速度较低，德国飞行员得以获得较为宽裕的射击窗口，准确开火接连命中轰炸机的右翼位置，继而紧贴着目标呼啸而去。25000 英尺（7620 米）高空，B-17 的 4 号发动机燃起大火，慢慢滑出编队并陷入尾旋。皮尤少尉竭力拉起机头，但轰炸机紧接着陷入又一个尾旋，最终在 10000 至 12000 英尺（3048 至 3658 米）高度爆炸解体。

收获两个宣称战果之后，舒伯特上士驾机向布兰迪斯机场降落。300 米高度，他极其兴奋

左右晃动"彗星"的机翼，向地面上的战友宣告自己的空战胜利。不过，此时的莱比锡空域，队友博特少尉的作战并不顺利：

1944 年 8 月 24 日这天，我们有 8 架 Me 163 和 7 名飞行员就位。我的第一场战斗本来是在几天前进行的，不过那时候第一次经历了发动机熄火（导致任务终止）。我爬升到高空，忽然之间发现左下方 9000 米高度有一队 B-17。我转弯，保持无动力——我已经在改平时关掉了发动机——俯冲下去，一心想要咬住轰炸机的后方。然而，在我结束俯冲之后，却再也找不到它们了。我简直气炸了，只能驾机降落。着陆后，我看到了第 7 架飞机，让我的司机把我捎

珍贵的照相枪照片，齐格弗里德·舒伯特上士击中 42-97571 号 B-17 的 4 号发动机。

过去。我认出了这是之前驾驶过的一架，因为它是唯一配备有两门 MG 151 机炮的飞机。我几乎耗尽了整条跑道的长度才起飞升空，燃烧室的空气压力太低了，只有 22 个大气压。我驾机飞过莱比锡上空，还在爬升的时候就看到了一队轰炸机，就对着编队左侧的一架飞机开火。就在开始射击的时候，一门 MG 151 卡壳了，不过另外一门继续开火，我看到了炮弹命中那架 B-17。靠着最后一点燃料，我爬升到 9000 米，然后高速俯冲降落。

对照盟军记录，博特少尉的目标是第 305 轰炸机中队由保罗·达布尼（Paul Dabney）少尉

驾驶的 B-17（美国陆航序列号 43-38146），该机在莱比锡空域被击伤后，机组乘员跳伞，随后轰炸机于 12:30 坠毁在梅泽堡目标区南-东南 12 英里（19 公里）的霍恩默尔森（Hohenmölsen）地区。

汉斯·博特少尉。

同属第 305 轰炸机大队，赫伯特·冯·滕格伦（Herbert Von Tungeln）少校指挥的 B-17（美国陆航序列号

第 305 轰炸机大队的这架 42-97991 被 JG 400 的 Me 163 击落。

42-97991)被高射炮火命中，速度降低，落在队伍后方。接下来，该机遭受一架突如其来的"喷气机"攻击，机翼油箱被大口径机炮接连命中，熊熊大火喷涌而出。在轰炸航路的最后阶段，滕格伦少校命令弃机跳伞。投弹手小奥布里·莫尔顿(Aubrey Moulton Jr.)上尉坚持到目标正上方，按下投弹按钮之后方才跟随队友跳伞逃生。最后，42-97991 号机拖曳着浓烟坠落在莱比锡以西。很显然，该机被 JG 400 的 Me 163 所击落，但具体飞行员姓名已经无法考证。

大致与此同时，美军第 92 轰炸机大队遭到另一对 Me 163 的突袭，机组成员们报告敌机从 12 点钟方向高速杀来，一路攻击到 80 码(73米)距离以内。Me 163 对头飞过之后紧接着一个筋斗，在半分钟时间内从轰炸机编队尾部方向打出第二个回合。此时，劳埃德·亨利(Lloyd Henry)中尉的"自由奔跑之二(LIBERTY RUN II)"号 B-17(美国陆航序列号 43-37697)正处在 25000 英尺(7620 米)高度，轰炸机后下方 7 点钟方向，一架 Me 163 拖曳着耀眼的尾焰呼啸而来。"自由奔跑之二"号的尾部机枪塔之中，沃尔特·马克西穆赫(Walter Maximuch)上士屏住呼吸，待对方接近到 500 码(457 米)距离之后打出一个精准的连射。点 50 口径机枪子弹命中火箭战斗机的垂尾，"彗星"机头一沉，垂直向下坠落。根据历史研究者战后整理的记录，当天 JG 400 的确有一架 Me 163 战损，飞行员阵亡，但其姓名不详。此外，鲁道夫·齐默尔曼下士在升空后被迫中止任务，在驾机降落时发生事故，飞机全毁。

下午时分，汉斯·博特少尉继续升空作战，他在战后回忆道：

我是那天的值勤军官，在下午我收到了报告，说一架敌机正在 9000 米高度向西飞行。我驾驶一架重新加注燃料的 Me 163，跟随着地面塔台的指引，使用我的"太阳罗盘"开始当天的第三次任务。我发现了"敌机"，识别出那是一架 Fw 190。我用最后一点燃料在它边上 50 米距离飞行，晃了晃我的翅膀，但是那个飞行员根本没有注意到我。降落后，奥莱尼克把我训了一顿："你应该把它打下来。"我实在没办法想象如果我真的击落了它会是什么样的情形，因为两天之后我们才发现那架飞机是一个德国飞行员开的，无线电失灵了。

当天的帝国防空战结束后，博特少尉上报一个将 B-17 击离编队的战果，高射炮部队随后印证了他的击落战果，博特少尉由此获得一枚 EK II 的嘉奖。JG 400 提交 OKL 的报告表示：

1944 年 8 月 24 日，八架 Me 163 起飞执行拦截敌军轰炸机编队的任务。升空阵容包括三个双机分队和两架单机。三架飞机与敌机发生交战，三架飞机击伤敌机，两架飞机未发现敌机。第一个双机分队仅在降落之前方才与敌机发生视觉接触。

第二个双机分队爬升到 10000 至 11000 米，随后关闭发动机，两架飞机共同滑翔至 6000 米方才发现在 6500 米飞行的敌军轰炸机编队。分队长机舒伯特上士立刻启动他的发动机，攻击轰炸机编队长机，命中其左侧机翼。在第二次攻击对另一架四引擎敌机的攻击中，命中右侧机翼。这架轰炸机燃烧着俯冲坠落，右侧机翼向下沉，随后陷入尾旋。胜利！

该分队第二架 Me 262 的发动机在重启发动机后几秒钟关机，再次启动的尝试失败。燃料供应耗尽后该编组散开。

第三个双机分队在 3000 米高度发现敌机。第一次攻击从正面展开，但燃料蒸汽泄漏进入座舱，视野被阻碍。尝试从上方攻击编队时，燃料耗尽，因而无法进行有效的射击。

接下来起飞的单机运气欠佳，在 3000 米高度放弃任务。

最后起飞的单机一开始便发现敌机，并在 7000 米高度与之发生交战。飞行员博特少尉使用低推力执行两次攻击，击中左翼位置。攻击过后，他的发动机熄火，在没有推力的条件下展开第三次攻击。没有再观测到命中，目击 3 名机组乘员跳伞。

至此，一中队依靠 Me 163 累计取得最初 5 个战果。此战证明 Me 163 不仅可以拦截并摧毁单架飞机，也可如先前设想的一样可以有效地攻击轰炸机编队。1944 年 8 月 16 日起飞的 5 架飞机取得 2 个战果。1944 年 8 月 24 日起飞的 8 架飞机取得 3 个战果。一个架次出击取得 2 个战果是完全能够实现的。

作战飞行显示，高空飞行中经常由于燃料供应中断导致发动机关机，这可能是从爬升转向平飞时所承受的负加速度所致。马上重新启动的尝试获得成功。必须为发动机涡轮泵的运作留出时间。这一点再次表明测试新型燃料箱设备的迫切性。

1944 年 8 月 27 日

当天，英国皇家空军执行三年以来第一次德国境内的大规模昼间空袭任务，出动 243 架重型轰炸机空袭米尔贝克（Meerbeck）的化工厂。任务途中，轰炸机群先后得到 16 个"喷火"中队的护航支持。其中，第 303 中队的指挥官是来自新西兰、手持 15 个宣称战果的约翰·切克茨（John Checketts）中校，他驾驶的喷火战斗机处在"哈利法克斯（Halifax）"轰炸机领队编组左上方大约 300 米。

13:58，在杜塞尔多夫（Düsseldorf）西北 45 公里左右的盖尔登（Geldern）空域，切克茨中校发现下方出现一架速度极快的小型飞机：

我第一眼看到那架 Me 163 喷气机处在轰炸机下方 4 点钟大约 17000 英尺（5182 米）的位置，距离我大约 2 英里（3 公里）远。轰炸机群的高度是 22000 英尺（6706 米），敌机朝着它们以非常陡峭的角度和不可思议的速度爬升，开着它的喷气发动机，留下一条大约四分之一到二分之一英里（400 至 800 米）长的白色尾凝。它看起来要穿越轰炸机群，飞快地冲到我们头顶上。我们在轰炸机编队的左边，前面大约 23000 英尺（7010 米）高度的位置，然后 Me 163 从我们的八点钟位置向 303 中队发动一次攻击。那架飞机向我进攻，我的中队向右散开规避，还带着 90 加仑副油箱。敌机接近到距离我 100 码（91 米）左右的位置，以 90 度偏转角射击。"喷火"很轻松地就在转弯对决中胜过了 Me 163，两架 303 中队的飞机咬上了它的尾巴，从 600 码（549 米）距离打到 300 码（274 米），不过没有取得明显的命中。随后它就垂直俯冲下去，断断续续地喷气出来，这是我们最后一次看到它。

从前面看，Me 163 的机身和"雷电"很像，在侧面看就矮胖得多了，它的机头比现阶段的情报显示圆钝得多。一副机翼大角度后掠，翼展和喷火相似，机炮安装在翼根接近机身的位置。我看不到一共有多少机炮。敌机有一个高高的垂直尾翼和方向舵，没有水平尾翼，也没有采用德国空军常用的涂装。我们的巡航速度是 210 英里/小时（338 公里/小时）的表速，Me 163 接近的速度非常快，我估计它接近时的相对速度有 310 英里/小时（499 公里/小时）表速。

英国战斗机飞行员珍贵的照相枪照片，一架 Me 163 正在对喷火式战斗机发动进攻。

根据现有资料推断，这架 Me 163 极有可能属于芬洛机场的 2. /JG 400。

1944 年 9 月

9 月 2 日，2. /JG 400 指挥官博纳上尉收到驻地芬洛机场的机场指挥官的一份通知：由于盟军地面部队正在逼近，该机场将在第二天被彻底摧毁。由于 Me 163 航程有限，无法直飞后方机场。博纳上尉决定将飞机经由陆路转移到韦瑟尔(Wesel)。2 中队的地勤人员首先将机翼从 Me 163 的机身上拆下，再将剩余部分拆解包装完毕。到当天夜间，2. /JG 400 准备完毕，开始转场。天亮之后，芬洛机场遭到盟军炮兵的猛烈轰击，可以说 2. /JG 400 行动迅速躲过一劫。

这次转场中，Me 163 的机身安置在可抛弃滑车之上，由牵引车拖曳前行，一切正如起飞滑跑时一样。随行的燃料车则临时安装上各种挂架，用以承载该部的其他设备。该部的转场之旅花费了足足 3 天时间，入夜时分则在树林中宿营。抵达韦瑟尔后，为避免盟军的空袭，2. /JG 400 继续藏匿在树林当中，随后得到格洛布上校的命令：转往布兰迪斯与 1 中队会合。

为此，安德烈亚斯少尉受命协助该部的转场任务。他抵达布兰迪斯机场后，2. /JG 400 的一名二等兵向他报告：该部有两车皮的军用设备已经运抵机场之外，等待卸货。两天之后，博纳上尉和其他 2 中队成员抵达布兰迪斯。

汉斯·霍弗(Hans Hoever)上士对此回忆道：

1944 年 8 月，我从第 211 航空情报团(LN-Regiment 211)调配到奥托·博纳上尉的 2. /JG 400。那时候，中队基地在芬洛。我的直属连指挥官多塞尔(Dorsel)上尉和我受命在芬洛机场塔台的旁边建立一个战斗机的任务指挥所，和我们过去几年时间里在芬洛给 NJG 1 的夜间战斗机群干的活一样。这是我第一次接触到这种新型飞机和它们的飞行员，接下来我和博纳上尉建立起良好的工作交流，不过，我作为一名信号官，可能对他来说基本上是一个外人。我还和弗里茨·基尔伯混得很熟，他一点不在意我是一名上士而他是一名少尉。挨了几轮空袭之后，我们收到了转场到布兰迪斯机场的命令。

根据博纳上尉的指示，我们借这个机会把NJG 1 的所有军需物资"重新分配"到布兰迪斯，它们早就被遗弃了，堆在铁路仓库里。当我们打开两车皮物资的时候，发现能用的东西不多。我们找到的大量酒类得到了很好的利用，不用说，我们开了很多次酒会……

在布兰迪斯机场，多塞尔少尉和我建起了一个雷达站，就建立在机场到城镇那条路的左右两边。如果我没有记错的话，为 Me 163 准备的雷达安装在跑道西端尽头以北 1 公里的位置。空闲的时候，我就看着 Me 163 升空、飞行、降落。我还逐渐认识了其他人——和我一样都是出生在莱茵兰（Rheinland）的艾森曼下士、罗利军士长、博伦拉特军士长，以及来自汉诺威的舍尔珀军士长。

颇具讽刺意味的是，在 2. /JG 400 这次大撤退整整半年之后，也就是 1945 年 3 月 1 日，美军部队方才开进芬洛机场，发现机库的废墟下埋藏着多架 Me 163。

9 月 4 日，OKL 命令组建 JG 400 的 4 中队。该部将配备 12 架 Me 163 B、4 架 Me 110 G 牵引机以及相应的机组乘员。

9 月 8 日，在"彗星"部队的强烈呼吁下，德国空军高层做出决定：经验丰富的施佩特上尉结束 IV. /JG 54 的任务，担任 I. /JG 400 的大队长。不过，此时的他仍深陷前线的恶战之中，无法立刻到任。在这一天，战斗机部队总监加兰德少将宣布 Me 163 已经完成作战准备：

……第一个任务中队已经确认击落 3 架四引擎轰炸机，另有 2 架可能击落的战果，这证明了该战机以及为其规划的战术的实用性。

为提高部队作战效能，将采取措施将每（中队）单位的飞机和飞行员数量提高到 20。

至今为止，该型号已经准备就绪，但受到机体和发动机零备件缺乏的影响。该型号现在已经可以宣布完成作战准备。

建议将该型号以当前形态作为战斗机部队的一款新增武器加以部署，并按照计划尽快将该型号替换为 Me 163 C。

9 月 9 日的这一天颇不寻常，莱茵哈德·奥皮茨（Reinhard Opitz）少尉回忆道：

（过去的一段时间里）著名的乌法（Ufa）电影厂导演的儿子里特尔（Ritter）教授和一位在电影宣传片公司工作的中尉签下了一份合同，要拍摄 Me 163 的影片。我开着一架 Bf 110，先后带着里特尔和他的两名摄影师升空。为了让摄影师有足够的空间来操作摄像机，之前占据飞机驾驶舱后部的两挺机关枪被拆除了。有很多次，那架 Bf 110 的后座搭载着摄像师，再拖曳着 Me 163 飞到几千米高。当挂钩松脱之后，我会俯冲到 2000 米高度，Me 163 朝着我们的飞机来一次模拟攻击，这样就可以把它拍下来。为完成影片，我们试过飞越、失速、向左和向右螺旋爬升等动作，胶卷的预览显示拍摄结果能够满足影片的要求。

不过，需要说明的是，"快速"升空的镜头还没有。在（9 月 9 日）这一天，我们准备拍摄这样的一组镜头——天空中的云量满足了拍摄的需求，里特尔把他的摄影师安排在跑道的起点、中间和终点的位置。这时候，我刚刚开着 Bf 110 完成一系列的拖曳任务，抛掉了牵引的飞机正准备在草皮跑道上降落，看到了前面的混凝土跑道上有一架 Me 163 在准备起飞。Bf 110 降落的时候，我看见那架 Me 163 滑跑到跑道的末端，看见它爬升的角度异乎寻常得陡峭。烟雾从机身下冒出来，意味着这架飞机出了问题，看起来，飞机刚刚升空，发动机就停车了。在 100 至 150 米高度，飞机失速了。就在这一瞬间，座舱盖被弹开了，飞行员跳出了飞机。我没有

弗里茨·基尔伯少尉是唯一在 Me 163 和 Me 262 上都取得宣称击落战果的德国空军飞行员。

罗尔夫·格洛格纳下士在 1944 年 9 月 9 日这一天躲过一劫。

看到降落伞有没有打开，因为 Me 163 在这个方向坠毁到地面上爆炸，一团烟雾升了起来（遮挡住视线）。那个飞行员是基尔伯，他想办法落到机场东北角的一个沙坑里，那深度刚刚好让降落伞展开，延缓了下落。

里特尔和他的人把这个过程从头到尾拍了下来，大笑不止。几天以后，我们在机场的食堂里看到了这段影像。直到今天，那个下午发生的一切依然历历在目……

罗尔夫·格洛格纳下士对这一次事故也记忆犹新：

在完成对两架 Me 163 B 的维护之后，胡塞尔军士长和我打算各开一架进行测试。（在我们前面）基尔伯第一个起飞，但他的发动机在 80 米高度停车了。他爬升，向左转弯之后弃机跳伞了。这一幕被里特尔拍了下来。博纳问我们是不是还想继续飞，我们很自然地说是。我们启动了发动机，这时候一辆卡车穿过机场朝着我们冲过来，背后烟尘滚滚。一位机械师爬了出来，叫我们停止动作。两架飞机都被拖回机库里头检查发

摄像师拍摄下基尔伯的 Me 163 起飞后冒出白烟并坠毁的全过程。

动机。地勤人员发现，由于材料缺陷，两架飞机的燃料管道中都出现了碎片。于是我那天晚上庆祝了自己的"生日"。

第二天 11:06，在美国陆航第八航空军的第619 号任务中，第 92 轰炸机大队一架掉队的B-17 轰炸机在巴登-巴登(Baden-Baden)地区遭受一架 Me 163 从前下方 2 点钟方向的对头攻击。一个回合过后，火箭战斗机便消失得无影无踪。不过，现存德国空军档案中并没有关这次攻击的细节。

1944 年 9 月 11 日

当天，美国陆航第八航空军执行第 626 号任务，出动 1131 架重轰炸机和 715 架护航战斗机空袭德国境内莱比锡炼油厂等工业设施。面对这场诺曼底登陆之后最大规模的战略空袭，德国空军倾尽全力，出动超过 500 架战斗机升空拦截。

中午时分，轰炸机洪流逼近莱比锡附近空域。11:25，布兰迪斯机场的警报声响起。JG 400 的 1、2 中队准备就绪，先后出动 7 架Me 163 升空拦截。"彗星"极高的爬升速度在帝国防空战中显得极为亮眼，仅仅 5 分钟之后的11:30，多个美军轰炸机组便发现火箭截击机向高空疯狂攀升的长长尾凝。

不过，JG 400 的第一波"彗星"升空的过程中地面引导失误，以至于完全没有机会接触轰炸机编队。12 点过后，又一波火箭战斗机起飞升空，这次终于有机会逼近轰炸机洪流。

12:10 的梅泽堡空域，美军第 384 轰炸机大队报告高空和低空的中队目击 3 架 Me 163 接近。第一架"彗星"从水平 5 点钟方向来袭，第二架则从正前方 12 点钟方向高空直扑而下，再向右滚转螺旋俯冲。大队指挥官威廉·多兰(William Dolan)少校看到这架速度奇快的小型飞机从 3 点钟方向发动攻击，只对轰炸机群造成轻微损伤。第三架 Me 163 同样从正前方高空来袭，径直穿越第 384 轰炸机大队的整个编队。

12:30 左右，美军轰炸机洪流正在涌向德累斯顿(Dresden)，而一架孤零零的 B-17 落在编队之外，正在低空飞过布兰迪斯机场。

此时的布兰迪斯机场，弗朗茨·罗斯尔中尉正坐在"白 2"号 Me 163 的驾驶舱中等待升空的命令。他忽然感觉腹中饥饿，随即要求当天已经升空两次的席贝勒下士临时接替他的岗位，自己爬出驾驶舱去寻找充饥的食物。12:36，出击的号令发来，席贝勒下士没有浪费时间，迅速驾驶这架装备 20 毫米 MG 151 机炮的"彗星"第三次起飞升空。在日后呈交施佩特的文件中，他是这样描述的：

当时有很多轰炸机飞向德累斯顿，一架B-17 单机飞过了机场上空。我朝着轰炸机杀过去，但是速度太快了，炮弹偏得太远。我第二次(关闭发动机)来了一个滑翔攻击，但还是没有一发命中那架飞机。在我的第三次滑翔攻击中，我的炮弹打中了右翼内侧的发动机，它开始冒烟了。我的第四次滑翔攻击从右翼发动机一路打到机身的位置。两个人跳伞逃生，起落架掉了下来。地面塔台呼叫我："飞回来。那架飞机开始坠落了。"奥莱尼克呼叫我转 90 度飞向机场，晃动一下我的机翼(表示胜利)。那架轰炸机幸存的乘员(3 个人)被抓到了，带到了机场。我问他们，知不知道是谁把他们击落的。他们回答说："被暗算了——不清楚。"很快，一名迷路的 Fw 190 飞行员降落了。他宣称那架轰炸机就是他击落的，他逼得很近，猛打了一通。

1944 年 9 月 11 日，库尔特·席贝勒下士宣称击落一架 B-17。

12:50，席贝勒下士驾机安全降落。战后出版物根据以上这段自述，普遍认为席贝勒击落了美军第 100 轰炸机大队的一架 B-17（美国陆航序列号 43-38043）——该部官方主页表明该机在布兰迪斯空域受伤掉队后被 Me 163 击落。

不过，近年研究表明：在库尔特·席贝勒的作战记录中，对于 1944 年 9 月 11 日的作战，战绩标注为"击中（Abschuss）"一架 B-17。而根据历史学家托尼·伍德（Tony Wood）依照德国空军原始档案整理的宣称战果列表，当天 JG 400 中宣称取得击落 B-17 战果的是舒伯特上士，时间为 12:38，地点为布兰迪斯机场上空 2000 米高度。考虑到当时施佩特并不在布兰迪斯现场，而没有更多的第三方资料佐证，这个击落战果的真相尚待进一步发掘。

JG 400 之外，当天的帝国防空战堪称 1944 年中极为罕见的殊死恶斗，美国陆航总共损失 46 架重轰炸机——高射炮火和战斗机造成的损失均约占一半——以及 25 架战斗机。相比之下，德国空军有 111 架战斗机全损，占据出击兵力的二成之多。与之相比，布兰迪斯机场上空这次战斗的影响微乎其微。

1944 年 9 月 12 日

当天，美国陆航第八航空军执行第 626 号任务，派遣 888 架轰炸机和 662 架护航战斗机空袭德国中部的炼油厂。在前一天的残酷血战过后，德国空军帝国航空军团仅能出动 190 架战斗机升空拦截。

由于美军遭遇的抵抗减弱，第 2 波次的 348 架 B-17 较为顺利地挺进马格德堡和波伦的目标区上空。

11:31，一架 Me 163 从后上方扑向美军第 94 轰炸机大队，一路持续开火，但没有一发炮弹命中。随后，这架火箭飞机左转脱离接触。大致与此同时，第 493 轰炸机大队也遭到一架 Me 163 的单机拦截，同样没有受到任何损伤。

战斗结束后，美军的任务报告只有少量篇幅涉及"彗星"的拦截：

43-38043 号 B-17 坠落在布兰迪斯机场之外 8 公里的位置。

在波伦空域，一架 Me 163 攻击了第 2 波次的 B-17 机群。目标区空域，这架 Me 163 从后方发动攻击，据报道从两侧机翼下方发射 20 毫米加农炮弹。

不过，在 16 测试特遣队和 JG 400 方面，均没有与之相关的作战记录留存。

战场之外，英军情报部门破译的德军密电表明：最少有一个航空军团已经发布 Me 163 的识别特征文件。

1944 年 9 月 13 日

当天，美国陆航第八航空军执行第 628 号任务，出动 790 架重型轰炸机在 542 架护航战斗机的掩护下空袭德国南部的工业目标，其中，第 3 波次的目标位于布兰迪斯以西 40 公里左右的梅泽堡。JG 400 出动 9 架 Me 163 升空拦截，1 中队的弗朗茨·罗斯尔中尉遭遇事故：

我紧急起飞，拦截敌军轰炸机编队。不幸的是，和往常的事故一样，发动机在起飞时停车了。在 600 米高度，我拉动燃料排空手柄，在我降落之前把所有的 C 燃料和 T 燃料尽可能快地清空。一切操作都按照规程进行。我放下滑橇降落，在草皮跑道上高速滑行，结果还是出事了——这个鬼东西发生了爆炸！我的脸痛得发狂，这时候脑子里只有一个念头：整架飞机随时都有可能炸毁，我得赶紧从这个金属棺材里逃出去。幸运的是，消防员迅速赶到了，我大声叫着要水。一道水柱马上就冲到了我的脸上，我现在感觉到的就是烧伤的灼热感。这时候，跑道上只有一名军官来照顾我，其他人都已经集中在机场外的指挥所进行作战任务指

挥。不幸的是，我们的医生和救护车都撤离到了安全的地带（躲避轰炸）。我只能被带到控制塔台下的地下室，在那里打电话给我叫一个医生过来。我一进到地下室，两名女性接线员就齐齐尖叫着跑了出去——我当时的那副尊容一定很不得了。结果，这就耽误了 20 分钟呼叫救护车的时间，那时候的痛苦真是不堪回首。在医院里得到治疗之后，我在三个月的时间里脸上都要戴着一副面具。据分析，爆炸的原因是 T 燃料排空之后粘在滑橇上，我把飞机降落下来在地面上高速滑行的时候，滑橇和地面的摩擦导致温度升高，点燃了燃料。

罗尔夫·格洛格纳对这次事故也拥有深刻的印象：

起飞时候发动机停车之后，罗斯尔拉动了燃料排空手柄，然后有些燃料残留在滑橇上头。滑橇在着陆时引发的高温点着了燃料，一片火焰烧到了驾驶舱里面。在这以

弗朗茨·罗斯尔中尉因烧伤严重头部被层层包裹。

后，罗斯尔的脑袋被厚厚实实地包了起来，他吃饭的时候得在前面放一面镜子才行。

到 1944 年 9 月 24 日，I. /JG 400 上报有 19 架 Me 163 的兵力，其中 11 架完成任务准备。

在 9 月下旬，英军情报部门破译的德军密电表明：德国空军西线指挥部（Luftwaffenkommando West）已经发布 Me 163 的识别特征文件。26 日，位于法国北部战场的军区指挥部（Feldluftgaukommando）发出一封电报，称：

> 鉴于 Me 163 尚处在研发阶段，数量极少，元首再次禁止所有对该型号任务和性能的讨论或者谣言传播。所有的单位指挥官都必须明确传达元首的命令。

1944 年 9 月 28 日

当天，美国陆航第八航空军执行第 652 号任务，出动 1049 架重轰炸机和 724 架护航战斗机空袭德国中部的兵工厂和炼油厂。由于连日作战导致实力损耗，当天德国空军的拦截兵力大为削弱。

11:53，JG 400 依然设法出动 6 架 Me 163，在梅泽堡空域对美军轰炸机群展开拦截。根据美军记录，11:55，第 361 战斗机大队的飞行员观察到后上方 31000 英尺（9449 米）高度出现一架 Me 163 的长长尾凝，以极为惊人的速度越过该部最前的一支"野马"中队。紧接着，德国飞行员来了一个半滚倒转机动，从前上方俯冲而下，在水平高度对着 28000 英尺（8534 米）高度的 P-51 编队对头袭来。双方接近的相对速度是如此之快，以至于美国飞行员完全没有机会做出反应，只能眼睁睁看着对方擦肩而过，绝尘而去。

大致与此同时，第 355 战斗机大队的"野马"飞行员目击一架火箭飞机从 9000 英尺（2743 米）一口气高速爬升到 34000 英尺（10363 米）高度，径直穿过第 354 战斗中队的黄色小队，同样没有开火射击。"野马"飞行员们竭力爬升追击，结果完全无法跟上火箭战斗机闪电般的爬升速度。

轻松突破护航战斗机的屏障之后，一架

Me 163 在 11:57 从 30000 英尺（9144 米）高空正对轰炸机洪流俯冲而下，转眼之间穿越整个编队，然而却极为诡异地一弹未发。

12:08，美军第 100 轰炸机大队飞抵莱比锡西北 10 公里左右的空域，已经是布兰迪斯基地的 Me 163 作战半径的极限。此时，2 架火箭战斗机竭力展开最后的拦截。轰炸机机组乘员目击一架 Me 163 从后上方 6 点钟方向朝向 B-17 编队发动一次俯冲攻击，随后拖曳着浓密的尾凝向下直飞，消失在云雾当中。另外一架 Me 163 同样从后上方 6 点钟方向展开两次俯冲攻击，第一个回合较量中完全没有命中。在第二轮攻击时，第 100 轰炸机大队的机枪手反应过来，对着火箭战斗机打出密集的弹幕。只见 Me 163 调转机头俯冲飞走，身后跟上一架紧追不舍的第 361 战斗机大队第 374 战斗机中队"野马"，在 P-51 驾驶舱内的爱德华·威尔西（Edward Wilsey）中尉日后回忆道：

> 梅泽堡空域，我飞在轰炸机编队的左边，偏低一点点。12:10，我看到一枚大型火箭从目标区径直飞了上来。当尾凝消失之后，我马上看到了那架飞机。它飞上来后，对着轰炸机编队从后往前打了一通，然后，它（从上方）滚转 180 度成倒飞，对着轰炸机编队俯冲杀了回来，同时，它用副翼向自己右边滚转，在我前面不到 400 码（366 米）的距离飞过。我用 K-14 瞄准镜咬住它，给了它一梭子。它向右闪开，然后转了回来，向左边俯冲下去。我在它背后跟着俯冲，看着它慢慢拉开距离，就用 K-14 瞄准它，不停地快速打出短点射。我的飞机开始抖了起来，剧烈地震动。我看了一眼空速计，已经超过了 500 英里/小时（805 公里/小时）。我在 8000 英尺（2438 米）高度向右拉起，这时候那架

Me 163 在我前面飞远，径直朝下，在这之后我再也没有见过它。重点：这架 Me 163 速度惊人，副翼控制出类拔萃，在所有的飞行速度条件下具备极高的机动性。处在 75 至 80 度爬升角时，爬升速度极高。看起来，动力系统仅仅在爬升或者直线水平飞行时打开，当发动机关机时，速度没有明显的降低。该机看起来涂装为黑色，没有观察到武器系统。僚机 Voss 准尉在 7000 英尺（2134 米）改平时，看到那架 Me 163 在 5000 英尺（1524 米）高度依旧直直向下俯冲，他在拉起后没有观察到喷气机。我宣称可能击落这架 Me 163。

对照德方档案，JG 400 方面没有当天 Me 163 战损的记录。值得注意的是，该部在当天的战场之外，头上还缠着绷带的罗斯尔中尉驾驶 Me 163 B-0 V49 预生产型机（工厂编号 16310058，机身号 PK+QT）升空出击，结果再遭挫败：

我起飞升空。再一次，发动机又熄火了，这一回是在危险的 300 至 400 米高度。我掉头飞回机场，拉动手柄排空燃料。我牢牢记着动作迟缓带来的危险，知道需要快速反应，但我已经没有时间来一次正常降落了。随着一声爆炸，我的脑袋（由于绷带起火）变得滚烫。我得跳伞了，我的高度只有 250 米。我松开了座椅的安全带，拉动座舱盖紧急抛弃手柄。什么都没有发生。（机身变形的）应力把它卡住了。我该怎么办？我试着用双手向上撑开座舱盖，没想到它朝着一边滑开了，但没有脱落下来。不管怎么样，我的逃生通道打开了。我向后下方滑出驾驶舱，这时候那架 Me 163 翻滚起来，座舱盖滑了回来合上。这样一来，我整个人挂在飞机外面，一只脚被座舱盖和机身夹住，整个身体

在机身侧面晃荡。幸运的是，我脚上穿的是衬毛皮的飞行长靴，我把脚从（被夹住的）靴子里抽了出来，用这只光脚一蹬，跳离了飞机。

目击证人说，我在 100 至 120 米高度弃机跳伞。我马上拉动了降落伞开降绳，在降落伞打开时感到全身一震，意识到我掉下来的速度太快了。我撞到地面上，眼前一黑晕了过去。

我在医院里头醒了过来，看到周围有很多张熟悉的面孔，包括（上次受伤时的）那名医生。他们说，我这次麻烦不小。X 光照片显示我的腰部有一块脊椎骨受伤。我被一副石膏紧身衣包裹着，度过了接下来的九个月时间。

根据德方记录，罗斯尔中尉的 16310058 号机坠毁后受损 60%，他自己在医院中等到了战争的最后一个月。

根据现存记录，3. /JG 400 从上个月开始便处在组建阶段，计划中的基地位于斯塔加德。

1944 年 10 月

16 测试特遣队的转场

16 测试特遣队方面，5 月 30 日和 8 月 15 日的两次盟军空袭，使该部在巴德茨维什安机场的兵力折损大半。由于种种原因，堪用的"彗星"数量从 15 架削减到 6 架。此外，该部陷入飞机零备件不足的困境，无法修复受损的 Me 163，结果在接下来的 1944 年 9 月中，总共只执行 33 次"快速"升空。

9 月初，战斗机部队总监加兰德中将视察 16 测试特遣队，对指挥官泰勒上尉表示这支小部队应当解散。对此，泰勒表示强烈的反对，认为在摸透 Me 163 B 的性能之前过早解散测试

特遣队，是极为荒谬的做法。加兰德中将转而提出将该部人数减少至 40 人，再转移到较为安全的布兰迪斯机场与挂靠在 JG 400 旗下的辅助中队合并，这同样遭到泰勒的反对。后者认为，任何一架新飞机在投入战场之前，都需要对飞机本身进行科学严谨的测试，包括一系列地面维护设施，对 Me 163 这种全新而又敏感的飞机更是如此；当前该部兵力仅包括 6 架"彗星"，零备件缺乏、又要在测试中频频对飞机结构进行更动，因而很难在短时间内获得充分的测试成果。此外，虽然布兰迪斯机场处在德国领土纵深之内，但已经聚集了大量测试部队，如果盟军决议对布兰迪斯发动一次决定性的打击，150 架重型轰炸机的兵力足以重创 Me 163 部队的实力，使其在六个月之内无法执行正常任务。

不过，在 9 月 21 日，16 测试特遣队还是收到命令：转场至布兰迪斯机场，与 JG 400 的 1、2 两个中队会合，从而将 Me 163 的训练和作战部队整合在一起。指挥官泰勒上尉竭尽所能，通过不同渠道向德国空军高层提出推迟转场任务的请求，但还是在 9 月 30 日收到立即转场的明确指示。

10 月 6 日，16 测试特遣队按照德国空军高层的指令向布兰迪斯机场转场，并在两天之后转场完毕。第一批到达的飞机包括 3 架 Bf 110 以及 2 架处在拖曳状态的 Me 163。抵达新驻地之后，"彗星"飞行员们发现此地一如泰勒上尉预料的一样拥挤不堪，而且缺乏维修车间和机库。泰勒上尉向上级发出抗议，结果是该部挂靠在 JG 400 旗下的辅助中队从 10 月 15 日开始转移到上西里西亚（Upper Silesia）的乌德特费尔德，腾出的空间移交第 16 测试特遣队。在布兰迪斯机场落脚后，该部发现分配到的机库在先前的空袭中受损严重，既缺乏供暖，大门也无

法合拢。泰勒上尉继续向高层反映问题，终于能够与同驻布兰迪斯机场的容克斯公司发动机测试分部互换场地，与后者共享一个具备供暖功能的机库。

经过一番周折，16 测试特遣队的 7 架"彗星"在布兰迪斯机场安顿下来，它们包括：Me 163 B-0 V30 预生产型机（工厂编号 16310039，机身号 C1＋02）、V40 预生产型机（工厂编号 16310049，机身号 C1＋03）、V14 预生产型机（工厂编号 16310023，机身号 C1＋12）、V35 预生产型机（工厂编号 16310043，机身号 C1＋13）、克里姆工厂生产的 Me 163 B-0（工厂编号 440008，机身号 C1+11）。

随后，16 测试特遣队接受缩减编制的命令，全部人员被限定在 147 人，其余冗余人员被 4.／JG 400 和辅助中队吸收。随着战事的发展，这支部队开始淡出前线，主要职责逐渐交付 JG 400。

从下一个月开始，辅助中队被重命名为

EJG 2 第 13、14 中队的徽记。

13. /EJG 2，与该部的 14 中队一起构建 IV. /EJG 2，专门用以训练"彗星"飞行员。其中，13. /EJG 2 的驻地是乌德特费尔德机场，而 14. /EJG 2 的机场为波兰的斯普罗陶(Sprottau)机场。随后，尼迈耶中尉前往乌德特费尔德担任 13. /EJG 2 中队长。

乌德特费尔德机场的训练

1944 年底，德国空军开始从具备滑翔机驾驶技能的年轻飞行员中吸纳合适的人选，输送到乌德特费尔德机场进行"彗星"训练，空军少将奥托·赫内(Otto Höhne)之子——约阿希姆·赫内(Joachim Höhne)二等兵便是其中一员：

一天下午，一名军官召集了我们在切尖翼"斯图莫-老鹰"上表现良好的几个人，说鉴于滑翔机驾驶技能优异，我们被挑选加入一个最高机密的先进战斗机计划。不过，这是自愿的性质，如果有人不服从这个分配，他可以不参加。如果我们选择在这个神秘的计划中继续我们的高级训练，我们被保证能够驾驶世界上最先进的战斗机，但我们不能向任何人透露它的信息，不能拍任何照片，也不能在书信往来中提及，这是最高级别的军事机密，任何对禁令的触犯都会把我们送到监狱里头。面对这样的一种冒险体验，作为十七岁的男孩子，我们每一个人都自愿报名了。

我们坐上列车，驶向德国东南部方向，一路上不知道前面有什么在等待着我们，各种谣言此起彼伏。我们下了火车，登上一辆汽车，它把我们带到一个我永远不会忘却的地方——乌德特费尔德。在布雷斯劳(Breslau)附近的波兰境内，乌德特费尔德有一个德国空军的下属单位。这是 JG 400 的一个训练分部驻地，不过我

约阿希姆·赫内的父亲奥托·赫内是第一次世界大战的王牌飞行员。

们完全懵然不知地就进入了这个新环境。正当我们走下汽车，三三两两站着等待命令的时候，这架箭头形状的小飞机就在我们面前高速一闪而过，拖曳着我们没有听过的尖啸声，撼人心魄。这就是我们第一次看到梅塞施密特 Me 163 的情形。我想我们所有人都完全被震惊了，看着这架小飞机拖曳着长长的尾焰飞离地面，以几乎垂直的角度冲上云霄。老天爷，我们之前从来没有看到过这样的东西，它到底是何方神圣？我记得一年多前我的姐夫和我说他见过一种最高机密的火箭飞机，一定就是这个了！

"彗星"消失在云端，我们呆呆站着，一个个心潮澎湃。有了这么一架飞机，我们就是不可战胜的！盟国的空军肯定没有这样的装备。之前关于"奇迹武器"的猜想都是真的！我们精神大振，一个个为能够参与这个行动雀跃不已。这时候，我们看着另外一架"彗星"滑翔下降准备着陆，也许它就是几分钟之前我们刚刚看到的那一架。我感觉那架飞机降落的速度实在是太快了，实际上我猜的一点都没错。那架"彗星"狠狠地撞到一堆尘土里，翻滚了一两下之后停了下来，变成了一堆扭曲的残骸喷吐着蒸汽。救援车辆和地勤人员立刻奔向坠机的地点。我猜想那名飞行员一定是在坠毁的时候挂掉了，或者也起码是受了重伤。不过，我们刚刚到来就目睹"彗星"坠落在地面上，这使许多同伴驾机飞行的激情破灭了。在这之后不久，一名军

官召集我们训话，询问有没有人打算退出，我看到和我一起长途跋涉来到这里的男孩里面，超过一半人回到了汽车上！他们坐着车离开了，心里一定想着那些留下来的人要么是疯了，要么是想飞想得发狂——或者干脆两者皆是。我被带到一个兵营，放好我的行李。第二天，训练开始了。

约阿希姆·赫内的回忆录，封面便是儿时的他与父亲的合影。

乌德特费尔德熙熙攘攘，是个非常热闹的地方。在这里，有 Me 163 A"彗星"，也有机翼中装着 20 毫米加农炮的 Me 163 B。我琢磨了一阵子这两个型号的外形，很喜欢 A 型简洁优美的线条，觉得 B 型胖墩墩的，有点丑。在乌德特费尔德的最开始几天，我们在教室里上课，然后轮流到隔壁的机库里，坐进一架 Me 163 A

的驾驶舱里头，有一位教官帮助我们熟悉它的操纵。除掉非常原始的发动机控制和燃油阀门，"彗星"的驾驶舱布局很像一架滑翔机，它整个机身的大部分也是一样。发动机只有能够支持几分钟的燃料，然后飞机不得不在无动力的状态下滑翔回地面上——这就是 JG 400 从滑翔机学校中招募飞行员的原因。

随着飞行训练，我在德国空军中的军衔得到快速提升。在离开埃施韦格之前，我刚当上二等兵，我觉得这已经很棒了。当我在乌德特费尔德开始训练课程的时候，我的军衔变成了下士，这真是个巨大的飞跃……

如果我没有记错的话，不到一个星期时间，我就穿上了简单的飞行服，爬上了一架用以训练的早期型 Me 163 A。这架"彗星"没有加注任何燃料，它的燃料箱已经被完全抽干了，所以就没有必要穿任何防护服。在加注燃料的飞机里面，你得穿上一套特别制作的飞行服才能防备住具有强烈腐蚀性的火箭燃料。许多飞行员因这种挥发性强、爆炸威力巨大的火箭燃料受重伤，更多的地勤人员由于操作失误受伤。这个地方让人激动不已，但是它也同样危险，基地的军医忙个不停。

"彗星"的最初训练和埃施韦格差不多。Me 163 A 挂载在一架牵引机后头，这可以让飞行学员预先熟悉它作为滑翔机的操控特性，然后再进行动力飞行。（它的）一对机翼很短，我知道这架飞机速度很快，所以在我第一次试飞之前，我唯一关心的就是：我能不能靠着"彗星"狭窄的滑橇把它降落在机场跑道上，还是会一头冲出机场的边界？在最后几分钟时间里，我的教官给了我一些指引，告诉我放轻松，在我的脑袋上拍了拍，然后就（从外面）合上了座舱盖，把插销插上了。现在，我只能靠自己了。有意思的是，就算开着这架尖端科技打造的机器，我还是要被一架古旧的双翼飞机拖曳。所以，我不耐烦地等着这架老爷机启动引擎开始滑跑的时候，我和教官交换了紧张的微笑，把控制系统检查了一遍又一遍。然后，猛地一拉，我们开始滑跑了，一切听它操控。

我们开始加快速度，"彗星"比"斯图莫-老鹰"要重，所以它离地的速度没有那么快。不过，它还是在牵引机之前更快飞离地面。我等着牵引机离地升空，我们爬升到50英尺（15米）左右，然后我拉动滑车释放开关，把"彗星"的滑车轮弹回地面上——在飞行中不再需要它们了，所以需要在合适的高度把它们扔下去，以免损伤到机体结构，或者高度太低反弹起来碰到飞机。接下来，我除了保持机翼水平被双翼机拖着以外就没别的事情要做了，一直飞到2000英尺（610米）。牵引机向我发出了信号，松开了脱钩之后就一个侧滑飞走了。就像在埃施韦格一样，我开始在空中悄无声息地滑翔，看着那架双翼机很快俯冲消失。让我开心的是，"彗星"是一架灵巧的小飞机，对操纵杆和方向舵踏板上的任何一个轻微动作，它都能马上做出反应，而且空速计的读数比我之前看过的任何数字都要高。就算不开发动机，它的速度还是比德国空军的大部分动力飞机要快。我的第一次试飞平安无事，因为我除了绕着机场飞大半径转弯、稍稍动作一下来熟悉这架飞机之外，就再也没有执行其他机动了。我紧张得好像肚子有一只蝴蝶在扑腾，直到我最后一次进近对准了跑道，放下了滑橇。跑道快速地迎面扑来，在某种意义上只有一次降落的机会。"彗星"在最后的下降中消耗了所有的速度，所以你必须把握好这个时机，没有第二次拉起复飞的可能了——要么着陆、要么坠毁。谢天谢地，我驾驶这架高速的飞机，只弹跳了一两次就落了下来，接下来它继续滑啊滑，最后在草地上停了

下来，机身一歪——我在和 Me 163 的第一次较劲中活了下来。

高空的拖曳适应飞行持续了一到两个星期。每一次，我都在高空多待一点时间，对 Me 163 就多一点了解。据我所知，我们每一次这样的适应性飞行用的都是同一架飞机，在我们的那个训练级别，飞的都是它，所以我觉得这架小飞机能够经受住那么多学员的使用真是了不起。我对我们的滑翔训练评价也很高，所有的人看起来都非常适应 163 A 型。不过，悠然自得的163 滑翔飞行持续得并不长久，乌德特费尔德的训练开始加快了节奏，原因很简单——俄国人从东边打过来了。我们的东线战场越来越近，所以我感觉训练课程也越来越快。

我到乌德特费尔德可能快有两个星期了，是时候在"彗星"上开始我的第一次"快速"升空了，这个字眼意味着依靠火箭发动机进行一次动力起飞。现在，我肚子里的蝴蝶变成狂奔的野牛了！之前坐在飞机里面，我从来没有感受过恐慌和害怕，但是我第一次意识到身后的火箭发动机已经加注上燃料的时候，我怕了。在草地上，另外一架 163 A 的动力试飞非常顺利。大部分事故就是在这个阶段发生的，就在那些飞行学员最开始进行动力试飞训练的时候。一开始用力拉杆（起飞），它会爆炸。如果没有炸开，泄漏出来的燃料会一路腐蚀你的肌肉直到骨头。作为一个十七岁的男孩子坐在驾驶舱里头，听着教官最后一次讲解操控要领，脑海里自然是无数念头闪过。

这一次，我穿上了加厚的飞行服，戴上了一个飞行头盔。但没有氧气面罩，也没有通讯设备，这就是说我起飞升空之后完全就要靠自己了。一般情况下，飞行员在执行"彗星"的动力飞行的时候是不会不配备氧气供应的，不过在这种第一次的体验飞行中，燃料箱通常只加

注一部分，飞机爬升不会超过 10000 至 15000 英尺（3048 至 4572 米），所以氧气就用不上了。对于训练飞行，这个高度已经足够高了，再加上燃料供应短缺，我们就没有必要浪费。再一次，我的脑袋又被拍了一拍，座舱盖在我的头顶上关起来了，我把风镜放下来盖住眼睛。像往常一样，我看着教官，注意到他站在那里，但比平时更快地跑开了。这个景象没有帮助我助长信心，但它的确让我印象深刻。

他冲我点了点头，笑了一下，我深呼吸了几次，然后强迫自己把抖个不停的手像点蜡烛一样轻轻放在这架小飞机上头。接下来就是一声尖锐的巨响，再变成高昂的吼叫，小小的"彗星"被慢慢向前推动，我再也不去看着我的教官——接下来我要自己忙上好一阵子了！在湿漉漉的草地上滑行，"彗星"的加速非常快，我柔和地向后拉动操纵杆，"小火箭"毫不费力地飞离了地面。我在很低的高度改平，继续让 163 A 积蓄速度。它真是飞得风驰电掣，我一辈子从来没有经历过那么快的速度！当你只在草地上方 20 英尺（6 米）左右的高度飞行，空速表一路爬升到 300 英里/小时（483 公里/小时）、接下来超过 350 英里/小时（563 公里/小时）的时候，大地被飞速抛在脑后的情形真是让人激动万分！我再向后拉动操纵杆，拉下开关投掷滑车，它没有发出任何声响就掉了下去。然后，我把机头指向天空，飞机的速度继续在增加。我第一次体验到强大的重力加速度作用，被重重地压在椅子靠背上，心里战栗不已。这个爬升角度远没有后续飞行中那么陡峭，但我不想让我的第一次"彗星"动力飞行变成我的最后一次，所以，我决定动作要谨慎一些。

当我抵达大约 15000 英尺（4572 米）高度时，我后方的小火箭"噗噗"响了一两次，然后就静下来了——燃料已经完全耗尽。我如释重负，

呼出一口长气，因为喷射着火焰爬升是整个飞行中我最担惊受怕的一部分。现在，"彗星"又变成了我熟悉的那架小滑翔机，它再也不是那个屁股喷出长长烈焰的短翅膀小妖怪了。我绕着机场做大半径转弯，开着"彗星"玩了几个基本的空战机动，同时一直在注意我要降落的那块草皮跑道。这样的飞行完全一如既往，和我被牵引机带上来的无动力试飞一样。直插云霄大约十五分钟之后，我对准了跑道，放下了滑橇。我重新降落回草地上，我自己和这架小"彗星"都没有缺胳膊少腿。在这个早上，当座舱盖被打开的时候，迎接我的是周围的一张张笑脸，我真真切切地感受到自己是一名够格的战斗机飞行员了。现在，我已经远远超出了驾驶简单的滑翔机，我已经飞过了世界上最先进的飞机。这天下午，我在机场边上漫步的时候，感觉自己已经是少数飞行精英的一分子。实际上，很难说我们究竟是精英分子还是傻小子，因为更多的老鸟飞行员根本不开"彗星"。不过，年少轻狂是不可战胜的，我们从来不会考虑有什么糟糕的事情在等着自己。而且，我已经体验过了在空袭中或者操作高射炮时一样容易战死，所以，如果我迟早要在某个地方见上帝，那么在一架战斗机的驾驶舱里会好一点。

乌德特费尔德的"快速"升空持续了大概一个星期，每一次都是一样的流程：发动机"砰"的一声启动、快速的滑跑加速、离地、投下滑车、向后拉动操纵杆再感受到强大的加速度把我压到座椅上头。我记得在那个星期的训练课程中，我大概在 Me 163 A 上进行了五次还是六次相对来说平安无事的起飞升空，这极大地提升了我对这架小火箭的信心。接下来，我的脑海里浮现出一个念头，越来越强烈：开着"彗星"超过其他所有飞机的高度。

每一次我驾驶 Me 163 A，燃料箱总是只加

注一半，因为教官不想让我们一下子飞到30000英尺(9144米)或者更高的地方，在训练的时候是不需要达到那样的高度的。燃料很宝贵，安全也是更重要的。更高的高度需要氧气支持，上级觉得让飞行学员训练这架飞机的时候再学习麻烦的氧气系统就显得任务过于繁重了。我们从来没有戴着氧气面罩飞过 Me 163 A，我们也没有无线电设备，一切都像滑翔机学校里的那样，除了那台怒吼的火箭发动机。

一天早上，我和往常一样坐进一架等待着的 Me 163 A，系好安全带。在起飞前的简短检查中，没有什么不正常的迹象，教官也没有向我表示这次早晨试飞会有什么不同寻常。实际上，我们两个不知道的是：地勤人员把小"彗星"的两个燃料箱都加注满了——我现在是第一次坐在一架燃料满载的"彗星"里头。座舱盖关上扣好了，我收到了起飞的信号。"砰"的巨响再加一阵狂啸，发动机启动，我上路了。我一路颠簸滑行—加快速度—把"彗星"略微拉起离地—继续积累速度—稍稍拉起机头—开始爬升—投下滑车。接下来就是最棒的部分：我一下子把操纵杆拉到胸口，开始几乎垂直的爬升。我真是太爱这种感觉了！不过，今天可不一样。

我的小 163 A 很快直直向上，越飞越高，高度计以让人眼花缭乱的速度疯狂旋转。爬升时被压到座椅里头，除了看着高度计和罗盘，基本上没有别的事情可以做。这时候要担心的就是保持呼吸正常，以免出现黑视。在之前的飞行中，到14000至15000英尺(4267至4572米)左右，发动机会叫唤两声，然后由于耗尽燃油一下子熄火；接下来我就可以压低机头，把这架飞机好好地飞上一飞。可是这一次，我呆坐在那里，看着高度计飞速地越过了14000英尺，然后是15000英尺，接下来是16000英尺(4877米)，根本没有一点慢下来的意思。发动机还在

我身后狂吼，操纵杆颤抖不停。我之前没有注意看燃料表，现在它显示我还有超过一半的燃料！糟糕了！

我的脑袋里闪过很多念头，一个个都非常糟糕。如果我把"彗星"改平，那会是第一次进行全推力的平飞，速度会达到或者超过 600 英里/小时(965 公里/小时)，这是我被禁止尝试的操作。如果我关掉发动机，我会驾驶着燃油箱半满的"彗星"降落，着陆重量比以前要重。最细微的误操作都有可能导致燃料爆炸或者泄漏，不管哪一个结果都会很糟糕——我是选择被炸成碎片还是被腐蚀性燃料活活溶解掉？我也可以在飞行中(间歇性地)关闭发动机，但在空中重启发动机是极度危险的，在早期导致了几个"彗星"飞行员的死亡。我可不想在 17000 英尺(5182米)高度被轰成齑粉。我唯一的办法是熬下去，保持飞机的控制，期待着状况好转。指针高速旋转，越过了 20000 英尺(6096 米)、25000 英尺(7620 米)，它还在继续攀升。

空气越来越稀薄，越来越冰冷，呼吸变得困难了。我怕得要死，担心会出现黑视然后坠毁。我起码得保持清醒，直到发动机熄火，不然我肯定就要挂掉。在"彗星"动力飞行时失去控制，是必死无疑的。如果我能扛到燃料耗尽，那么我最少有希望重新恢复知觉，在这架飞机坠毁在地面上之前恢复对它的控制。我开始深深吸气，尽量保持自己的呼吸。指针超过了 30000 英尺(9144 米)，然后超过了 34000 英尺(10363 米)。我稍稍压低了"彗星"的机头，使它的爬升慢下来。由于缺氧，我的脑袋有点轻飘飘的。座舱盖上开始有一道道奇怪的凝结生成，这意味着外面有多么寒冷。无休无止的煎熬过后，发动机响了两声，停下来了。我想当时大概处在 37000 英尺(11278 米)左右的高度，但由于已经开始神志不清了，我不确定这个数

字是不是正确。我压低"彗星"的机头，像疯了一样朝着稠密的大气层俯冲。飞机在苍穹之巅以几乎垂直的态势一头扎下去的时候，我短暂地黑视了一下，这绝对是我进行过的最大角度俯冲，高度计开始朝着相反方向疯狂旋转。我想这架小 163 在冲向地面的时候，速度比它爬升要快多了！

看着地面在前头迎上来，即便气温寒冷，我也像一头熊似的大汗淋漓、呼吸急促，座舱盖外气流狂啸而过。很快我回到了 15000 英尺左右，这意味着是时候从这个自杀性的大角度俯冲中改出了。我思考片刻，认为如果和之前一样拉动操纵杆，"彗星"的机翼会被扯下来。所以，我慢慢地抬起机头。随着我的动作，"彗星"稍稍抗拒，然后一下子仰起身来。让我大感宽慰的是，"彗星"的反应非常出色，顺顺当当地改出俯冲，然后在 8000 英尺（2438 米）高度，我已经处在平飞状态了，空速再一次恢复到完美的正常水平，我几乎按捺不住自己的狂喜，我又活过来了！一时间我有点不知所措，然后来了一个慢滚动作转回乌德特费尔德的方向，一路上尽可能地控制动作幅度。我对准了机场的草皮跑道，我放下了滑橇，镇定自如地把 163 A 降落到草地上。"彗星"比平时的滑跑距离要长一点点，因为我降落的速度有些快了。不过，它最后还是停了下来，一边翅膀歪歪地撑住地面。"彗星"刚刚停稳，我的教官和几个地勤人员就出现了，他们一下子就把座舱盖掀开了。教官看到我安然无恙，大大地松了一口气，看到他

我真是高兴坏了！

他们帮助我爬出驾驶舱，虽然我的肚子还是翻江倒海，我仍然装出一副若无其事的样子。如果想当上一名战斗机飞行员，我想重要的事情是让顶头上司知道这样的意外没有对自己造成不利的影响。我现在汗流浃背，不过我确认自己的"英雄气概"已经表现出来了。所有人都对我笑脸相迎，教官连连拍着我的后背，大家都在庆祝我安全降落没有受伤。这件事情的起因，是负责燃料的地勤人员搞混了命令，以为我这架"彗星"是一名配备氧气系统的教官驾驶的——简而言之，他们搞错了飞机。因为差点把我的小命送掉，那个可怜的地勤被我的教官骂得要死，不过我没有对他们恶言相向。我看过 KG 54 地勤人员的工作，知道他们工作压力很大、疲惫不堪，所以在那样的环境下，错漏是免不了的。固然是他们的责任，不过我没有为此责备他们。我镇定下来，膝盖不再发抖，我把这次飞行看作一次宝贵的学习经验。不管是不是事发突然，我都学到了一点，就是在那样的紧张态势中我能够保持自己的镇定，能够

两款"彗星"的对比，由此可以理解约阿希姆·赫内对 A 型的偏好。

在极高空控制住"彗星"。这件事情给我的教官也留下了深刻的印象,当我在这架优雅的163 A上的课程结束时,我开始了更大的作战型163 B的训练。

163 A型"彗星"很漂亮,但163 B型看起来就笨拙得多。当然,两款型号都极具未来感,B型要兼顾很多方面,而A型看起来更赏心悦目,气动外形更好。不过,要打起仗来,你得需要机炮,A型就一门都没有了。我训练的163 B安装有20毫米加农炮,其他型号的"彗星"有口径更大的30毫米款,不过我不确定乌德特费尔德机场有没有这些型号。163 B型号的火箭发动机稍微加大了,用以对应增加的重量。简而言之,它更大了。不过和传统战斗机以及我从小到大接触的飞机相比,它还算小的。它有着更多的燃料,我被告知它的操纵杆力更重。对我而言,转换到这个型号之上,是进入了一个全新的阶段。在这之前,我飞的都是训练机,现在,它可是一架作战飞机。它长得就像一架战斗机,"彗星"上斑斑点点的涂装让它们看起来更具威胁性。

进入163 B型的驾驶舱中,需要一个小梯子的协助,在A型上头,你只要稍微使一把劲就行。可抛弃滑车更高了,所以在地面上的时候,什么都会变得更高。163 B型安装有无线电,这是我第一次使用无线电和氧气系统。B型的仪表板和驾驶舱布局和A型非常相似,区别就是为每侧机翼上安置的加农炮设置的保险开关。驾驶舱里,我坐在我那顶小小的降落伞上,两边都是燃料箱,后面就是一把巨大的火把,要把它点燃那可真是得鼓足勇气!不过,我已经走到这一步,许许多多双眼睛正在注视着我,所以现在我已经不可能打退堂鼓了。"火箭"在沉寂中发出怒吼,我开始慢慢地滑跑,然后越来越快、越来越快。在我这个小小的世界里,

一切都井井有条,我肚子里扑腾的蝴蝶飞走了。我离地升空,投下滑车轮,"彗星"加速到了400英里/小时(644公里/小时)。然后,一拉操纵杆,我就直冲云霄了。

我稳稳戴着氧气面罩,呼吸的嘶嘶声伴随着身后发动机的怒吼,我没有考虑太多就冲过了几天前飞过的15000英尺大关。这架飞机是为高空设计的,我这一次已经装备齐全了。像闹钟上的发条一样,我一突破30000英尺,发动机就熄火了,我第一次在这个时候感到如释重负。我把机头转下来,开始在天空中尝试各种慢滚和俯仰机动,发现这架短粗的战斗机在这个高度上的表现和163 A型号非常相似。这架飞机重得多,不过总体而言飞行特性相当出色。不管你的动作多么激烈,它都不会陷入尾旋。要说"彗星"是一架让人省心的飞机,那是不对的,因为它要在起飞和降落的时候投以最集中的注意力。不过一旦到了高空,它就飞得漂漂亮亮的。我想没有什么机动动作是它做不了的,就算没有动力的时候也一样。这枚小飞镖的惊人高速能够保持在俯冲和爬升时有足够的空气穿过机翼(提供升力),就像它装上了一台隐形发动机一样。

当你一点点消耗掉你的高度的时候,你最好距离机场近一点,因为你如果下降到两三千英尺的高度(又距离太远),是没办法降落回去的。风向和速度没办法抵消地心吸引力的那么多作用!163 B型的降落比A型要麻烦一点点,因为这架飞机更重、更快。我被警告不要让飞机的速度放慢那么多,因为它会失速,在低速条件下比A型号更早地从天上栽下来。我没有见过"彗星"失速,不过我的确目击过几次很糟糕的事故,飞机降落时撞击地面的力道过猛,滑橇只能吸收一部分能量,其余的全部传递到机身,结果飞机和飞行员都受到了伤害。一心

想着不要脊椎受伤被抬出"彗星"驾驶舱，我第一次(驾驶 Me 163 B)降落的时候紧张得浑身冒汗。地表迎面扑来，滑橇放下锁定，我竭尽全力保持飞机平衡，接下来我就落到草地上蹦蹦跳跳，"彗星"就像一个醉汉一样滑过跑道。一旦速度降下来，方向舵就没有用了，我只能尽可能地保持机翼水平，祈祷着地面上不会有结冰或者湿滑。和螺旋桨飞机不一样，没有螺旋桨洗流作用在方向舵上帮助你在地面上控制住飞机。你的飞机降落时，机头指向哪个方向，那你就滑向哪个方向！

最后"彗星"嘎吱嘎吱响了几声，停了下来，它的机翼往旁边一歪，撑在了地面上，我第一次驾驶 163 B 型的动力飞行平安无事完成了。飞行中没有遇到太多麻烦，这让我感到尤为高兴。教官帮助我爬出驾驶舱的时候，巨大的火箭发动机还在嘶嘶作响，有一点点烟冒出来。这是很正常的现象，因为刚才它还在发出极度的高温，现在则处在我们周围的冰冷空气中。冬天要到了，我们所有人都在担心一场大雪会不会停止我们的训练，"彗星"只能降落在标准的干草地跑道上，其他的都不行。下雪和结冰都意味着训练要马上停止，而且我们现在得到了俄国人从东边打过来的消息，所有人都在急切着尽可能地完成训练。

我希望在乌德特费尔德机场进行的后续"彗星"飞行能更让我血脉偾张心潮澎湃，但它们实际上都很中规中矩。我在 163 B 型上进行了四五次"快速"升空，每一次飞机和发动机都精准地表现出设计指标，犹如教科书一样完美。在战争的这个阶段，训练速度加快了，所以在乌德特费尔德经过了四到五个星期的训练之后，我便被认为是一名合格的"彗星"飞行员了。在滑翔机学校中没有那么多的年轻志愿者排队等着训练，所以我们的流程被大大加速了。现在是

1944 年 11 月底 12 月初，我收到命令和几个其他新培养出来的"彗星"飞行员一起转移到北边的斯普罗陶机场。现在，我们都觉得是时候投入战斗了。我向我的教官和乌德特费尔德的新朋友们道别，心想我下一次飞行应该就是作战任务了……现在，我觉得自己是一个神气活现的战斗机飞行员了，和战友们坐上火车向北开去。

一天之后，我们抵达了斯普罗陶，发现所有的一切都是乱糟糟的。这里有一批 163 B"彗星"，不少都是刚出厂的新崭崭。但是，一个士官告诉我这里没有进行过作战任务，他不知道什么时候有任务，也不知道会不会有任务，这让我心里一沉。机场里没有燃料，所以那些"彗星"都上不了天。更糟糕的是，地面维护的设备很少，几乎没有零备件，能够听到重炮的轰鸣远远传来，这意味着前线比我想象的要近得多……

在那里有不少来自乌德特费尔德的年轻士官飞行员，但我们一点飞行的机会都没有——看着这些极先进的飞机隐蔽分散在机场周围，我们感到非常无助。机场上很忙碌，不过都是一些传统的螺旋桨飞机来来去去，没有作战任务。过去了几天时间，也许是一个星期，局势一直在恶化。我内心深处开始动摇了。

俄国人在迅速逼近这个机场，德国空军决定将"彗星"向西南方转移，把 JG 400 的这个中队和正在布兰迪斯运作中的大队合并。当我们一起动手帮忙把几架"彗星"搬上向西开的火车时，大家都很伤心，不过起码我们把飞机送到了一个更安全的地方，也许我们能够让部队开动起来。看着最初几架"彗星"离开，我的心里头沉甸甸的。它们安放在列车车厢里，我们看着它们被拉走。几个幸运的小伙子被选中作为辅助地勤人员同行，他们和飞机站在一起，向

我们挥手告别——我们觉得他们是第三帝国最
幸福的家伙了……

正当约阿希姆·赫内满心期待地等待在新
的驻地开始 Me 163 的作战任务，他的父亲——
空军少将奥托·赫内发出一纸调令，把他直接
调离 JG 400。这个大男孩的飞天幻想破灭了，
他最终在后方平安无事地度过了第三帝国最后
崩溃的混乱局面。

结束乌德特费尔德的活动后，13. /EJG 2
转场至埃斯佩斯泰特（Esperstedt）机场。大致与
此同时，齐格勒少尉受命前往斯普罗陶机场担
任 14. /EJG 2 指挥官。来年 1 月，由于苏联红
军的进军而转移至埃斯佩斯泰特机场，随后重
返布兰迪斯。

1944 年 10 月 7 日

4 天之前，I. /JG 400 上报拥有 17 架 Me 163
的兵力，该部获得额外的 13 架火箭飞机配给，
用以在斯德丁（Stettin）附近
的斯塔加德机场武装新组建
的 3 中队和 4 中队。

10 月 7 日当天，美国
陆航第八航空军执行第 667
号任务，出动 1422 架重轰
炸机在 900 架护航战斗机的
支援下空袭卡塞尔地区的炼
油厂和军工厂。强敌当前，
第一航空军拼凑出 113 架战
斗机升空拦截。中午时分，
轰炸机洪流飞抵莱比锡-波
伦空域，此时的 JG 400 已
经有 15 架"彗星"完成任务
准备。

12:00 的莱比锡东郊，布兰迪斯机场的警报
拉响，第一波次的多架 Me 163 先后升空，与其
他帝国航空军团的螺旋桨战斗机一同展开拦截
作战。短暂的战斗中，"彗星"部队没有损失，
舒伯特上士宣称击落一架 B-17，博特少尉宣称
击伤一架 B-17。

美军方面，第八航空军记录如下：轰炸机
部队于 12:01 至 12:09 之间在莱比锡西南空域遭
到 40 至 50 架德国空军战斗机的拦截，型号主要
为 Bf 109、Fw 190 和 Me 410，包括 2 架 Me 163；
螺旋桨战斗机表现出极其强烈的进攻欲望，而
火箭战斗机则显得缺乏经验；混战之中有 12 架
B-17 损失。

12:01 左右，美军第 95 轰炸机大队正从东
南方向飞临莱比锡南郊的波伦目标区，是距离
布兰迪斯基地最近的轰炸机编队之一，因而遭
到"彗星"的拦截。该部"卡莉阿姨的宝宝（Aunt
Callie's Baby）"号 B-17（美国陆航序列号 42-
97376）之上，飞行员拉尔夫·布朗（Ralph
Brown）少尉亲眼见证到队友威廉·沃尔特曼

第 95 轰炸机大队的 B-17，该部在 1944 年 10 月 7 日的战斗中遭到 Me 163
的猛烈拦截。

（William Waltman）上尉的损失：

刚刚飞过轰炸航路起点，我们就遭到了Me 109、Fw 190 和最新的喷气机——Me 163 的攻击。它们冲着我们的编队猛烈地打了两个回合，沃尔特曼上尉被击落了。我们很幸运，自己的飞机没有挨到这些飞机的 20 毫米炮弹。我们冲进目标区，平安无事地全身而退。

12:10，沃尔特曼上尉的 B-17（美国陆航序列号 44-6482）坠毁在魏玛东北 19 公里的地区，该机极有可能遭受到舒伯特上士的攻击。

第一波拦截完毕后，Me 163 机群先后返回布兰迪斯机场，重新加注燃料后继续升空拦截。胡塞尔军士长回忆道：

舒伯特上士和博特少尉是最早两个起飞的，舒伯特大概在博特前面 50 米。忽然之间，火焰从舒伯特的 Me 163 里冒了出来——火箭的燃烧室起火了。那时候，他的速度大概有 100 公里/小时。飞机翻滚到草地上，由于重心位置过高翻滚起来了（他的飞机满载着燃料）。

只见舒伯特上士的 Me 163 B-0 V61 预生产型机（工厂编号 16310070，机身号 GN+MD）的一侧机翼擦到地面之上，整架飞机翻滚了过来。机尾被惯性带动向上高高翘起，再向前翻转。机腹朝天的火箭飞机沉重地坠落地面，立刻轰然爆炸，连带座舱内手持三个"彗星"击落战果的舒伯特上士一同化为齑粉。

目睹队友的悲剧，博特少尉和队友们继续执行当天的帝国防空战。在他之后，是驾驶"白7" Me 163 B-0 V62 号预生产型机（工厂编号 16310071）的鲁道夫·齐默尔曼上士：

博特少尉和我在 12:30 左右起飞，向西爬升，向左转弯后飞往莱比锡东南方向 50 公里的空域。爬升的时候，我推力全开，开始搜索目标。以 930 公里/小时的速度、60 度的仰角爬升，我从 11000 米高度朝下张望，发现右翼下方有一架 B-17 单机处在 7000 米高度。从它的上面，我向左转弯拉开距离。现在，那架轰炸机在我的下方一点钟位置，1.5 公里远。接下来，我的发动机停车了，这意味着我的燃料耗尽。我俯冲进入一个射击战位，打了一梭子，看到碎片从那架轰炸机上掉了下来。

齐默尔曼上士知道无法继续再和这架轰炸机纠缠下去，于是调转机头操纵着无动力的 Me 163 朝着布兰迪斯机场的方向低速滑翔返航。在一片云团的上方，德国飞行员正打算呼叫地面塔台，忽然之间密集的

齐默尔曼上士升空作战后，设法击中一架轰炸机，随后侥幸生还。

点 50 口径机枪子弹从天而降：

在那一瞬间简直就是天崩地裂，我的飞机的机身和左侧机翼被击中了。在左侧的 80 米之外，一架"野马"超了过去，它的副油箱还挂着没动。当时我的速度大概有 240 公里/小时，向左拉了一个急转弯，切到它的后面。这时候，它的 2 号机从我的右边一路打了过去。我继续右转弯，和他的 3 号机对上了头，我扣动了射击按钮，但在急转弯当中，我的机炮卡壳了。

第 364 战斗机大队的 P-51D。

齐默尔曼上士遭遇的这批野马战斗机来自美军第 364 战斗机大队。根据该部记录，第 385 战斗机中队在 12：30 的莱比锡空域执行任务，黄色小队之内，指挥官埃尔默·泰勒（Elmer Taylor）少尉发现敌情：

25000 英尺（7620 米）高度，我带着黄色小队正在目标区上空护卫轰炸机群。这时候，我看到一架喷气机正在对一架掉队的 B-17 发动进攻。我拐了一个大弯，从背后接近它。我的高度比它高大概 2000 英尺（610 米），所以我很快地追上了它。在 1500 码（1372 米）距离，我开始射击，希望能够把它击伤，让它不能对轰炸机发动又一轮攻击。我以 2400 转/分钟的发动机转速和 30 英寸（0.76 米）水银柱进气压力快速追了上去，很显然它的发动机关掉了。这时候我

机身下还挂着两副油箱，因为我原本觉得没有机会追上它（所以尽量保存燃油）。我很快地接近到了 100 码（91 米）距离，收回节流阀保持在它背后，然后开火射击。我看到许多子弹打中了机尾、机身和两副机翼。那架喷气机滚转成肚皮朝天，向下直直俯冲，拖着一条白色的烟迹。我的小队跟着它飞了下去，以大约 500 英里/小时（805 公里/小时）的速度咬住它……

作为黄色小队内另一个双机分队的长机，威拉德·埃尔夫坎普（Willard Erfkamp）少尉在作战报告中记录道：

我飞的是黄色小队的 3 号机位置，在目标区大约 25000 英尺高度掩护轰炸机编队。我们看到一架 Me 163 对着一架掉队的 B-17 发动攻击。黄色小队的指挥官泰勒少尉带着我们转了

第 364 战斗机大队的埃尔默·泰勒少尉。

一个大弯，这样我们俯冲到 23000 英尺（7010 米），到了喷气机后面的位置。泰勒少尉开火射击，多次命中。他看到自己即将射击越标，就呼叫我们盯着喷气机。我的僚机和我追着那架喷气机一路冲向低空，表速达到 500 英里/小时。我们开火射击，观测到多发命中，这时候已经是直直向下俯冲。他把飞机降落在一块草地上，开始爬出驾驶舱。我们对他来了一轮扫射。他又摔到驾驶舱里头，我们大角度滚转脱离，从头对头的方向对这架飞机又来了一轮扫射。机头爆炸开来，飞机开始燃烧。我宣称和泰勒少尉合力击毁一架 Me 163。

根据齐默尔曼上士的回忆，他在"野马"的追杀之下垂直俯冲，穿过云层中一个狭小的洞口接近布兰迪斯机场：

第 364 战斗机大队的威拉德·埃尔夫坎普少尉。

很快，我在对头俯冲中把这几架"野马"甩掉了，他们抓不住我了。我以 880 公里/小时的速度俯冲下来，绕着草地兜圈子。然后，在准备着陆的时候，我的左侧机翼由于速度降低垂了下来，外侧的胶合板蒙皮已经被他们的子弹和先前的俯冲（产生的气流冲击）扯开了。我的飞机在树林顶上掠过，把树枝一根根切下来，我的左翼插进了地面上，（额外的阻力）把我的着陆滑跑距离大大缩短了。我在跑道正中央停了下来，听到了"野马"来袭的声音，我就跳了出来。第一架飞机杀过来的时候，我向右边跑掉，然后摔倒了。几轮扫射攻击过后，我的飞机被打得千疮百孔。

实际上，和身后瓢泼一般打来的点 50 口径机枪子弹相比，布兰迪斯机场的小口径高射炮火对齐默尔曼上士的威胁更大——当他的"彗星"超低空呼啸而下，竭力要甩开背后的野马战斗机之时，已经深深陷入了高射炮编织而成的火网之中。可以说，Me 163 飞行员是在敌我双方的"协力"夹击之下逃出生天的。

野马战斗机的轰鸣声远去之后，齐默尔曼上士小心翼翼地回到自己的"白 7"号残骸周围，结果惊异地发现和自己一起升空的斯特拉兹尼奇上士就在附近。原来，斯特拉兹尼奇上士的 Me 163 同样遭受到野马战斗机的追击，和齐默尔曼上士一样从同一个云洞中俯冲至布兰迪斯机场紧急降落。幸运的是，他的座机降落在树林的边缘，处在美国飞行员的视野范围之外，因而躲过一劫。

与齐默尔曼上士几乎同一时间，席贝勒下士驾驶"白 3"号 Me 163 B 在 12:30 起飞升空，接近一个由 10 余架 B-17 组成的编队后锁定带队长机发动进攻。12:34，他宣称在布兰迪斯机场南侧 6000 米高度将目标击出编队。12:39，"白 3"号机顺利降落，整场任务历时仅有 9 分钟。

当天的战斗中，JG 400 的其他飞行员频频出现突发事件，根据胡塞尔军士长的回忆：

曼弗雷德·艾森曼下士和我收
到命令，接着起飞。但是，敌军完
成空袭的时候我们还没能碰上它
们，而第二支轰炸机编队还不见踪
影。不过，在我们开始降落的时
候，它们出现了，这批轰炸机看起
来是要空袭我们的机场。这时候，
风向变了，吹起了一阵顺风，给我
造成了着陆襟翼没有正常运作的错
觉。我一心想着要赶在炸弹铺天盖
地地落下来之前尽快落地，于是我
降落的动作很猛。我的飞机往天上
反弹了 200 米高，飘过了机场围墙，最后落到
了一片沙地里头，翻了个肚皮朝天。

胡塞尔军士长的 440165 号机受到 65% 损坏，他自己也身负重伤。

一个士兵冲着我叫："快出来，它就要爆炸
了！"我脸上血如泉涌，动弹不得。我还能听到
背后的火箭发动机的轰鸣声。最后，是 HWK 公
司来的哈罗德·库恩（Harald Kuhn）下士救了我
一命，他砸碎了树脂玻璃座舱盖，把我从驾驶
舱里拖了出来。

艾森曼下士和这架 440013 号机同归于尽。

胡塞尔军士长驾驶的 Me 163 B-0（工厂编号
440165）受到 65% 损坏，他自己脑震荡，鼻梁骨
折和一条手臂脱臼，最终捡回一条命。此时的
跑道之上，格洛格纳下士就坐在整装待发的
Me 163 座舱中，先后旁观了舒伯特上士和胡塞
尔军士长的厄运，接下来，第三架倒霉的"彗
星"映入他的眼帘：

在事故中丧生的曼弗雷德·艾森曼下士。

我坐在最后一架飞机里头，等着清空跑道
起飞……接下来，艾森曼返航了，它太高太快
了。它来了一个侧滑，翼尖碰到了地面。飞机
当场解体了，艾森曼被甩了出来，座椅还用安
全带绑在他身上。他在我前面 100 米的位置砸
到地面上，死了。

艾森曼下士的 Me 163 B-0（工厂编号

440013，机身号 BQ+UP）粉身碎骨，格洛格纳下士接连目睹战友的悲剧，在极其复杂的心情中开始任务：

这时候，信号枪打出了一发烟雾信号弹，表明一个轰炸机编队正在接近机场。我爬出我的飞机，穿着全套飞行服像个醉汉一样连滚带爬地钻到防空壕中找掩护。那些轰炸机飞向莱比锡，警报解除后，我跌跌撞撞地回到我的飞机上。我得到了升空的许可，沿着跑道加速起飞，在我两位去世的战友身边一掠而过。当时我的心情真是无需多说，尤其是自己没有办法逮住敌机时——地面塔台已经把雷达关掉了，一帮白痴。

当天的帝国防空战结束，JG 400 提交 B-17 击落和击离编队的战果各 1 架，代价是齐默尔曼上士的"白 7"号被击毁。此外，该部在作战中的事故损失相当惨重——最少 2 架 Me 163 机毁人亡，1 架 Me 163 受损、飞行员重伤。

1944 年 10 月 11 日

前一天，布兰迪斯机场的 I. /JG 400 上报拥有 28 架 Me 163 的兵力，其中 6 架完成作战准备。在这一天，汉斯·博特少尉冒着生命危险对 Me 163 B V48 号预生产型机（工厂编号16310057）的火箭发动机进行亲身测试：

我一直在琢磨起飞的时候是什么动作导致发动机停车的，决定和施佩特（在巴德茨维什安）那样试上一次。10 月 11 日，在舒伯特上士去世后几天，我驾机升空了。在 200 公里/小时速度下节流阀全开，（燃料管道爆裂使得）发动机猛然停车了。我松开了座椅的安全带，弹开

了座舱盖，把飞机滑下草地，在它以 60 公里/小时速度滑行的时候跳了出来。结果我脑震荡了，踝关节骨折，在落地的位置晕了过去。那架燃料满载、无人驾驶、毫发无伤的飞机在草地上滑了一个大圈，最后差一点就在我躺着的位置停了下来。在这场事故之后，我有 3 个月时间被禁止飞行，不过很快之后，由于我们遭受的高昂损失率，战斗机师禁止我们所有人继续执行作战任务。

1944 年 10 月 12 日

清晨，英国皇家空军出动 NS639 号蚊式 XVI 侦察机，前往德国境内执行照相侦察任务，该机的任务报告如下：

S. M. 麦凯（S. M. Mackay）上尉和 R. J. 曼塞尔（R. J. Mansell）军士长在多特蒙德（Dortmund）以北遭到一架 Me 163 拦截，蚊式急转对头应对，敌机高速脱离。在这次接触之后，机组被一架单引擎战斗机追赶飞向南方，甩掉对方后，他们调转航向，平安无事地完成了对目标的拍摄。

这一阶段，沃尔夫冈·施佩特上尉因在 IV. /JG 54 的任务中受伤需要疗养，仍未能返回 JG 400。鲁道夫·奥皮茨中尉于 10 月 14 日受命暂时承担 I. /JG 400 的指挥官职责，为期 4 个星期。

1944 年 10 月 26 日

在当天美国陆航第八航空军的战略轰炸任务中，第 4 战斗机大队的 P-51 机群护送一队 B-24 空袭德国明登（Minden）。邻近北海的奥斯

在 1944 年 10 月 12 日逃过 Me 163 追杀的英国皇家空军 NS639 号蚊式 XVI 侦察机。

纳布吕克（Osnabrück）空域，第 335 "守车（Caboose）"战斗机中队的泰德·埃尔文·莱恩斯（Ted Elvan Lines）上尉驾驶的 P-51D-10（美国陆航序列号 44-14570）发动机运作不正常，逐渐落在编队后方。转眼之间，他孤身一人陷入德国空军战斗机的包围之中：

14:25，24000 英尺（7315 米）高度，我遭到了六架 Fw 190 的攻击，右侧副油箱被打着火了。当时，我正在左转弯机动中，立刻陷入了尾旋，到了 8000 英尺（2438 米）才恢复过来。在尾旋的时候，我甩掉了副油箱，但升降舵被打坏了。我努力地朝着一块云团飞过去，它的高度是 6000 英尺（1829 米）。在进入这块云团之前，我看到那六架 Fw 190 还在追着我。

在我冲出云团的时候，我看到头顶上有三架 Fw 190，转头一看，我发现另外三架敌机冲出云顶咬上我的尾巴。这套把戏我又玩了一次，

那些 Fw 190 还是盯着我不放。于是我决定反咬一架敌机的后方。这时候，我头顶上有三架敌机，屁股后头还跟着三架。

这时候，我呼叫了我的中队，告诉他们当心 30000 英尺（7620 米）高度的 Fw 190，我刚刚被它们从上方攻击。我的中队队友收到了呼叫，但我没有收到任何回复。我同样告诉他们我的方位、我的处境，但还是没有等到回复。

在我后方的三架 Fw 190 当中，有两架挂着一个副油箱（机动性受影响），于是我决定先攻击其中之一。我咬上了其中一架的尾巴，开始射击。我观察到子弹命中了它的发动机、机身、翼根和机腹副油箱，然后它就在我的前方炸开了。然后，我又努力追上另外一架的尾巴，最后成功了。我看到子弹命中它的发动机、机身、翼根，火焰接连爆出来。我最后一次看到它的时候，它正在 7000 英尺（2134 米）高度直直向下，火势烧得非常猛。

在整个过程中，那三架 Fw 190 一直从上面冲我射击，一架 Me 163 冲着我从不同方向打了两个回合。

我的发动机还是不能正常工作，于是我没办法完全控制我的飞机。所以，我冲到那块云团当中，以 230 度航向飞行。当我飞出来的时候，旁边已经没有敌机了，所以我就返航了。

第 4 战斗机大队的泰德·埃尔文·莱恩斯上尉在 1944 年 10 月 26 日遭到包括 Me 163 在内的多架德国空军战斗机追击，最终击落 2 架敌机。

莱恩斯上尉以一对七，消耗 780 发点 50 口径机枪子弹后宣称击落 2 架 Fw 190。战斗中，神秘出现的 Me 163 并未威胁到野马战斗机。由于奥斯纳布吕克空域距离布兰迪斯近 200 公里，这架飞机几乎可以肯定是从附近的巴德茨维什安起飞，但其部队归属以及飞行员身份仍然是个未解之谜。

II. /JG 400 的成军

根据德国空军在 1944 年 8 月 19 日的命令，JG 400 基于 3 中队和 4 中队构建二大队。3 中队的第一任指挥官是彼得·格思（Peter Gerth）少尉，上任伊始，他手下的技术人员对 Me 163 仍缺乏足够的了解，必须依靠 HWK 公司的技术人员的帮助。到 9 月，弗朗茨·维迪奇（Franz Woidich）中尉成为 4 中队指挥官，OKL 在这一阶段发布的命令表明该部预设的兵力是 12 架 Me 163 B、4 架 Me 110 G 牵引机和相应的机组乘员。

10 月 7 日，奥皮茨少尉加入 3 中队，在这个月中，3、4 两个中队的指挥官对调，彼得·格思少尉转而执掌 4 中队。10 月上旬，二大队的装备人员逐渐向斯塔加德集结。

斯塔加德机场位于这座小城西南广袤的乡间原野中，拥有一条宽阔的混凝土跑道，其长度达到 3 公里，以 340 度指向西北波利采（Politz）的巨型石油炼化厂。不过，此时的斯塔加德机场还处在施工阶段，据统计有 5000 名左右苏联人在此劳作。机场的机库经过改造，主要用于鱼雷的生产和储存，无法在此直接进行 Me 163 的整备和维护。接下来，这一切开始了慢慢的变化，二大队的人员逐渐来到斯塔加德，包括引导飞机作战的空中情报官员。同期就位的设备包括一个完整的移动车间、一批经过改装可以容纳 T 燃料和 C 燃料的欧宝"闪电（Opel Blitz）"三吨半油罐车、拖曳 Me 163 的牵引车"朔伊希拖拉机"。最后，Me 163 通过铁路运输抵达这个新的驻地。

在 10 月底，斯塔加德机场的"彗星"部队完成首次 Me 163 的无动力牵引飞行，还对飞机的火箭发动机进行多次地面测试。这一阶段，战斗机部队总监办公室向奥皮茨少尉发出一封电报，命令其担任 7. /JG 400 指挥官，并在斯德丁的阿尔特丹（Altdamm）机场完成该部的组建工作。经过考察，奥皮茨少尉发现未来的这个新驻地空间过于狭小，他一度考虑在机场附近结冰的奥得河（River Oder）和什切青潟湖（Stettiner Haff）上展开 Me 163 的动力起飞。不过，实际上该中队迟迟没有得到上级配发的"彗星"燃料，甚至连发动机地面测试的需求都无法满足，因而斯德丁机场的"冰面跑道"一直无法投入使用。

7. /JG 400 中队的非正式涂装——骑着香槟酒瓶的吹牛大王明希豪森。

1944 年 11—12 月

1944 年 11 月 2 日

当天，美国陆航第八航空军执行第 698 号任务，1174 架重型轰炸机在 968 架护航战斗机的掩护下向德国中部的炼油厂设施进发。帝国防空战中，德国空军第一战斗机军（I. Jagdkorps）的 490 架战斗机倾巢出动，共有 330 架战斗机被引导至作战空域与强敌拼死一搏，包括著名的 Me 262 部队——诺沃特尼特遣队以及布兰迪斯机场的 I. /JG 400。

根据德军记录，当时 I. /JG 400 的堪用"彗星"有 17 架，倾巢出动执行该部历史上最大规模的编队出击。紧急起飞时，一架 Me 163 B-0

（工厂编号 440007，机身号 BQ+UJ）出现事故，格洛格纳下士回忆道：

在执行一场作战任务时，2. /JG 400 的罗利上士同样遭遇了发动机熄火的事故。他在 100 米高度跳伞逃生，但降落伞在他落地的时候还没有打开。当时他还有气息，但一直昏迷，直到去世。他配备的是一种新的收口降落伞，据称可以逐次展开，不会在高速条件下被撕裂。

其余的"彗星"飞行员心情复杂地掠过战友的残骸，朝向头顶的轰炸机洪流冲刺。在数公里高空，美国陆航的护航战斗机群早早做好准备。12∶10 的莱比锡空域，第 4 战斗机大队的 P-51 编队正在执行护航任务，第 336 战斗机中队的指挥官弗

2. /JG 400 刚刚投入战斗，霍斯特·罗利上士便在事故中身亡。

雷德·格洛弗（Fred Glover）上尉警觉地发现大批"彗星"的登场：

大队和轰炸机群会合，在前方一路向目标区扫荡过去。大队处在目标区南方 5 英里（8 公里）的空域时，我注意到有一条尾凝从东方出现，以 60 度角非常快速地爬升。我左转 180 度，接近这个目标，这时候第一个轰炸机盒子编队投下了它们的炸弹。在和轰炸机水平的 25000 英尺（7620 米）高度，尾凝断掉了。就在它断掉的时候，我已经可以分辨出那是一架飞机。那架飞机向右转了 180 度，以一个小角度俯冲掉

头飞回东边。我投下了我的副油箱，以一条逐渐接近的航线追赶它，当时敌机向东飞，我朝北飞。当敌机穿越我的航线正前方的时候，我认出那是一架 Me 163 火箭飞机。我迅速向东来了个 90 度转弯，跟上它的正后方。到大约 400 码（366 米）距离时，我马上开火射击。子弹马上就命中了机尾、机翼和驾驶舱。Me 163 的机腹马上起火爆炸了。碎片向后飞散，我在后面迅速地冲向那团爆炸火光。我飞了过去，压低机翼看着它。它的垂尾被打掉了，座舱盖被打得稀巴烂。那架 Me 163 开始打转，带着火尾旋坠落。火苗熄灭了一阵子，然后又烧起来了。随着它速度的增加，火势完全熄灭了。在交手的时候，大约又有其他 11 架（火箭）飞机爬升了上来，我向左急转脱离，寻找咬住下一架敌机的机会。当时我正带领着大队，建议整个大队保持在 25000 英尺的云层底部。这时候，有人

第 4 战斗机大队指挥官弗雷德·格洛弗上尉和战机的合影。

呼叫说我（攻击的）那架 Me 163 的飞行员跳伞了。战斗持续了大概只有 5 分钟时间。

格洛弗上尉宣称击落 1 架 Me 163。根据德方记录，这个战果极有可能是 2./JG 400 的安德烈亚斯少尉：

在听取截击任务的概要之后，大队的所有飞行员很快搭上卡车来到跑道末端，在那里 Me 163 已经做好升空的准备了。每个飞行员都有他自己的飞机。我们快速套上自己的飞行服，几分钟过后，我们就坐在了各自的驾驶舱里，等着起飞升空了。我坐在中队长（奥托·博纳上尉）之后的第二架飞机里。我们收到了指挥塔台发来的信号，开始发动涡轮，不过我的确没有办法启动，就算我反复按动启动按钮也无济于事。三十秒之后，我们收到了起飞的命令，但我还是没有启动涡轮。结果这时候才发现我的地勤人员忘记把飞机连接到供电的辅助车辆上了。飞机一通电，涡轮就发动了起来，我立刻呼叫塔台做好了准备。这时候，我收到命令，说要先等等，让其他发动机已经启动的 Me 163 在我前面起飞。结果，我几乎是最后一个得到起飞命令的。离地升空之后，我立刻转向了地面塔台发送给我的航向。朝着莱比锡爬升的时候，我看到了大量尾凝，于是报告塔台我接下来的飞行不需要航向指引了。紧接着，我看到了大约 6000 米高度飞行的一队轰炸机，我爬升到它头顶上的 10000 米高度，把发动机收回到怠速挡来节省燃料，以备紧急情况需要。在这个高度，我调整航线飞往 1 架 B-17 单机，它处在轰炸机主编队稍稍靠边的位置。接近到射程范围之后，我开火射击，几乎就在同一时间收到了尾枪手的回击，他有几发子弹击中了驾驶舱。我的机炮沉默了下来。座舱盖被击穿了，

我注意到我正前方的防弹玻璃被他的三发子弹打得坑坑洼洼。我没有受伤，只有右眼被座舱盖的碎片划了一道小口子。我立刻脱离接触，试着抛掉座舱盖，以备飞机开始着火的时候跳伞逃生。在 600 公里/小时的速度下，座舱盖纹丝不动——它可能被敌人的还击炮火（导致的机身变形）卡住了。我做动作把速度降低到大约 250 公里/小时，再试了一次，终于靠着右手的协助把座舱盖抛掉了。就在座舱盖抛掉的一刹那，我遭受了一架敌军战斗机的攻击，由于我的飞机速度太低，机头马上翘了起来，向下坠落。我试着把飞机从俯冲中拉起来，很快意识到控制系统一定在遭受攻击时严重损坏，因为我把操纵杆前后左右扳动都一点效果没有。我决定弃机跳伞，但开始的三次尝试都不成功，因为 Me 163 开始以更大的角度俯冲，它的阻力太大了。最后，Me 163 积累了更快的俯冲速度，开始从俯冲中拉起的时候，我在 5000 至 6000 米的高度跳伞。我张开了降落伞，在接近武尔岑的一个村子降落。我的飞机坠毁爆炸了。

与此同时，12:15 的莱比锡空域，美军第 4 战斗机大队第 335 战斗机中队遵照弗雷德·格洛弗上尉的指示，保持高度等待火箭战斗机飞出云层底部。查尔斯·安德森（Charles Anderson）中尉咬上了一架 Me 163 并猛烈射击，观察到一发子弹命中目标左侧后机身后越标脱离接触。

京特·安德烈亚斯少尉的 Me 163 极有可能正是美军第 4 战斗机大队格洛弗上尉的战利品。

很快，队友路易斯·诺利（Louish Norley）上尉抓住了自己的机会：

我们的大队和轰炸机群会合上了，正在 25000 英尺（7620 米）高度的云层底部向着南方的目标区一路扫荡过去。12:10，我们观察到目标区以东出现了一道大型尾凝，以非常陡峭的角度向西迅速爬升。带领大队的格洛弗上尉从

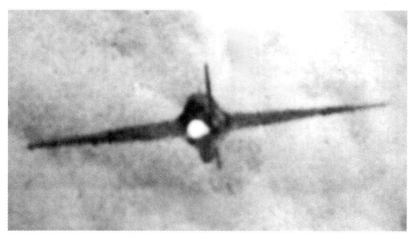

第 355 战斗机中队查尔斯·安德森中尉的照相枪视频，他距离一个"彗星"击落战果只有咫尺之遥。

第 4 战斗机大队的路易斯·诺利上尉。

极有可能被第 4 战斗机大队的诺利上尉击落的雅各布·博伦拉特军士长。

它还在爬升的时候就开始了追击，并一直把它保持在视野范围之内，结果它对轰炸机群发动了一次攻击，就再一次俯冲到下面。在这时候，又有大约 11 道这样的尾凝爬升了上来，全部都冲着轰炸机编队的方向过去。格洛弗上尉接近了他一直在盯着的那架，识别出它是一架 Me 163。他建议我们呆在云层底部，以便在它们下降高度的时候逮住它们。

25000 英尺高度，我正在目标区东南方向的云层底部带领"守车"中队。我们正完成了一个左转弯，等着那些喷气机飞下来。这时候，有一架从我的 6 点钟方向冲出云层。我立刻投下了我的两个副油箱，把节流阀推满，来了个急转弯。我把我的陀螺瞄准镜光圈设置到 30 英尺（9 米），达到了翼展刻度的极限。我毫不费力地就把瞄准光点锁定在喷气机上头。不过，这时候我有一点点超出了射程——大约有 1000 英尺（305 米）。我咬住喷气机的尾巴，跟着它飞下去。

那架喷气机开始拉开我们之间的距离，于是我打了几个短点射，希望能迫使它转弯，这样我就有可能抄个近道，进入射程范围里头。

那架喷气机果然开始改平，来了个左转弯——跟着转弯角度的增加，它的速度明显地慢了下来。我非常快速地跟上了它。这是我第一次使用 K-14 瞄准镜，在拉近距离时忘了要打开活动光环，不过我还是有几梭子打中了它的尾巴，从 280 码（256 米）一直打到 50 码（46 米）10 度的位置。当我进入射程范围的时候，速度大约有 450 英里/小时（724 公里/小时）。我收回了节流阀，但由于速度太快还是很难在它转弯的时候跟住。我射击越标，飞了过去，然后拉了起来，（压低机头）再次咬住它的尾巴。这时候，喷气机已经关掉了它的发动机，最起码它没有喷出一点黑烟。在我第二次接近它的时候，它启动了它的喷气发动机，开了几秒钟又关掉了。我以 20 度偏转角接近到 400 码（366 米），又打了一轮，看到命中了机尾。喷气机滚转成肚皮朝天，从 8000 英尺（2438 米）高度直直地向下俯冲，机身左侧和尾喷口断断续续有火焰冒出来。它撞进了一个小村子里，爆炸了。

在消耗 450 发点 50 口径机枪子弹后，诺利上尉宣称击落 1 架 Me 163。对照德方记录，1./JG 400 的一架 Me 163 B-0（工厂编号 440003，机身号 BQ+UF）在返回布兰迪斯机场时被尾随而来的战斗机击落，坠毁在跑道附近的小村蔡提茨（Zeititz）区域，飞行员博伦拉特军士长当场阵亡。该机极有可能正是诺利上尉的战果。

大致与此同时，更多 JG 400 飞行员摆脱护航战斗机的干扰，设法接近轰炸机群发动攻击。根据该部记录，12:16，席贝勒下士驾驶"白 3"号 Me 163 B 起飞升空，在梅泽堡空域先与 3 个 B-17 编队和 2 架野马战斗机发生接触。随后，"白 3"号机在 12:34 顺利降落在布兰迪斯机场，结束席贝勒下士最后一场拦截轰炸机洪流的作战任务。

与之相比，当天队友维尔纳·胡斯曼（Werner Husemann）下士则是在 Me 163 之上进行个人第一次战斗任务的：

在进行两次航线调整之后，我想办法进入一个良好的战位之中攻击一组"雷电"，当时他们正在我头顶上向左螺旋。一共有四架飞机。我没有时间思考了……我对着无线电呼叫"Pauke，Pauke（我正在发动攻击）"，接下来就是一句粗野的咒骂：我的机炮打不响了。我急跃升飞过那些雷电战斗机，然后我的燃料就耗光了，我第一个念头就是我回不了布兰迪斯了，因为它们很快就会把我逮住。这时候，我还发现失去了和地面控制塔台的所有联系。我四处张望，想找一块降落的地方。在我前面，就是莱比锡，过了一小会儿，我看到了施科伊迪茨（Schkeuditz）的机场，它刚刚被炸了一轮。由于敌机没有飞过这片空域来，我高速俯冲下去，想看看我能不能降落。在铁道线旁边，有一小段草皮跑道没有弹坑。我决定就在这里降落，再跑去找防空洞。由于飞机太高太快，我绕着机场飞了一圈。我的决定是正确的。我得到了降落的许可。我展开襟翼，放下滑橇，落了下来。我关掉无线电，打开座舱盖，看了一圈我的飞机有没有烧起来——有燃料剩下来的时候会有可能起火。我朝着一栋建筑跑过去寻找掩护，这时候来了一个骑着自行车，手里还拎着一桶水的列兵："他们把我留了下来，让我把火给扑灭。消防队已经疏散了，不过我收到命令送一些水过来。"看到这一切我几乎崩溃了。我对他感到非常内疚，告诉他没有什么东西剩下来了，把水泼在发动机上面就好。

根据美军记录，重型轰炸机部队在莱比锡空域接连目击 Me 163 的出现。12:23，第 493 轰炸机大队的下方中队在北纬 51 度 05 分、东经 12 度的空域遭到 6 架"彗星"的连番攻击，前后时间达 7 分钟。根据该部一架轰炸机机组乘员的目击：

最开始，投弹手在编队上方 1000 英尺（305 米）高度发现一架 Me 163，位于 8 点钟方向的 28000 英尺（8534 米）高度。投弹手的注意力被这道大型尾凝吸引住了，它呈圆柱形，毛茸茸的雪白颜色，持续不断，和之前看过的轰炸机和战斗机尾凝不同，它们是扁平的，暗灰颜色。敌机在 8 点钟方向的 1500 码（1372 米）之外，和编队保持一样的方向平行飞行……它拉起进入一个陡峭的垂直爬升，向左转了一个大弯，转到极易受到敌军攻击的编队的平行位置，大约 7 秒钟时间。敌机打出一个短点射和一个大约 4 秒钟的连射。目击者感觉它装备有 4 挺机枪，每侧机翼各有 2 挺。据信它装备的是机枪，因为膛口火焰速度非常快。在这一轮攻击中，投弹手从机头机枪塔中（朝敌机）打出 30 发子弹。在对编队展开的第二轮攻击中，这架 Me 163 先在 1500 码之外的 9 点钟方向水平飞行，再向右来了一个急转俯冲，接近到 B-17 编队的 800 码（732 米）距离之后，在中队的下方 900 英尺（274 米）飞过，飞入 5 点钟方向的云层里消失。这架 Me 163 的发动机保持断断续续的启动，不过目击者估算它的速度位于 400 至 600 英里/小时之间（644 至 965 公里/小时）。这一回合持续了大约 5 秒钟时间，不清楚敌机有没有开火射击。（轰炸机的）尾枪手和机腹机枪手均朝向 Me 163 射击，没有观测到子弹命中。忽然间，一架 Me 163 在 1000 码（914 米）之外冲出云层，从编队下方 1200 英尺（366 米）的 5 点钟方向接近，不清楚它是否为先前的那架敌机。在大约 600 码（549 米）之外，敌机稍稍向左转弯以避免碰撞，但一直保持爬升。它在编队左侧 1200 码（1097 米）之外的 8 点钟方向飞过编队，完成了一个 360 度转弯，进入一条与编队平行的航线。敌机拉起到 10 点钟方向，随后改为俯冲，转向 6 点钟方向攻击，随后消失在云层当中。目击者表示，在这几次攻击中，C 中队没有保持特别紧密的队形。在这几轮以及后续的交战中，编队中的其他飞机开火射击。在 Me 163 的攻击之后，一架 Fw 190 在 900 码（823 米）之外的 5 点钟方向展开了一次不痛不痒的攻击，随后消失。根据记录，所有的这些进攻是在 5 分钟时间内完成的。

莱比锡空域的帝国防空战逐渐偃旗息鼓，JG 400 没有取得任何战果，颗粒无收。除去两架被野马击落的"彗星"，1. /JG 400 的斯特拉兹尼奇军士长失踪。事后，他的尸体在德里奇（Delitzsch）地区被发现，座机"白 8"号 Me 163 B（工厂编号 440186，机身号 TP＋TN）全毁。当天，除了第 4 战斗机大队的两位幸运儿，没有第三名美军飞行员宣称在战斗中击落 Me 163，因而 440186 号机的损失极有可能是机械故障或者轰炸机编队自卫火力所致。至此，在 11 月 2 日中午的大规模"彗星"出击中，JG 400 接连有四架 Me 163 全损，三名飞行员阵亡、一人负伤，损失极为惨重。

战斗结束后，胡斯曼下士返回布兰迪斯机场，和队友们一起探究他的机炮无法击发的原因：

当天下午，我坐在我的 Me 163 里被牵引回了布兰迪斯机场，受命一降落就向博纳上尉报告。我们的会谈更像是一场盘问。博纳已经从地面控制塔台收到了报告——这是我没有预料到的。交谈是在相对平静的气氛中进行的，我

赫伯特·斯特拉兹尼奇军士长在当天的战斗中被离奇击落。

告诉了他有关这场任务中我能记起来的所有事情，他则不时给出评论。然后，他告诉我说继续飞行越过那些战斗机的决定是正确的——它们的数量可能有 10 架之多……然后，博纳说出了重点："我没有想到你会骂得那么粗鲁！你应该控制一下自己的语气。控制塔台里有几个女孩的。晚饭的时候我到飞行员食堂来找你。"然后会谈就结束了，我心情复杂地走开了，一路想着自己到底有什么事情做错了。

后来，在去飞行员食堂的路上，博纳叫住了我。"我搞清楚了，胡斯曼！"他说，"我们在机库里，靠一个体形和你一样的家伙把所有的流程检查了一遍。我们照着你的步骤同样来了一次——现在发现了问题到底出在哪里。"军械师是第一个意识到问题的根源的。"胡斯曼的手套指尖太长了。"他指的是我们皮革手套外面套上的 PVC 飞行服的手套部分。我扣动射击按钮的时候，手套的指尖也弯了过来，这样一来我实际上还同时按下了保险开关。"那时候你的咒骂听起来很恶劣，"博纳说，"不过现在没事了。你的手套会改过来的。"然后我和军械师把整个流程再过了一遍。在那以后，我把改过的手套放在了口袋里；皮革的手套感觉好多了。

在英伦三岛的第八航空军基地，轰炸机组乘员对当天 Me 163 的战术进行了一番归纳整理：

1. Me 163 以惊人的速度几乎垂直爬升，在稍后的位置穿过编队，抵达上方 900 至 1000 码（823 至 914 米）的位置，完成一个筋斗机动后俯冲而下，再次穿过编队。据报，有几架敌机在俯冲时发动机没有满推力运行。

2. 一些机组乘员认为这些敌机在爬升和俯冲时没有开火。不过，值得注意的是，当敌机开火的时候，喷气发动机都是关闭状态。

3. 有几次攻击非常接近，但敌机没有开火。机组乘员认为敌机试图将编队完全打散。

4. 这些 Me 163 之间没有明显的战术协同。

5. 喷气飞机的速度是如此之快，机身是如此之小，以至于多份目击报告表示它们只能通过尾凝进行识别。

6. Me 163 爬升攻击轰炸机编队时，无视了当时相当猛烈的高射炮火。

7. 有机组乘员报告 Me 163 的机翼为浅绿色，机头黑色，机身是黑色和绿色斑点。有其他机组声称遭遇的 Me 163 是暗淡的灰色。

8. 有若干目击者声称敌机发动攻击时发动机推力全开。

9. 另一场攻击的报告表明一架 Me 163 在编队 2 点钟方向下方发动伴攻，在 8 点钟方向脱离接触，随之进行螺旋爬升到 5 点钟方向高空，随后才发动攻击。敌机接近到 600 码（549 米）距离后打响机翼上的机炮。然后转向左方，从 6 点钟方向直线向后飞离。

1944 年 11 月 9 日

当天，I. /JG 400 的格洛格纳下士完成了一次颇不寻常的例行任务：

维迪奇少尉和我起飞测试我们的飞机。我们想一起飞到 15000 米高度，在那里玩上一把捉迷藏游戏。在 5000 米高度，维迪奇忽然之间掉头飞走，从我的视野里消失了。到 10000 米高度，我发现自己孤身一人，很快意识到已经看不到机场的位置了，它正隐藏在云层的下面。我俯冲向下，在 4000 米高度，我穿过一个云层的孔洞看到了机场的位置。我继续俯冲，在 300 米高度冲出云层底部，看到我刚刚好在机场上空。这时候，我眼前忽然一片白茫茫，座舱盖的里面长出了一厘米厚的冰层。原来，在 10000 米高度，座舱盖暴露在外面的低温环境里，在我俯冲的时候，云层的湿气凝结在上面了。我正以 800 公里/小时的速度飞行，什么都看不到。我一边依靠仪表控制飞机，一边拼命擦掉冰层，终于能够看到跑道模模糊糊的轮廓。我飞得还是太快了。我转了个弯，希望自己就在蔡提茨上空，然后就降落了。（降落后）只见飞机的机头和座舱盖一片雪白。

第二天，布兰迪斯的 I. /JG 400 提交报告：不包括 3 中队，该部当前拥有 30 架 Me 163 的兵力，其中 16 架完成作战准备。

1944 年 11 月 12 日，JG 400 联队部成立

11 月 12 日，JG 400 受命调整组织架构：原 3 中队改组为 5 中队、原 4 中队改组为 6 中队，连同新成立的 7 中队和二大队部，组成一个全新的二大队加入 JG 400 的编制。该部的驻地选在斯塔加德机场。此外，JG 400 重新成立一个 3 中队以补充布兰迪斯机场的一大队兵力。

值得一提的是，II. /JG 400 的三个中队指挥官一直到 3 个月后——也就是 1945 年 2 月方

才被德国空军任命为中队长。而这次改组的最直接后果便是一系列档案和文献的混乱，给后世历史研究者造成相当程度的困扰。

II. /JG 400 基于斯塔加德机场只展开过三次作战任务。根据 6 中队长格思少尉在战后的叙述，11 月中他曾经受命升空拦截两架蚊式侦察机，其中一逃脱，另外一架被他从后方击落，飞行员跳伞。格思表示，第二天波利采遭受空袭，他和一名下士驾机爬升到 10000 米，再俯冲而下攻击 4000 米高度的轰炸机编队，宣称击中一架轰炸机的机翼，碎片四散。不过，以上宣称战果均无法得到现有盟军记录的证实。

1944 年 11 月 18 日

美国陆航第八航空军发动没有轰炸机参与的第 716 号任务，47 架雷电战斗机和 355 架野马战斗机深入德国内陆大肆扫射各类地面目标，包括哈瑙（Hanau）和乌尔姆地区的炼油厂设施、莱普海姆和莱希费尔德机场，晴空万里的德国南部空域一时间被铺天盖地的美军战斗机占领。

其中，第 353 战斗机大队宣称击毁大量 Me 262 喷气式战斗机。该部的莫里斯·莫里森（Maurice Morrison）中尉在莱希费尔德机场极为难得地遭遇了 Me 163：

我们的任务是跟着红色和黄色小队横扫目标区。我在阿默湖（Ammer Lake）的北角开始俯冲，大概在西北 3 英里（5 公里）的位置改平。在我俯冲的时候，我注意到从机场的机库那一排打上来了 3 发绿色信号弹，看起来是提示防空炮手。

我从东边开始扫射。我在东边着陆区朝着一架 Me 163 开火。我有许多发子弹命中，在它头顶上拉了起来，火焰爆了出来，我相信它被击毁了。然后，我朝着机场西边停在机库前的一架 He 177 开火，又有多发子弹命中，击伤了它。

我的僚机托马斯（Thomas）少尉朝着一架飞机开火，他识别这是一架 Ju 88。这架飞机烧了起来，他宣称将其击毁。他同样击伤了一架 Me 163 和另一架无法识别的双引擎飞机。

不过，现今发掘而出的德方资料中，尚无这次扫射任务中莱希费尔德机场 Me 163 损失的记录。

第二天，1. /JG 400 的一架 Me 163 B（工厂编号 440172）在布兰迪斯机场附近因故迫降，受损 15%，飞行员古斯塔夫·穆勒（Gustaf Müller）军士长头部重伤。接下来的 11 月 25 日、30 日和 12 月 12 日，美国陆航三次空袭布兰迪斯机场邻近的梅泽堡等地，但 JG 400 相当反常地没有出动 Me 163 拦截。

1944 年 11 月 29 日

当天，英国皇家空军第 16 中队出动四架喷火 IX 侦察机，由中队长安东尼·戴维斯（Anthony Davis）少校带领前往德国北部空域执行武装侦察任务。在 30000 英尺（7620 米）高度，戴维斯少校发现敌情：

我清楚地记得，当时整个德国北部平原地区都是晴好的天气，我正在明斯特（Münster）上空来来回回拍摄照片，看着我的位置北边十英里（16 公里）左右的空域的一个美军轰炸机编队向东飞去。大约有半打无法识别的快速小型飞机正在反复地穿越轰炸机洪流，保持在后方展开攻击。我没有看到任何战斗机或者轰炸机被击落，不过我的确看到了那些战斗机在加速的时候喷出的黑烟，因此我猜它们应该是 Me 163。

我完成了一段拍摄航路，正在开始下一段的时候看到左后方 800 码（732 米）的距离真真切切地出现了四架 Me 163，全部把火箭发动机的推力全开，喷吐出黑烟转弯过来准备攻击我。当它们接近到大约 600 码（549 米）的时候，我向左来了个螺旋急转俯冲。它们立刻关掉了发动机（烟没有了）想跟着我俯冲下去，不过它们被远远地甩在转弯轨迹外面。我继续急转螺旋俯冲，一直到紧贴地表的超低空，然后掉头返航。那些 Me 163 在右边飞着松散的梯形编队，又尝试来了两次攻击，想把我套到它们的瞄准镜里，不过没有成功。事后回想，如果它们能从两个方向展开协同夹击，就可能把我干掉了。到那个时候，我已经下降到了大约 10000 英尺（3048米）高度，它们不得不中止了它们的企图——我相信它们推力全开的时候只有大约 10 分钟左右的留空时间。

根据战后分析，戴维斯少校的记录存在相当程度的可疑之处：一般情况下，Me 163 喷射的尾焰是醒目的白色，因而他遭遇的极有可能是 Me 262。

1944 年 12 月 8 日

当天，英国皇家空军第 16 中队的 C·D·伯顿（C. D. Burton）少尉驾驶一架喷火 XI 侦察机起飞升空，进入德国境内执行侦察任务。中午12:20，在布茨韦勒（Butzweiler）附近空域，侦察机遭到德国空军火箭战斗机的拦截，根据伯顿少尉的回忆：

我正在飞过勒沃库森（Leverkusen）执行一次照相侦察任务。当时处在 30000 英尺（7620 米）高度，航向 340。我看到左边有 4 架 Me 163 爬升出 6000 英尺（1829 米）高度的云顶。我把航向转往 270 度，它们很快地爬升，从我头上飞过去了。在这时候，我决定四周看一圈，结果看到右侧有一架 Me 163 从后上方展开滑翔攻击。我向右急转弯，那架敌机从我下面飞过去了。我第一次看到它的时候，那架敌机在400 码（366 米）之外的距离开火射击，弹道落到后面去了。看起来那是从一门 20 或者 30毫米的加农炮里头打出来的。这时候，第一批 4 架飞机转到左边去了，高度掉到了 20000英尺（6096 米），掉头返航了。之外我就没有遭受过更多攻击。

在这次遭遇战之前，我在科隆（Cologne）空域转了大约 20 分钟，等待我的目标上空出现云层空隙。

根据伯顿少尉的描述，4 架 Me 163 队形整齐地升空拦截，而第 5 架 Me 163 则协力包抄侦察机。然而这与现存德方记录存在相当的差异：勒沃库森远在"彗星"基地的作战半径之外，而且 Me 163 的落空时间太短，通常情况下保持编队升空作战，而是采用分头行动的战术。因而，英军当天遭遇的是何种战机，尚待进一步考证。

12 月 12 日，布兰迪斯的 I./JG 400 提交报告：该部当前拥有 43 架 Me 163 的兵力，其中 22架完成作战准备。12 月 20 日，奥莱尼克上尉被调离 JG 400，前往 IV./EJG 2 担任大队长。根据他的回忆，EJG 2 的联队部在三个星期后从斯普罗陶转移到石勒苏益格-荷尔斯泰因（Schleswig-Holstein），其余的人员则继续在埃斯佩斯泰特和沙夫施塔特（Schafstadt）与陆军并肩战斗。

1944 年 12 月 24 日

当天，英国皇家空军第 16 中队的 L. L. 卡登（L. L. Caden）中尉驾驶 PL892 号喷火 XI 侦察机前往芬洛-杜伊斯堡（Duisburg）空域执行照相侦察任务，结果接连遭遇令人震惊的场面：

爬升到 26000 英尺（7925 米），保持在尾凝高度以下飞向目标区。在芬洛空域看到两道 V-2 的尾焰，爬升到 30000 英尺（9144 米）开始第一次拍摄航线。转弯进行第二次航线时，看到一架 Me 163 启动火箭发动机，朝向我迅速爬升过来。我等到敌机飞到我下面 200 英尺（61 米）距离时，转成倒飞俯冲，甩掉了 Me 163，在那以后就没有看到它。我驾机爬升到 30000 英尺，重新开始第二次拍摄航线。观察到一架飞机拖曳着尾凝向我飞来。以为这有可能是我方飞机正在返航，我来了个大半径转弯飞走，但那架飞机跟了上来。我收紧了转弯半径，那架飞机依然在跟随，我意识到它追击我。我俯冲到尾凝高度以下，那架敌机一开始依然在跟随，不过在尾凝高度下方就不见了。我觉得把它甩掉了，就掉头返回目标区域，忽然间看到它正在从后下方展开攻击。接下来，一场缠斗展开了，在三圈急转弯之后，我咬上了敌机的尾巴。它朝着太阳的方向急跃升拉起脱离，留下一个 Bf 109G 的完美背影。我在震惊中返回了基地，这架 109G 追了我十分钟之久。

实际上，芬洛-杜伊斯堡已经处在德国西部边境，与已知"彗星"基地相隔数百公里，因而基本可以肯定卡登中尉的观察出现偏差。

1944 年 12 月 26 日

凌晨两点左右，芬洛以南 35 公里的海因斯伯格（Heinsberg）空域，英国皇家空军第 69 中队的 Weillington 轰炸机群正在执行夜间空袭高度，4000 英尺（1219 米）高度，一名机枪手 J. Haines 少尉发现异样：

02:02 的时候我们正在哈瑟尔特（Hasselt）上空 4000 英尺飞 088 航向，一架身份不明的单引擎喷气式飞机从西边出现了。我们采取了规避机动，继续我们的航向。随后，从哈瑟尔特到巴尔（Baal），再从迪伦（Düren）回到马斯克（Maaseik）空域，又有两架其他的喷气式飞机加了进来，持续从不同方向展开攻击。这三架飞机一直如影随形，根据它们蝙蝠式的外形和断断续续的喷气尾焰，我几乎可以肯定它们是 Me 163。它们大概发动了十四轮攻击，向我们射击了六次。有两次攻击是从侧面发动，三次从后下方发动，两次从后上方发动。我也总共回敬了六轮射击，在 02:19，大约处在海因斯伯格空域的时候，一架敌机从右上方来袭，我打了一个长连射，看起来子弹击中了它。我们的第五名机组 G. W. 斯诺克斯（G. W. Snooks）上士也在天文观测窗里头看到了这个过程。（敌机的）武器系统看起来是两门 30 毫米加农炮，发射爆炸弹头，因为我们的飞机多次被爆炸冲击波震动。

海因斯伯格空域同样远离"彗星"基地，而且由于自身设计所限，Me 163 无法在夜间升空执行任务。因而，英军轰炸机乘员的报告需要进一步考证。

12 月 27 日，JG 400 的联队部正式成立。

至此，德国的 Me 163 部队终于扩充到联队的规模。该部的联队长为施佩特少校。一大队驻扎布兰迪斯机场，大队长为威廉·富尔达（Wilhelm Fulda）上尉；二大队驻扎斯塔加德机场，大队长为奥皮茨上尉。值得一提的是，这两位大队长均在 1940 年 5 月作为滑翔机飞行员参加对比利时埃马耳要塞的滑翔机奇袭战，并获得一级铁十字勋章的嘉奖。与此同时，阿尔伯特·法德鲍姆（Albert Falderbaum）上尉担任 1 中队的中队长职责。

12 月 31 日，布兰迪斯的 I. /JG 400 提交报告：该部当前拥有 45 架 Me 163 的兵力，然而全部没有做好作战准备。

1945 年 1—2 月，II. /JG 400 的疏散和 16 测试特遣队的解散

1 月 10 日，布兰迪斯的 I. /JG 400 提交报告：该部当前拥有 46 架 Me 163 的兵力，其中有 19 架做好了作战准备。

1945 年 1 月 14 日

当天，英国皇家空军第 16 中队的 W. F. 巴克（W. F. Barker）少尉驾驶 PL853 号喷火 XI 侦察机，深入鲁尔（Ruhr）地区执行照相侦察任务，他的报告如下记录：

当时我正在执行一场对鲁尔以及鲁尔以东机场的照相侦察任务。杜塞尔多夫东南大约 4 英里（6 公里）的空域，我在 22000 英尺（6706 米）高度飞行的时候，看到一架单引擎飞机在我头顶上转圈。由于我识别不出那架飞机，就飞近了观察，过了一小会，我吃惊地发现在 19000 英尺（5791 米）高度出现其他两架飞机朝着我高速爬升。我呼叫基地，这时候已经识别出后面那两架保持梯形编队的飞机是 Me 163。

它们飞快地爬升越过我，再以横队从我的正后方展开攻击。我调转机头正面应对，这两架飞机擦肩飞过，没有开火。它们立刻分散队形，一架向左，另一架朝着太阳的方向

埃本·埃马耳要塞强袭战过后，突击队员簇拥着两名滑翔机飞行员合影。右五为鲁道夫·奥皮茨，他的右手边为威廉·富尔达。照片拍摄时，谁都不会想到这两名滑翔机飞行员会在四年后成为人类历史上唯一的火箭截击机联队的两名大队长。

快速爬升，尾巴上拖着一条长长的棕色尾凝。

然后，第一架飞机从左后方来了一次攻击，我转弯应对，注意到它来袭的速度相当慢。我的表速大概是 270 英里/小时（434 公里/小时）。转弯的时候不是非常急促，我能轻易地保持在它对面同向转弯，随时可以收紧转弯半径获得足够的偏转角。

当我的机腹再次朝着太阳的方向的时候，我看到另外一架飞机从太阳方向冲了出来，在800 码（732 米）的距离打响机头的所有四门机炮。它朝着我直接射击，它的弹道落在我的后面，如果我继续转弯，就会飞过它的密集弹雨。

这时候，我左右两边都有一架飞机，我转向那架正在开火的飞机。然后第二架飞机在我的后面来了一个反转，这样我就被完全包夹住了。于是我来了一个非常不标准的桶滚，转成倒飞之后大角度俯冲，与此同时把发动机功率和螺旋桨转速打满。

我一旦调整好进入平稳的俯冲，就向周围看了一圈，看到那架敌机正在 500 码（457 米）背后，跟着我一起俯冲。那时候，我大概处在16000 英尺（4877 米）高度，表速在 470 到 480 英里/小时（756 到 772 公里/小时）左右。我收回了节流阀，调整螺旋桨，尽可能地降低速度。考虑到我的速度远远高出副翼滚转的额定数值，我试着依靠方向舵让飞机在俯冲中左右转弯。这一手很有效，方向舵在俯冲的时候还能保持足够的效率。

大概在 12000 英尺（3658 米）高度，我发现升降舵在相当长的一段行程范围内有点不灵了。在大概 3000 英尺（914 米）高度，敌机在我背后大概 200 码（183 米）距离，我试着收小俯冲角度，发现控制杆力非常重。我开始一点点地改出，最后靠着两只手，我在 1500 英尺（457 米）改平，这时候已经是陷入了完全的黑视。

在 4000 英尺（1219 米），我恢复过来，开始大角度爬升。这时候我四周张望寻找那架飞机。我能看到的只有一团灰色的烟雾从一片小树林中升起来——刚才我们就是冲着这里俯冲的。看起来，那架敌机没有办法从俯冲中拉起来，直直地一头栽了下去。

我想（对着烟雾位置）拍上一轮照片，但立刻遭到了第二架飞机的攻击。我再一次马力全开，俯冲到超低空。那架飞机看起来不大愿意追我，只来了一轮攻击就掉头飞走了。我再也没有看到过它，在接近地表的超低空高度，我的表速大约是 360 英里/小时（579 公里/小时）。

因为我感觉我的飞机和我耳朵都受了伤，我决定返回基地，爬升到 12000 英尺后设定航向。这时候，我又注意到同样的空域中又有无法识别的飞机在盘旋，现在高度大约在 15000英尺（4572 米）。

Me 163 的涂装为暗淡的银灰色，有通常的德国空军徽记。

巴克少尉推断追击他的这架"Me 163"在激烈的机动中坠毁，但无法得到现存德国空军记录的证实。杜塞尔多夫远离所有已知"彗星"基地，实际上，从"机头的所有四门机炮"的记录分析，巴克少尉遭遇的极有可能是 Me 262。

1945 年 1 月 16 日

当天，美国陆航第 353 战斗机大队的 P-51战斗机机群飞临莱希费尔德机场执行扫射任务，格伦·卡兰斯（Glenn Callans）上尉发现机场北部机库之前的空地上停放着一架 Me 163 正在进行维护。他立即向左进行一个急转弯，展开扫射攻击。在数百米之外，卡兰斯上尉锁定火箭飞机，扣动扳机一口气打出五秒钟的连射。Me 163

一被点 50 口径机枪击中，机体内的火箭燃料便轰然爆炸，飞机熊熊燃烧。卡兰斯上尉一直开火到即将和目标相撞，猛力拉杆从烧成一团废墟的火箭战斗机之上掠过，安全返回基地。

在 1 月中，东线的苏联红军朝着德国腹地大举进发，斯塔加德的二大队基地受到的威胁日益严重。因而，从 1 月下旬开始，5、6 中队开始向西方的巴德茨维什安和维特蒙德港等地转移。2 月初，7 中队也从斯德丁的阿尔特丹机场撤离，中队长莱茵哈德·奥皮茨少尉回忆道：

1945 年 2 月最早的几天，我们（7 中队）在苦寒的天气中离开了斯德丁。我们把自己所有的设备和飞机装上最后的货运列车，摆放整齐到"正常"状态。俄国人的坦克已经杀到了施耐德姆尔（Schneidemühl），距离波美拉尼亚（Pomerania）东南边界 110 公里的一个城镇。几天之后，我们到了萨尔茨韦德尔（Salzwedel），我受命在这里卸下中队的飞机和装备。

对萨尔茨韦德尔的机场进行了简单的视察之后，我意识到这个场地同样也不适合 Me 163 的运作。空间太狭小了，也没有混凝土跑道。

在接下来几个星期时间里，好几个战斗机部队来来去去，由于无处不在的美军战斗机，我们几乎动弹不得。我们的飞机停在当地村庄的农舍里。在这个阶段，我们学会了怎样依靠一根短牵引杆把卸掉机翼的 Me 163 挂到卡车后头一路拖着走。

只要一件事，你就能明白当时我们面临的是怎样荒谬可笑的绝望处境。Me 163 没有办法依靠自身动力从机库转移到起飞点，虽然我们有一种专用设备，就是所谓的"朔伊希拖拉机"来拖曳降落后的飞机。实际上，这种车辆是一台"大众（Volkswagen）"发动机驱动的叉车，能够把飞机提升到足够的高度，以便重新装上机腹下的滑车，或者直接转移飞机。可以想象的是，那时候战争物资和食物的缺乏很自然地导致汽油的缺乏。和其他所有的德国机场一样，布兰迪斯的机场雇佣有一名农夫负责草坪的修剪和清洁的保持。所以，牛群被允许进入机场把草吃掉。这给机场指挥官一个灵感，命令靠着一头公牛把 Me 163 拖曳到起飞点！这头牛是一位老人家饲养的，他曾在国家冲锋队（Landsturm）里服役，负责管理机场。想象一下，

畜力驱动的火箭截击机，近乎天方夜谭。

一头牛拖着 Me163，世界上最快的飞机！

萨尔茨韦德尔的正常任务也成了问题，在白天里经常有空袭警报打断，飞机和它们的设备不得不被分散安置，每天光是检查确认它们的状态就要耗上好几公里的路途……

2月8日，在莱比锡空域的侦察任务中，英国皇家空军第542中队的PL908号"喷火"飞过布兰迪斯机场上空。虽然没有拍摄下机场全景，英军情报部门仍然从航拍照片中提炼出足够的信息，报告表示："据现有情报，布兰迪斯机场与 Me163 休戚相关，最少观测到17架飞机的存在……"

2月9日，根据德方档案，当天一架 Me163 B(工厂编号440015，机身号 BQ+UR)在常规任务起飞升空时出现人为失误，飞机受到90%损伤，飞行员欧内斯特·齐尔斯多夫(Ernst Zielsdorf)受伤。

这一阶段的 JG400 中，赫伯特·克莱因(Herbert Klein)上士是一名来自斯普罗陶的滑翔机教官，Me163 驾驶技术精湛。1945年2月，他从布兰迪斯机场执行个人第四次"快速"升空时遭遇美军战斗机的追击，根据马诺·齐格勒少尉的回忆：

……我们看到他转着圈子飞下来，后面跟着一架"野马"。他一定是知道美国人盯上了他，一直在不停地收紧他的转弯。不一会儿，我们就看到它们下降到了一千米高度以下。不过，"野马"飞行员耐心地等待他的时机，因为很清楚对方的(火箭)发动机没有办法一直启动，尤其高射炮火由于担心误伤年轻的赫伯特·克莱因而不敢打响。另一方面，可怜的克莱因也没办法永远这样子滑翔下去了，最后"野马"飞行员开火了。我们看到克莱因的飞机轻轻地震

荡了一下，然后平稳地滑翔下降到树林背后。

……那架 Me163 B 降在了一大片空地上，看起来是一个正常的降落，外表上没有受到什么创伤。这真是难以置信。他们发现克莱因在座椅上死去了，僵硬的手指还紧紧地握住操纵杆。他的后脑上有一个小小的洞眼——有一枚子弹穿透了他座椅上的装甲板。

不过，这一阶段的美国陆航并无击落 Me163 的记录，这位美军飞行员极有可能因油料紧缺，急于返回基地，粗心地认为他的猎物已经逃离。

1945年2月10日

当天，JG400 的汉斯·博特少尉、威廉·约瑟夫·穆赫斯特罗(Wilhelm Josef Mühlstroh)军士长和格哈德·莫尔(Gerhard Mohr)上士受命升空执行任务。穆赫斯特罗军士长有着如下回忆：

博特是值勤军官。我们三个在中午的时候去飞行员食堂休息了一会儿，这时候，我们收到命令，要到 JG400 的指挥塔台紧急集合，它的位置距离跑道有3公里远。一共有8架飞机做好了作战准备。虽然我的飞机排在第三列，我跳进了第一架飞机的驾驶舱里，平时它一般是博特在飞，不过我发现瞄准镜失灵了。

接下来，莫尔收到命令第一个起飞，我们最后一次听到他的呼叫时说高度到了5000米。我跟着他起飞，穿过了7000米高的云层顶部，爬升到了10000米。视野范围内没有敌军飞机。

然后我们收到立刻降落的命令。我开始以350公里/小时的速度滑翔下降，不过由于云层的遮蔽看不到机场的位置。我收到命令，飞一个360度的转弯，然后他们说我就在机场上空。

我要求明确我的方位，但收不到任何回复——指挥塔台的无线电关掉了。这时候，我的速度加了上来，我在以 800 至 900 公里/小时的速度下降，于是我再次拉起把速度降低到 350 公里/小时。接下来，我看到跑道在左边一闪而过，几架 He 177 停在机场南的围栏边。最后，我看到了机场，着陆了。我滑过跑道，最后在控制塔台的前面完全停了下来。

1945 年 1 月，JG 400 年轻飞行员们在闲暇时的合影，前排左二为格哈德·莫尔上士，右一为威廉·约瑟夫·穆赫斯特罗军士长。

任务完成，穆赫斯特罗军士长把博特少尉的"白 12"号机平安带回地面。不过，莫尔上士驾驶的"白 2"号 Me 163 B-0（工厂编号 440184，机身号 DS+VU）因不明原因坠落，机毁人亡。

第二天，仅有 17 岁的奥斯温·舒勒（Oswin Schüller）下士驾驶"白 22"号 Me 163 B-0/R2（工厂编号 191111，机身号 SC+VJ）升空与盟军战斗机展开缠斗，没有战果记录。结果，该机在紧急降落时因人为错误受损 10%，舒勒下士头部负伤。同时，一架 Me 163 B（工厂编号 190573）因故坠毁受损 80%，飞行员信息不详。

1945 年 2 月 14 日，16 测试特遣队解散

清晨开始，德国境内的 Me 163 部队频频活动。英国皇家空军第 16 中队之内，驾驶 PL922 号喷火 XI 侦察机的 C. D. 伯顿少尉再一次接触"彗星"：

设定航向为明斯特，爬升至 24000 英尺（7315 米）。在预计的明斯特空域，遭遇 10/10 云量（无法拍摄照片）。设定航向为汉堡，在预计的空域依然是 10/10 云量，此时遭到一架 Me 163 的攻击，在成功进行两个半滚机动之后甩掉了它。转向返航，在 11:05 降落。

在伯顿少尉之外，第 16 中队的队友 L. L. 卡登中尉驾驶他的 PM123 号喷火 XI 侦察机，在汉诺威空域同样第二次遭受 Me 163 的拦截：

设定航向后，爬升到 25000 英尺（7620 米）。飞到预计目标空域。被迫下降到 14000 英尺（4267 米）的卷云底部，但目标区的云层遮蔽还是 10/10 之多。盘旋了 20 分钟，还是找不到云层孔洞（拍摄照片）。返回莱茵河（Rhine）的过程中，差点被一架 Me 163 击中，当时它完成了对一个空中堡垒编队的攻击，正在急速拉起。匆匆返回基地，在 11:00 着陆。

当天，德国空军最高统帅部命令解散多支测试部队，其中包括 16 测试特遣队，这支在 Me 163 的研发过程中居功至伟的测试部队迎来了终结的命运，其飞机和未完成的测试任务统一移交至 JG 400。根据命令，该部的飞行员被德国空军各单位吸收，而地勤人员则被调往埃

施韦格，或者被充实到地面部队当中。

根据战后德国空军的记录，虽然 16 测试特遣队已经不复存在，其飞行员依旧在布兰迪斯机场活动，以确保 Me 163 得到适当的维护和修理。例如库恩下士在 3 月和 4 月间多次驾驶 Me 163 B-0 V40 预生产型机升空试飞，他最后一次驾驶 Me 163 B-0 V45 预生产型机（工厂编号 16310054，机身号 C1＋05）飞行的日期为 4 月 8 日。

1945 年 2 月 15 日

当天德国腹地天气欠佳，美国陆航不为所动地派遣大批轰炸机空袭布兰迪斯机场附近的波伦等地。不过，美军机组乘员没有目击到任何 Me 163 升空迎击的迹象。

对照德方记录，JG 400 的一架 Me 163 B（工厂编号 190573）在波伦西南空域因飞行员人为故障全损。该机飞行员没有受伤，但具体信息不详，值得注意的是，该机四天前刚刚经历一次事故。

1938 年的迪特玛尔兄弟合影，从左到右分别是：瓦尔特、海尼、埃德加、埃里希。

在 1944 年至 1945 年的冬天，JG 400 的队列中出现了一张新面孔，他便是海尼·迪特马尔的弟弟瓦尔特·迪特玛尔（Walter Dittmar）。后者曾经担任第 1 牵引机大队（Schleppgruppe 1）的大队长，他在 1944 年 11 月开小差，结果军衔从上尉直降为列兵，差一点被军事法庭判处死刑。完成 Me 163 的训练后，迪特马尔列兵加入 JG 400 部队以证明自己不是一个懦夫。在这支"彗星"部队中，试飞员兄长为他设计出一套疯狂的拦截战术：用钢板加强 Me 163 的机头结构，驾机升空后，从正前方或正后方直接撞击敌机的机翼部分！按照海尼·迪特马尔的设想，这样的一次撞击不会对 Me 163 造成任何明显的损伤，对飞行员足够安全。

于是，布兰迪斯机场之上，迪特马尔列兵便日复一日地守候在这架加强版 Me 163 旁边，等待着撞击任务开始的时机。终于，在 2 月的一天，布兰迪斯机场的雷达屏幕上捕捉到了一架逼近的蚊式侦察机，高度位于 12000 米，从地面上可以清晰无误地看到一道明显的尾凝。联队长沃尔夫冈·施佩特少校意识到撞击任务的时机到来了：

"对于我们的撞击者迪特马尔，这会是个好的目标。"看到那架蚊式大约在 12000 米高度飞越我们的机场时，我这样想到。这时候，一架飞机已经起飞了。报告说迪特马尔正在执行他的撞击任务。我们都在注视着拦截任务的进程：头顶正上方，是蚊式稳定的尾凝，下面，是那架 Me 163 的尾烟。这两道白色的线条以一个非常稳定的速度接近。当它们接触的时候，会发生什么事情呢？

正当 Me 163 的尾烟马上接触蚊式尾凝的顶端时（从地面上看非常接近），它忽然断掉了。我们站在那里，紧张地期待着。但是，什么动静都没有听到。那道蚊式的尾凝就像一条细细的丝线一样，越拉越远，横过了天穹。撞击没有成功。

15 分钟之后，迪特马尔驾驶着他的飞机降落了。他报告发动机熄火了。他们用燃料箱中残存的燃料进行了一次试运行。发动机运作得很完美。直到今天，没人知道为什么发动机在飞行中熄火。

以事后诸葛亮的视角，我们可以说瓦尔特·迪特玛尔刚刚在地狱门口转了一圈：如果他撞击成功，Me 163 机身内的燃料箱和管道极有可能因无法承受巨大的应力而破裂，两种燃料如果喷溅而出，直接混合的结果只有一个——毁灭性的爆炸，这已经在不计其数的"彗星"降落事故中得到验证。

1945 年 2 月 20 日

波列兹（Polenz）地区，一架 Me 163 B（工厂编号 190578）因机械故障迫降时被毁，飞行员奥托·伯杰（Otto Berger）受伤。此外，一架 Me 163

B（工厂编号 440006）由于飞行员人为故障迫降时受损 30%，不过飞行员具体信息不详。

1945 年 2 月 23 日

当天，美国陆航第 355 战斗机大队的 P-51 机群飞临莱希费尔德机场执行扫射任务，颇为惊奇地遭遇多架稀有的火箭战斗机。其中，绿色小队指挥官爱德华·卢德克（Edward Ludeke）中尉发现机场西北角停放着两架 Me 163，随即压低机头展开一轮扫射。大量点 50 口径机枪子弹命中这两个目标，但火箭战斗机并未爆炸，也没有起火。小约翰·魏德曼（John Weidemann Jr.）少尉看到跑道的南端有一架 Me 163，即以一轮扫射多次命中目标，同样也观察到对方没有起火。对这架飞机，大卫·沃特金斯（David Watkins）少尉打出两个长连射，宣称将其"结结实实修理了一通"，但也没有使其着火燃烧。跑道西南角，瑟曼·朗（Therman Long）中尉发现多架停放在地面上的 Me 163，随即和队友霍华德·格林威尔（Howard Greenwell）少尉展开攻击，两人各自宣称击中一架"彗星"，但目标均没有

一架 Me 163 B 因燃料混合比例偏差起火爆炸，这就是其最终的结果。

着火。

分析这场战斗，美军飞行员们攻击的 Me 163 均没有加注燃料，因而低空扫射仅能破坏其结构，无法引爆燃料系统。

1945 年 3 月

1945 年 3 月 1 日

在 2 月下旬，苏联军队挺进到距离斯塔加德机场只有 10 公里的地区。然而直到 3 月 1 日，II. /JG 400 才正式收到撤离斯塔加德的命令。战争末期德军内部官僚系统低下的效率由此可见一斑——该部的三个中队已经在一个月前撤离斯塔加德，只剩下大队长鲁道夫·奥皮茨上

尉率领大队部在 3 月初开始最后的转场。

大致与此同时，7 中队的莱茵哈德·奥皮茨少尉终于有机会带队离开条件简陋的萨尔茨韦德尔机场：

3 月初，收到的一道转场到巴德茨维什安机场的命令让我们长出一口气，燃起了投入战斗的希望。作为我们转场准备的一部分，我和负责联系 II. /JG 400 的弗洛默特（Frömert）上尉一起驾机飞到了巴德茨维什安机场。就算我们开的是菲泽勒"鹳"，也很难找到一块足够大的降落场地。在先前的一场空袭中，英国和美国的轰炸机已经把这里炸了个底朝天，所以巴德茨维什安被排除在 7. /JG 400 的候选驻地之外。接下来，我们收到了转场诺德霍尔茨的命令，这是库克斯港（Cuxhaven）附近的一个老机场，

诺德霍尔茨机场航拍。

在第一次世界大战时是齐柏林飞艇的驻地。最后，是这个机场给我们提供了执行作战任务所需要的所有条件。

在抵达之后，飞机从火车皮上被卸下来。几天以后燃料就位，我们就有机会展开发动机的地面测试。然后，我们通过牵引起飞来测试飞机的状态，再进行（纯火箭动力的）"快速"升空。我们为作战任务进行的准备再次被低空飞行的美国和英国战斗机打断了，不过我们那时候忙着解决技术和组织的问题，它们的影响不大。最大的问题是，盟军从北打过来，把许多飞行员和德国空军人员赶出了基地，他们（聚集过来）的数量越来越多，我们得想办法和他们打交道。

1945 年 3 月 7 日

英吉利海峡对岸的本森（Benson）机场，皇家空军第 542 中队的雷蒙德·肯尼斯·拉比（Raymond Kenneth Raby）上尉驾驶 PL886 号喷火 XI 侦察机起飞升空，深入德国境内执行照相侦察任务。根据拉比上尉的记录，他的侦察机遭到"彗星"的拦截：

在 3 月 7 日的这天早上，我受命侦察波伦石油炼化厂、莫尔比斯（Mölbis）热电站和罗西茨（Rositz）的一个燃油仓库，全部位于莱比锡的南边。我还被要求对开姆尼茨拍摄照片展开破坏效果评估，这里两天之前刚刚被英国皇家空军炸过一轮。

9:30，我起飞了，带着 36 英寸（0.91 米）镜头的照相机，塞满胶卷，所有的油箱都灌满了，包括一副 90 加仑可抛弃副油箱。我很快飞到了云层上面，飞出陆地到了北海上空，然后在 35000（10668 米）高度调整航向。下面全部是

10/10 的云层，直到抵达目标区之前不到 10 分钟（方才消散）。整段航程都平安无事，除开一点，就是我后面时不时地拖出长达 100 英尺（30 米）的厚重尾凝，这让我感到有点不安。

11:25，我抵达了目标区，从北边看过去，莱比锡和我的所有侦察目标都很清楚，就连东南方向的开姆尼茨都是一览无余。一团厚重的黑烟笼罩在开姆尼茨上空，慢慢地朝南边飘动，除此之外天空里就没有什么云彩了。我感觉地面上的人很容易就能看到我。不过，在侦察最开始的两个目标波伦和莫尔比斯的时候，我没有遇到什么麻烦。

我从罗西茨上空飞过第一轮的时候，向后朝着莱比锡张望了一眼，看到两道大型黑色尾凝分别从莱比锡/莫考（Mockau）机场方向飞了起来，直到 20000 和 10000 英尺高度（6096 和 3048 米）。它们的速度异乎寻常地快，以 60 度角左右爬升，爬升率大概有每分钟 10000 英尺。不一会，两架小型的 Me 163 火箭飞机就清楚地显现了出来。

第一架敌机在一英里（1.6 公里）之外直飞到我的高度，继续飞到 40000 英尺（12192 米）之后才关掉它的火箭发动机，这样它就很难被我看到了。这一切几乎就是在一秒钟时间里发生的。这时候，另一架 Me 163 已经非常靠近我了。很显然，如果这两架飞机从上空滑翔追击过来，我没办法同时盯住它们。另一方面，我背后还拖着一条尾凝，是一个再明显不过的目标。

我的第一反应是消掉尾凝。我滚转成倒飞，把节流阀推满一直俯冲到 18000 英尺（5486 米），速度到了 500 英里/小时（805 公里/小时）。然后，我改平拉起，向左来了个剧烈的 90 度转弯，看到尾凝在逐渐淡去。这时，一架 Me 163 已经跟着俯冲下来，和我的尾凝平行飞行，距离只有 5000 至 6000 英尺（1829 米），还在迅速

接近中。我来了个 180 度急转，它朝着我冲过来，这样我们就对头飞过。我们相对的速度是那么快，以至于它很快就变成了一个小点再追过来。我继续改变航向，快速俯冲下去。敌机飞了回来，但已经在我上面很高的位置了。我知道现在已经躲了过去，于是朝南俯冲到 6000 英尺高度。我试着寻找第二架 Me 163，但一直都找不到。

我们只纠缠了五分钟时间，我把敌机完全甩掉了，决定向东飞行。我继续爬升，尽量不拉出尾凝，以便对开姆尼茨展开拍摄，它现在位于西北五十英里(80 公里)之外。我再也没有碰到过敌机，畅通无阻地完成了航拍任务。13:45，我降落在布拉德韦尔湾(Bradwell Bay)，还剩下能够支撑 10 分钟的燃油。

敌机一直没有办法进入攻击战位，因为它的速度太快了，缺乏机动性。我觉得这是整场短暂的交手中表现出来的最明显一点。

战场之外，JG 400 联队部被解散，联队长施佩特少校转至 JG 7 驾驶 Me 262，联队中的军官和指挥人员被划归战斗机部队总监调拨，其余人员则补充入一、二两个大队中。第二天，一架 Me 163 B(工厂编号 190576)由于燃料系统故障被迫在莱比锡地区迫降。飞机受损 45%，飞行员英戈·帕索尔德(Ingo Päsold)上士负伤。

1945 年 3 月 15 日

德国腹地，美国陆航第八航空军执行第 889 号任务，1353 架重轰炸机在 883 架战斗机的掩护下空袭奥拉宁堡的交通枢纽和军事设施。轰炸机洪流接近莱比锡空域时，JG 400 出动多架"彗星"升空拦截。

14:50，第 20 战斗机大队的指挥官拉塞尔·

古斯特克(Russel Gustke)中校发现两架 Me 163，随机带领 15000 英尺(4572 米)高度的两个 P-51 小队展开追逐。只见"彗星"启动火箭发动机，以惊人的速度向上爬升。其中一架 Me 163 爬升至 40000 英尺(12192 米)高度脱离接触，另一架爬升至 28000 英尺(8534 米)高度后改平，再以令人难以置信的速度径直俯冲而下，最终消失在雾霾当中。

大致与此同时，第 77 战斗机中队黑色小队的指挥官加思·雷诺兹(Garth Reynolds)中尉遭到一架 Me 163 来自后上方的突然袭击。他与约瑟夫·西马农克(Joseph Simanonck)中尉合力向这个突如其来的敌手开火射击，结果"彗星"简单地一个爬升加速，甩开两架野马战斗机绝尘而去。

15:00 的维滕贝格(Wittenberg)空域，第 359 战斗机大队的"野马"机群正在掩护 B-17 编队向柏林近郊的奥拉宁堡推进，该部头号王牌飞行员雷·韦特莫尔(Ray Wetmore)上尉敏锐地注意到周边空域的异样：

第 359 战斗机大队的雷·韦特莫尔在第二次世界大战结束时手持 21.25 个击落战果。

柏林西南，我正带领着红色小队掩护轰炸机群。这时候，我看到 20 英里(32 公里)外的维滕贝格空域有 2 架 Me 163 在 20000 英尺(6096 米)左右高度盘旋。我朝它们飞过去，高度是 25000 英尺(7620 米)，开始追击高度比我稍低的一架敌机。然后，我接近到 3000 码(2743 米)距离之内。他看见了我，打开他的火箭发动机，以 70 度角爬升。在大约 26000 英尺（7925 米）高度，它的火箭发动机熄火了，于是来了个半滚倒转机动。我跟着它俯冲，大概在 2000 英尺（610 米）高度改平，咬住了它的六点钟方位。在俯冲时，我的表速达到了 550 至 600 英里/小时（885 至 965 公里/小时）。我在 200 码（183 米）距离开火射击，打得碎片四处横飞。它向右来了个急转弯，我又给了它一个短点射，它左翼的一半都被打飞了。飞机着起火来，飞行员跳伞逃生，我看到敌机在地面上坠毁。

韦特莫尔上尉仅仅消耗 222 发穿甲燃烧弹，便收获击落一架 Me 163 的战果。他的队友拉塞尔·斯豪斯（Russel Shouse）准尉在报告中对这个宣称战果加以证实："我飞的是韦特莫尔小队中的红色 3 号位置，我们看到了西南 20 英里（32 公里）的位置有两架喷气机，开始追击它们。那架喷气机看到我们，开始以 70 度角爬升。它在燃料烧光之后来了个半滚倒转机动。我们俯冲到了大约 2000 英尺，韦特莫尔上尉接近到了射程范围之内，开始射击。我看到了射击命中，然后那架喷气机开始向右急转弯，碎片开始掉下来，接着它起火了。那个飞行员在大约 500 英尺（152 米）高度跳伞，我看到喷气机坠毁。我确认韦特莫尔上尉在空中击落一架 Me 163 的战果。"

在 JG 400 方面，存世档案无法印证韦特莫尔上尉宣称战果，该部由此结束与美国陆航战略部队的较量。

英国本森机场，皇家空军第 544 中队出动 NS500 号蚊式 XVI 型侦察机，一路飞向欧洲腹地的莱比锡、德累斯顿、布拉格（Prague）、林茨和圣塞韦罗（San Severo）执行照相侦察任务。该机的报告表示："对布拉格和林茨展开航拍，

第 359 战斗机大队合影，这张照片中有三名飞行员宣称击落过 Me 163：约翰·墨菲为最右一位站立者；小西里尔·琼斯靠在副油箱上，站立者左数第三位；雷·韦特莫尔坐在机翼上，左数第二位。

在莱比锡空域遭到 Me 163 拦截，航拍受阻。"大致与此同时，该部出动 RG115 号蚊式 XVI 型侦察机，飞抵普劳恩（Plauen）、安贝格（Amberg）、艾森纳赫（Eisenach）和格拉（Gera）等地执行照相侦察任务，同样报告遭遇火箭战斗机："遭到 Me 163 以及后续的 Me 109 的拦截，但所有照片拍摄完成。"

1945 年 3 月 16 日

早晨，英国皇家空军 544 中队出动 NS795 号蚊式 XVI 型侦察机深入德国境内执行照相侦察任务。驾驶舱之内，飞行员是雷蒙德·海斯（Raymond Hays）少尉，导航员是摩根·菲利普（Morgan Philips）军士长。NS795 号机先后对哥达（Gotha）和吕茨肯多夫（Lützkendorf）完成拍摄，随后深入"彗星"战斗机的作战半径之内。11∶45 的莱比锡上空，蚊式侦察机在 30000 英尺（7620 米）高度以 090 航向接近航拍目标区。当时导航员菲利普军士长位于飞机的前端机头之内，飞行员海斯少尉注意到下方出现的火箭拦截机：

我们在莱比锡上空开始我们的拍摄航线，飞到一半的时候，我看到超低空出现两道厚重的尾凝，不过它们以非常快的速度爬升上来。识别出它们是 Me 163 的尾凝之后，我呼叫我的导航员在座位上坐好，投下副油箱，向右转 90 度，把两台发动机的节流阀推满后开始小角度俯冲，达到 260 英里/小时（418 公里/小时）的表速（460 英里/小时，即 740 公里/小时真速）。

一架侦察型蚊式正在飞行中。

我看到这些 Me 163 之后只消几分钟，它们就在我们背后了，位置稍稍偏高，一边一架。它们同时发动进攻，一架从左边，一架从右边，完全堵死了我急转弯对抗的路子。所以我来了一个半滚机动，径直俯冲下去，达到 480 英里/小时（772 公里/小时）的表速（650 英里/小时，即 1046 公里/小时真速），在 12000 英尺（3658米）改出俯冲。

飞机很漂亮地改平了，结果我发现屁股后面一共有 3 架 Me 163 了，左右两边一边一架，正后方还有一架。所有三架飞机的高度都稍稍偏高，接近到射程范围内开火射击，所以我转入一个向右的急转螺旋俯冲直到超低空，幸运的是我们把敌机甩掉了。

在最危急的时刻，三架"彗星"接近到蚊式侦察机的不到 500 码（457 米）距离，菲利普军士长清楚地看到它们开火射击，致命的大口径炮弹在驾驶舱之外呼啸而过。当蚊式在超低空改平时，海斯少尉看到右侧的发动机冒出烟雾、失去动力。他立刻意识到这意味着发动机极有可能被 Me 163 发射的一枚加农炮弹击中，随后将右侧螺旋桨调整为顺桨。

负伤的侦察机爬升至 2000 英尺（610 米），将航向转往 270 度的盟军控制区域方向。在 30 到 40 分钟的飞行之后，菲利普军士长发现一架 Bf 109 单机从正后方接近到 1000 码（914 米）之内，高度 2400 英尺（732 米）。转瞬之间，蚊式机再次俯冲到超低空，爬升而起后在卡塞尔（Kassel）以西 30 英里（48 公里）处向下飞入山谷之中。在这一系列规避机动之中，Bf 109 终于被甩得无影无踪。

大约 45 分钟之后，NS795 号机在超低空高度飞越一个未经识别的小城镇，结果遭遇猛烈的高射炮火袭击。蚊式机多次中弹，菲利普军士长腿部负伤。很快，海斯少尉再次驾机爬升到 2000 英尺（610 米）高度，努力飞越前方的高地，试图借助 3/10 至 5/10 的云层掩护。在经历大约 30 分钟飞行之后，飞行员通过云层缝隙看到地面上出现多架美军的 C-47 和滑翔机，注意到这些飞机并不在机场范围内之后，海斯少尉决定继续飞行。

在这一阶段，航向转往 300 度，遭遇 10/10 的暴雨区域。蚊式机组打开 VHF 无线电设备，在所有频道上发出求救信号，但没有收到回应。在恶劣的环境中，负伤的蚊式侦察机飞行了大约 1 个小时。此时，海斯少尉估计已经飞过所有高地，决定下降高度。结果，NS795 号机在 800 英尺（244 米）飞出云层底部，随后航向调整为里尔（Lille）。随后，飞机在里尔的文德维尔（Vendeville）机场开始一个标准的单引擎降落。此时，机组乘员完全不知道右侧主起落架轮的轮胎被加农炮弹击穿，结果飞机在降落时向右猛烈偏斜，左右两副主起落架折断，蚊式遭到严重损坏。对飞机的检查表明被加农炮弹命中多次——极有可能来自 Me 163。一发炮弹穿过右侧引擎舱，击碎乙二醇储箱。一发高射炮弹击中右侧螺旋桨，散开碎片波及机身和右侧引擎罩。

鉴于飞行员表现出的杰出勇气和决断，海斯少尉立即被授予卓越飞行十字勋章（Distinguished Flying Cross），而菲利普军士长被立刻送往里尔的医院进行救治。

根据德方记录，在升空拦截的 Me 163 飞行员中，格洛格纳下士宣称击落这架蚊式侦察机。随后，他满怀希望地等待授勋晋升的机会，但发现这个过程颇为曲折：

我在 1945 年 3 月 16 日击落一架蚊式，所以戈林应该授予我一枚勋章，给我晋升和特别假期。实际上，我只收到了先前在俄国前线获得战果的确认。因为在那之前我只拿到了金质的战斗机前线飞行章（Frontflugspange für Jäger），结果（当时）就被授予了一枚二级骑士铁十字勋章。过了不久我被晋升到上士。

布兰迪斯的 I. /JG 400 被解散后，我被送到了布拉格-卢兹内（Rusin）加入 JG 7。在那里，我才从弗里茨·基尔伯那里知道，我已经拿到了一枚一级铁十字勋章。

战争结束后多年，格洛格纳颇为意外地遇见了被他"击落"的这架蚊式机的导航员菲利普。后者在和平年代当上了南威尔士的小学校长，他给当年险些将自己和战友置于死地的德国飞行员送上了一份特别的礼物——死里逃生的 NS795 号机的一截螺旋桨，上面镶嵌着皇家空军第 544 中队的徽章。作为战争的见证和友谊的象征，格洛格纳郑重其事地将这截螺旋桨珍藏在自己在巴特瑙海姆（Bad Nauheim）的家中。

1945 年 3 月 30 日

当日天气晴好，美国陆航第八航空军发动

现身于线上拍卖场的 NS795 号机螺旋桨叶，弹孔尺寸惊人。

920 号任务，出动 1348 架重型轰炸机，在 899 架战斗机的掩护下空袭汉堡、不来梅和威廉港的潜艇基地。在目标区空域，第 355 战斗机大队的阿尔伯特·卡普兰（Albert Kaplan）少尉宣称和"彗星"发生交战：

> 刚刚抵达目标区空域，我们就在轰炸机洪流一边几千英尺的上方转圈巡逻，这时候，一个几乎垂直向上飞的东西直接吸引了我的注意。它最开始看起来像一枚椭圆形的小碟子，忽然之间就长出了尖尖的翅膀。我认出了这是一架 Me 163，当时它已经朝着轰炸机洪流垂直俯冲了。我向我的长机发出呼叫，我们投下了机翼副油箱，向左脱离编队，正正盯着它飞过去。那架 163 就改变了俯冲的方向，朝着我们飞了过来。我的长机有一个副油箱扔不下去，大动作地左右扭动想把它甩掉，最后他的飞机陷入了尾旋。那架 163 快速接近开火射击，武器看起来像是一对 20 毫米炮。我的长机还在尾旋当中，和它一起消失在云层当中，我只来得及在射程之外打出一发短点射。过了一小会，那架 163 再也看不到了，我的长机终于甩掉了机翼副油箱，从云层上空爬升回来了……

有关这次接触，Me 163 的飞行员和所属基地仍然有待考证。

整个三月中，JG 400 的燃料和飞行员始终处在紧缺的状态，出击效率一直不尽如人意。随着联队长施佩特少校的离开，这支独一无二的"彗星"部队开始走向分崩离析的结局。

1945 年 4 月

4月1日，布兰迪斯的 I. /JG 400 提交报告：该部当前拥有 38 架 Me 163 的兵力，其中有 19 架做好了作战准备。

1945 年 4 月 7 日

长久以来，在帝国防空战的压力之下，德国空军一直在考虑以最疯狂的方式消灭盟军重型轰炸机——直接撞击。1945 年 2 月 17 日，德国空军最高统帅部制定一份撞击作战方案，建议"驾驶喷气机的自杀机飞行员用以撞击敌军轰炸机编队长机"，接下来，第 9 航空师指挥官哈约·赫尔曼（Hajo Herrmann）上校在施滕达尔（Stendal）集合 200 余架 Bf 109 战斗机和大量狂热的志愿者展开撞击训练。这支秘密部队被称为"易北河支队（Sonderkommando Elbe）"，得到德国空军高层的强烈支持。

在这个阶段，汉斯·博特少尉争取到加入易北河支队的机会：

从 1944 年秋天开始，RLM 限制了 Me 163 的任务，因为飞行员的损失率达到了百分之三十。攻击轰炸机的任务被禁止了，不过拦截侦察机的任务能够执行。接下来，布兰迪斯机场有 90 架左右飞机被疏散掉，隐藏在机场旁的田野里或者树林中。结果，飞行员一个个意志消沉，不再激情澎湃地志愿参加测试飞行，而是想方设法地溜号。

一个电话打过来之后，这个状态改变了，要征集飞行员执行对抗轰炸机群的任务。富尔达上尉和其他九名飞行员，包括勒舍尔

（Löscher）和我响应了号召。从布兰迪斯选出了五个人，送到了施滕达尔，和其他中队挑选出来的飞行员会合了。总共有 250 个人志愿参加任务，接受哈约·赫尔曼上校的指挥。我们在阅兵场上集合，被告知要驾驶我们的飞机撞击敌军轰炸机编队。我们要驾驶拆掉装甲的 Me 109，组成四机小队在 11000 米高度飞行，等待轰炸机群的到来。上级希望我们的突然袭击能够获得成功，能够对战争末期德国和同盟国的不利态势产生积极影响，在当时看来我们已经是败局已定了。我们得到了撞击战术"专家"的教导，结果还是有点半信半疑。

施滕达尔向三个机场各派出六十名飞行员。我和其他三名来自布兰迪斯的飞行员被送到了加尔德莱根（Gardelegen）。我们组成了十五个四机小队，我成了第 11 小队的指挥官。一切突如其来，我们在 1945 年 4 月 7 日收到紧急升空的命令。总共只有 40 架 Me 109 做好了作战准备。我那架崭新的 Me 109 G-14 是刚刚交付的，在收到作战命令后半个小时才降落在机场上，我已经没有驾驶它飞任务的机会了。（易北河支队作战结束后的）下午，我开着这架飞机飞到了施滕达尔，向赫尔曼上校报到。他说正计划在巴伐利亚（Bavaria）地区展开对抗轰炸机的类似任务，我要把 109 飞到那里去。我准备起飞了，但最后没有得到批准，飞机被留在施滕达尔然后爆破掉了。于是我请求赫尔曼上校把我们四个人送回布兰迪斯，我们在那里还有一些 Me 163 的储备，可以向上级战斗机师申请飞一次作战任务。于是我们得到了允许……

资料显示，在 JG 400 选拔而出的 10 名飞行员中，有 3 人起飞升空，参与易北河支队的自杀撞击作战。不过，博特少尉最终也没有得到驾驶 Me 163 升空作战的机会，JG 400 的时日已

经屈指可数。

1945 年 4 月 9 日

当天傍晚，两架侦察型"闪电"在高空中飞过布兰迪斯机场附近空域。收到执行拦截作战的命令后，博特少尉和罗斯尔中尉分别驾驶一架 Me 163 B 紧急起飞升空。转眼之间，罗斯尔中尉的"彗星"爬升到 24000 英尺（7315 米）高度，距离一架"闪电"不到 600 英尺（183 米）远。他一面紧盯着眼前的双引擎战机，一面将自己的座机改平。然而，刚刚来得及把目标套进瞄准镜光圈，Me 163 便狂飙至临界速度的极限，立刻失去控制向下坠落。令人大跌眼镜的是，博特少尉的 Me 163 也由于同样的原因失控。等两位德国飞行员手忙脚乱地重新掌控住飞机，头顶上的两架侦察机早已若无其事地飞出 Me 163 的作战半径。

1945 年 4 月 10 日

早晨，一架蚊式飞机在布兰迪斯机场附近空域出现，格洛格纳下士奉命驾驶一架 Me 163 B 升空拦截。

从起飞后一直爬升到 42000 英尺（12802 米），格洛格纳下士一直没有发现他的目标。正当他丧气地准备掉头返航之时，惊奇地发现蚊式就在下方远处，看起来盟军机组根本没有意识到"彗星"的出现。格洛格纳下士不失时机地压低机头，对准目标疾速俯冲。在 Me 163 即将进入射程范围之时，蚊式飞机忽然之间开始急转螺旋俯冲——很明显，火箭飞机的行踪早已败露。格洛格纳下士当即加大俯冲角度追击，估算时机适合之后拉杆恢复，看到蚊式飞机标志性的鲨鱼鳍式垂直尾翼几乎刚刚好就在自己

正前方。

格洛格纳下士打出三个短点射，宣称目击到蚊式飞机左侧的灰背隼引擎被击伤起火后两名英国机组乘员跳伞逃生。格洛格纳驾机脱离接触，接下来发现座机的风挡之上凝结出一层厚厚的霜冻。他奋力擦拭座舱盖，但霜冻总是在转瞬之间又重新凝结成形。此时，格洛格纳下士的视野严重受阻，已经无法找到布兰迪斯机场的方向，唯一的机会只剩下滑翔到较低空域后，温暖的空气能融化霜冻。

终于，格洛格纳下士奋力在霜冻层中清理出一个小洞，看清楚自己处在莱比锡而并非布兰迪斯上空。经过一番努力，他透过霜冻层中的小洞看到了基地的跑道，压低机头俯冲而下。飞到 1000 米高度以下之后，霜冻开始慢慢融化，但座舱之外有大量低垂的云团堆积，同样影响到视线。飞到 350 米左右的高度，云层逐渐见底，格洛格纳下士迅速行动，以一个 180 度转弯降低高度，降落在草地跑道上之后，弹跳了几下终于停稳。

JG 400 的战友围上前来，惊恐地发现这架 Me 163 B 的机头和座舱盖之上还覆盖着一层厚厚的冰。格洛格纳下士宣称击落一架蚊式，但根据现存盟军档案，当天并无蚊式在布兰迪斯空域损失。

当天 14:30 至 15:00，英国皇家空军出动 134 架兰开斯特、90 架哈利法克斯和 6 架蚊式轰炸机，在 11 个中队的野马 III 战斗机护卫下空袭莱比锡地区。

18:00 左右，轰炸机编队抵达目标区空域。此时周边空域能见度良好，只有少量云团点缀，轰炸机群在 15500 至 19000 英尺（4724 至 5791 米）的高度投下炸弹，随即陷入猛烈的高射炮火之中。第 433 中队的 PB903 号兰开斯特遭受一枚定时引信的高射

罗尔夫·格洛格纳下士（站立者）在 1945 年 4 月 10 日宣称击落 1 架蚊式。

炮弹击中，右侧发动机起火，在发动机顺桨后火势立刻被扑灭。接下来，该机慢慢向右掉高度，忽然之间又一次爆炸，导致轰炸机翻转成倒飞坠毁。

大致与此同时，莱比锡以东的布兰迪斯机场 I. /JG 400 出动多架 Me 163 升空拦截。此时已经是傍晚时分，莱比锡空域分布着 3/10 的云层。根据英方第 415 中队 NR146 号哈利法克斯的机组人员目击报告："目标区之前 5 英里（8 公里），右方出现 3 道白色尾凝或者喷气机，垂直爬升到 14000 英尺（4267 米）……在目标区之外又看到另外 3 道。"18：02，该部 RG447 号哈利法克斯的飞行员 R·朱普（R. Jupp）中尉发现左下方有一架 Me 163 从 16500 英尺（5029 米）高度接近，已经逼近到 4500 英尺（1372 米）距离。轰炸机的中部上方机枪手呼叫"向右螺旋开瓶器机动"，随后在对手接近到 2400 英尺（732 米）时开火射击。紧接着，轰炸机尾部机枪手在火箭飞机接近到 2100 英尺（640 米）时开火射击。最后，轰炸机顺利摆脱了"彗星"的威胁。

大致与此同时的 18：02，第 405 中队报告 ME315 号兰开斯特轰炸机在 Me 163 的攻击中负伤：

　　敌机从后上方发动攻击，以一个连射完全打掉后部机枪塔、升降舵和方向舵。H2S 雷达和中部上方机枪塔同样受损。据信受击时，后部机枪塔内的机枪手梅尔斯特罗姆（Mellstrom）上尉当场牺牲。这名军官被列为失踪人员，没有更多信息。若干担任战斗机护航职责的"野马"飞近这架受伤的战机，将其一直护送到己方战线……飞行员成功地驾机在伍德布里奇（Woodbridge）皇家空军机场降落。

此时临近的 425 中队中，NP937 号哈利法克斯发现这架来势凶猛的火箭飞机，中部上方机枪手对其打出多发子弹，报告目标陷入失速、滚转成倒飞再进入大角度俯冲之中。

弗里茨·基尔伯在地勤的协助下进入 Me 163 B 驾驶舱。

对照德方记录，在当天傍晚升空拦截的 Me 163 之中，弗里茨·基尔伯少尉的座机尤为特别地安装有一套 SG 500"猎拳"火箭系统——每侧机翼上四枚斜向上发射的 50 毫米口径火箭弹。队友汉斯·豪尔（Hans Höwer）上士回忆：

　　4月10日，我目睹基尔伯攻击空袭莱比锡及其城市周边的大约150架"兰开斯特"。当时我已经换岗了，站在维尔茨堡雷达旁边战斗机控制指挥所的瞭望塔上，从广播里，我听到了基尔伯少尉和他的那架特别改装飞机就要起飞了。我听到了火箭发动机的声音，看到了基尔伯从我站着的位置南边的跑道尽头升空飞过树林。我用高射炮的远程瞄准镜一路盯着他，看到他飞向高度大约8000米的轰炸机编队的带队长机。我寻思着他想把它撞下来，但就在他从下面飞过那架飞机100米左右时，轰炸机爆炸成了一团烟火。我从来没有见过一架轰炸机那么容易地像那样被基尔伯少尉干掉。

　　轰炸机爆炸之后，我注意到护航战斗机发现了基尔伯。我第一个想法是他有足够的燃料，起码足够重新启动发动机运行15秒。在那些战斗机冲下来围攻他的时候，我很开心地看到发动机再次焕发生机，基尔伯飞快地甩掉它们，飞下来到2000米高度。我的望远镜使我能够看到整段航线。随着他的燃料消耗，基尔伯俯冲转弯飞过一架逼近的战斗机，速度是如此之快，以至于那架战斗机根本没有意料到发生了什么事情。

　　基尔伯少尉发射出全部8枚 SG 500 火箭，宣布击落一架重轰炸机，而他那架特制 Me 163 的全部损伤仅仅是被目标爆炸的残骸碰撞损坏。对照英方记录，基尔伯少尉极有可能击落第415中队的 NA185 号哈利法克斯轰炸机，该机在当天任务中神秘失踪，没有任何队友的目击记录。

　　Me 163 的活动引来了皇家空军第165中队的野马 III 机群。18:05，约翰·哈斯洛普（John

SG 500 击发过程示意图。

Haslop）中尉发现周边空情的异样：

　　我飞的是绿色1号位置，大概在18:05，我注意到一架轰炸机开始冒烟，有东西从它旁边飞走。后来发现这是一架能高速垂直爬升的 Me 163。我报告了这架飞机的情报，投下我的副油箱，节流阀推满开始追击。那架 Me 163 向我转弯飞过来，在右转弯过程中，我在900码（823米）距离以30度偏转角朝它打了一梭子。接下来，那架 Me 163 滚转进入一个垂直俯冲，我跟了下去，打了几个2到3秒的连射，观察到有4次命中翼根位置，几块小的碎片掉了下来。绿色2号雷伊（Rae）中尉、绿色3号列文（Lewin）中尉和64中队的凯利（Kelly）上尉目击了这几次攻击。在3000英尺（914米）高度，我射击越标，快速地飞了过去，为了避免撞到地上拉了起来，机翼抖个不停。那架 Me 163 继续往下掉，第315中队的波托茨基（Potocki）少校、第 306 中队的瓦奇尼克（Wacnik）中尉看到它栽到地上爆炸了，判断位置在布兰迪斯或者曼斯托夫（Manstorf）机场旁边。我转弯飞离机场，和绿色 2 号爬升重新加入我的中队，一路被机场方向的 40 毫米高射炮追着打。

我宣称击落 1 架 Me 163。

战斗结束后，第 165 中队的"野马"机群三三两两地返回基地，然而却一直等不到哈斯洛普中尉的 KH557 号野马 III 战斗机。结果，在半个小时之后，第 165 中队的队友方才听到高空传来灰背隼引擎的轰鸣——KH557 号机在高 G 机动中受到了相当程度的结构损伤，机翼出现大片褶皱，机身轻度弯曲，哈斯洛普中尉只得极度小心地驾机返航。可以说，为了取得这个 Me 163 宣称战果，英国皇家空军几乎赔上了一架野马战斗机！

不过，现存的德军记录并无 Me 163 在 1945 年 4 月 10 日战损的记录，布兰迪斯机场方面在两天之后提交了有关 SG 500 作战运用的报告：

1945 年 4 月 10 日，在莱比锡上空完成第一次"猎拳"的实战测试。大约在 18:00，敌军出动一支强大的轰炸机编队飞抵该城上空。一架装备有"垂直武器"的 Me 163 参与到战斗中。该机长驱直入地接近敌机群下方，武器立刻发射。一架波音 B-17 当即宛若火炬一般从天空中坠落，没有一名机组乘员能够逃脱。两架飞过本机场上空的其他飞机遭受重创，同样坠落。（这架"猎拳"Me 163）飞机脱离接触时敌军依旧懵然不知，仅仅在返回我方机场时遭受"野马"和"雷电"战斗机的攻击。防空火力能够将敌机阻绝在远处，我方飞机平稳降落，没有受损。这是 Me 163 B 获得的最后战果。

颇具讽刺意味的是，当天盟军轰炸机群准确地摧毁了"猎拳"的生产厂家，这款新武器在"彗星"上的试验由此成为绝唱。

在 3 月中，布兰迪斯机场接收了另一款最先进的飞翼战机——霍顿兄弟的 Ho 229 V1 无动力原型机。4 月 10 日的战斗过后，I. /JG 400 收到命令：即将把战机换装为 Ho 229 量产型。不过，事实上直到德国战败投降，这款梦幻般的飞翼式喷气战机仍然停留在原型机阶段。

1945 年 4 月 12 日

两天前，奥皮茨少尉的 7 中队被迫从诺德霍尔茨基地转移，他自己对此颇为胸有成竹：

盟军的攻势让我们再次变得岌岌可危，我们收到转移到胡苏姆的命令。从诺德霍尔茨到胡苏姆的转场是在 4 月 10 日到 15 日之间。这个日期我记得特别牢，是因为整个过程全部都是我来指挥，没有收到具体应该怎样执行的命令。这时候，我已经和库克斯港的德国海军物资仓库的相关人员混熟了，从他们那里搞来我们的口粮配给。靠着这层关系，我们请他们帮忙搞一条船把我们捎到胡苏姆去。一道道手续办完之后，我们搞到了一条沿海货轮。我们在夜里装船，用卡车从诺德霍尔茨把装好机翼的飞机拖到库克斯港的码头。这批飞机大概有 8 到 10 架，本来已经

7. /JG 400 中队长莱茵哈德·奥皮茨少尉。

做好准备靠 Bf 110 牵引飞到胡苏姆。由于英国和美国战斗机无处不在，飞行（转场）难度太大了。

在其他所有飞机都上了船之后，我把自己的 Me 163 留在诺德霍尔茨机场的混凝土跑道尽头的起飞位置。中队的地勤人员催着我把它的燃料箱清空，但我一直在想着要不要来一次"快速"升空把这架飞机带到胡苏姆。

4 月 12 日的傍晚，天空中没有英国战斗机的影子，我驾驶我的 Me 163——带着中队的"黄1"号标记——起飞了。爬升到几乎 13000 米之后，我在易北河的河口转了一个圈。从那里到胡苏姆的距离大约有 95 到 100 公里，我很清楚我能够从那个高度以高速度滑翔到胡苏姆机场。我靠着北海沿岸独特的海岸线为飞行导航，特别是胡苏姆外海的北滩（Nordstrand）岛，它靠着一条堤道和内陆联结。直到现在，我还记得那晚上深蓝色的夜空，这次转场是我的飞行员生涯中的高光时刻。

在 3000 米高度，我看到了胡苏姆机场，我以几米高度从跑道上高速掠过，把整个机场人员吓了一大跳。他们已经习惯了 Me 163 降落，还以为这次也是有 Bf 110 拖曳。我相信，这次转场是 Me 163 为数不多的长途飞行之一。在我的飞行日志上，我从诺德霍尔茨起飞的时间是 18:20，在胡苏姆降落的时间是 18:29。

毫无疑问，我们这次转场胡苏姆堪称奇迹，在最后的战争岁月里按部就班地完成，完全没有遇到什么困难。每一个人都清楚战争很快就会结束了，但没有人知道是什么时候。所以，我们重新装配好我们的飞机，继续发动机测试，来了一系列"快速"升空。

到奥皮茨少尉的成功动力飞行为止，7. /JG 400 的转场任务基本上风平浪静。不过，此时还有部分 Me 163 停留在诺德霍尔茨机场等待转移。

4 月 12 日当天，布兰迪斯的 I. /JG 400 提交报告：该部当前拥有 38 架 Me 163 的兵力，其中有 19 架做好作战准备。此时，该部继续无可

1945 年 4 月 12 日，奥皮茨少尉驾驶这架"黄 1"号 Me 163 B 直飞胡苏姆。

避免地走向分崩离析的命运。根据博特少尉的回忆：

施佩特回来了。他想拉 6 名飞行员去布拉格飞 Me 262。第二天早上，基尔伯、格洛格纳、古斯塔夫·穆勒军士长和我坐在一架 Bf 110 里起飞了。克里斯托弗·库尔兹（Kristoph Kurz）军士长开的是一架 Ar 234。另外一名飞行员没有被挑上飞 Me 262，他带着女性通讯人员坐上一架 Ju 52。我们起飞的时候周围空域有一些"野马"在活动。基尔伯留在了布拉格。其他人收到命令转移到弗斯滕费尔德布鲁克（Fürstenfeldbruck）。每个人都是分散抵达那里。战争的终结是一片混乱。

库尔兹军士长的 Ar 234 里搭载着乔治·尼赫（Georg Neher）下士，他们两个人都没有接受过驾驶这架"闪电轰炸机"的训练，完全凭着飞行员的本能把它飞到了布拉格。不过，在这个新的驻地，他们发现自己并不受欢迎，只能开着一架 Bf 108 继续飞到普拉特灵（Plattling）。最后，尼赫下士在米尔多夫（Mühldorf）附近被盟军俘虏。

第二天 19:00，席贝勒下士驾驶一架 Bf 110 完成了 35 分钟的飞行抵达布拉格机场，他的僚机维德曼下士在当天的转场任务中被美军的雷电战斗机击落阵亡。

1945 年 4 月 14 日

傍晚的诺德霍尔茨机场，7./JG 400 继续转场。沃尔夫冈·加雷斯（Wolfgang Gareis）少尉驾驶一架 Bf 110 牵引机，拖曳维尔纳·内尔特军士长驾驶的 Me 163 起飞升空。刚刚飞离跑道，英国皇家空军第 41 中队的编队便出现在诺德霍尔茨空域。7000 英尺（2133 米）高度，SM826 号

这架 SM826 号喷火 XIV 战斗机在 1945 年 4 月 14 日一举击落一架 Me 110 和一架 Me 163。

喷火 XIV 战斗机之内，中队指挥官约翰·谢泼德（John Shepherd）少校敏锐地抓住这个一石二鸟的机会：

　　……在战斗扫荡的第二段航线，飞过诺德霍尔茨机场的时候，我看到了两架飞机起飞。朝着它们俯冲下去，我认出了一架 Me 110 拖曳着一架 Me 163。我接近的速度非常快，不过还是以一发短点射击击中了 Me 110，看到打到了左侧发动机和驾驶舱。那架 Me 110 向左螺旋下降，翻到肚皮朝天，坠毁到一块田地里，燃起大火。那架 Me 163 看起来脱离了 Me 110，向左转了个大弯，最后直直地栽到距离那架 Me 110 三块农田之外的位置。

美军占领布兰迪斯机场后拍摄的照片，这个机库早已毁于空袭。

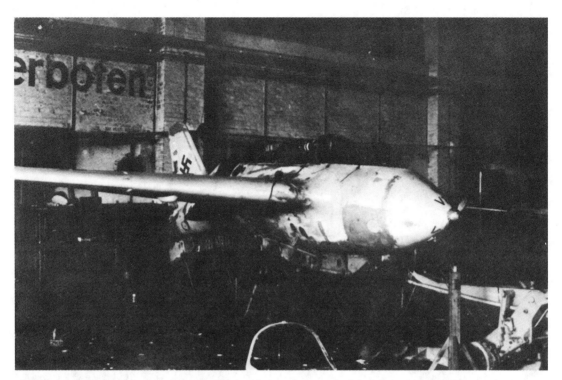

美军占领布兰迪斯机场后，在一个机库中发现的 Me 163 B-0 V13 预生产型机，该机正在按照 Me 163 D 标准进行改装。

转眼之间，两架飞机齐齐坠落、机毁人亡，谢泼德少校带着两个战果飞离诺德霍尔茨空域。

在这一天的布兰迪斯机场，I. /JG 400 的地勤人员将该部剩余的所有飞机全部炸毁。富尔达上尉和其他地勤人员收到了加入德国陆军的命令，随即开始逃亡之旅。

两天后，美军占领布兰迪斯机场，颇为吃惊地发现 300 余架飞机的残骸。在机库的一角，美军清点出两架完好无缺的无尾翼飞机——正在接受 Me 163 D 标准改装的 Me 163 B-0 V13 预生产型机（工厂编号 16310022，呼号 VD+EV）和霍顿兄弟的 Ho 229 V1 原型机。

4 月 20 日，德国空军正式下令解散 JG 400 的一、二两个大队。颇具讽刺意味的是，此时的布兰迪斯机场早已人去楼空，而这支"彗星"联队的战斗还将继续。

1945 年 4 月 25 日

胡苏姆机场，7. /JG 400 继续展开一系列任务，指挥官莱茵哈德·奥皮茨少尉回忆道：

……透过云层的空隙，我们看见了一架飞机拖着尾凝向西飞行。由于这种尾凝只能是高空飞行的英军侦察机拖出来的，两架 Me 163 受命升空拦截，其中一架由格思少尉驾驶。两架飞机起飞之后，爬升正常，我们能看到它们的尾凝迅速接近目标。我们能听到加农炮声从外海的方向隐隐约约地传回来，但飞机已经飞出了视野，我们只能等他们飞回来才知道发生了什么事情。

格思是最有经验的 Me 163 飞行员之一，作为一名战斗机飞行员已经在 Me 109 上取得了好几个击落战果,他的报告是 Me 163 技战术状态的标准体现。他报告说,他从后下方接近那架快速飞行的蚊式,在 200 米之内的距离开火射击。Me 163 的两门 MK 108 加农炮都是只打出一梭子就卡壳了。蚊式的飞行员表现得尤其明智。他知道如果自己低飞到海平面,两架 Me 163 会因为高度太低不够返回基地而中断追击。第二天,我们把格思的 Me 163 带到试验区去测试加农炮。它们表现得完美无缺,这再一次证明了空战机动的加速度会导致弹链卡住……

彼得·格思少尉在 1945 年 4 月 25 日的战斗出现机炮故障。

对照英方记录,JG 400 拦截的这架侦察机是英国皇家空军第 544 中队从本森基地起飞的 RG131 号蚊式 XVI 型。飞行员 J. M. 丹尼尔斯(J. M. Daniels)上尉是这样回忆这场和导航员 J. 阿莫斯(J. Amos)准尉展开的危险任务的:

1945 年 4 月 25 日,我们在 08:55 从基地起飞,因为任务是要在什切青潟湖和哥本哈根拍摄目标照片,我们把航向设定为汉诺威方向。我们爬升到(生成)尾凝的高度,30000 英尺(9144 米),再下降 1000 英尺(305 米),在下面飞行(以免拉出尾凝)。天空万里无云,但尾凝的高度一直在向下降,飞到汉诺威的时候,我们已经降到了 25000 英尺(7620 米)。

10:50,我们抵达了第一个目标,帕瑟瓦尔克(Pasewalk)机场。虽然有 4/10 的积云生成,我们只需要飞一次就完成了任务。在接下来的两个目标,安克拉姆和图托(Tutow)机场,我们的运气也是一样的好。

接下来,我们把航向转往凯撒通道运河(Kaiser-Fährt Canal),在那里搜寻"吕佐(Lützow,袖珍战列舰)"号。在苏联前线的方向,无数烟柱升起到 5000 英尺(1524 米)的高度。

我们发现了自己的目标,注意到"吕佐"号依旧停泊在上一次报告的相同位置。我们只来了一次拍摄航路就完成任务,把航向设定为哥本哈根。

我们一穿过海岸线,就撞上了一片 10/10 的层积云,一眼望不到头。这个状况一直维持到我们抵达哥本哈根的大致估算位置。由于根本没有一个云洞(能够看到地面),我们把航向转往 259 度的基地方向返航。

在丹麦西海岸线,云层开始分散开来,海面一览无余。黑尔戈兰岛(Heligoland)在我们的左下方出现了。我们决定对它也拍上一轮照片,把航向朝左边调了 20 度。

就在这时候,我看到两梭子加农炮弹从后向前掠过右侧翼尖的下面。我大声呼叫导航员小心,马上转入一个左向急转弯,同时把发动机节流阀推满,转速到每分钟 2850 转。我的导航员警告我说有一架敌机,看起来是一架 Fw 190,在后面 500 码(457 米)的位置,正在转过来开始第二轮攻击。我调转机头向右急转。这时候,看到了那架敌机是 Me 163。然后,我开始了一系列 180 度转弯,转到 270 度以求把敌机引出外海去。这套战术持续了大约七分钟,在这当中敌机又打了两梭子，都偏到了右侧。我们注意到敌机很少启动它的火箭发动机。

于是，敌机改变了它的策略，俯冲下来再拉起来从下方发动攻击。我的导航员在敌机准备开火的时候向我发出警告，我立刻压低机头俯冲。敌机跟了上来，打出一连串炮弹，它们都飞过前面去，在 100 码（91 米）前方炸开了。我继续向前推动操纵杆，在 13000 英尺（3962 米）高度，敌机脱离接触飞向了北方。这时候，表速有 480 英里/小时（772 公里/小时），飞机剧烈地抖个不停。左右两副机翼的前端都拉出了尾凝，从翼根伸展到翼尖。我把飞机调整为直线飞行，单单靠着配平调整片从俯冲中改平。敌机已经从视野中消失了，我保持每分钟 2850 转的转速和 12 磅进气压力飞了五分钟。发动机的仪表显示正常，俯冲唯一的后果就是发动机左侧气压膜盒爆掉了。

返程航线保持在 10000 英尺（3048 米）高度，平安无事。14:25，我们降落在基地，还剩下能飞 10 分钟的油量。

在这次徒劳无功的拦截之外，当天 7./JG 400 还进行过一次命悬一线的"快速"升空，飞行员正是二大队长奥皮茨上尉。根据奥皮茨少尉的回忆：

其他中队的飞行员，包括奥皮茨上尉在 4 月底到胡苏姆加入了我们。他们不得不把自己的飞机留在了维特蒙德港和耶弗尔（Jever）。奥皮茨再想飞一次 Me 163，挑中了我的中队的一架飞机，它刚在这天早上成功地完成了发动机地面测试。

飞机起飞正常，不过在爬升的时候，机身下开始冒出一道烟迹。我们通过无线电通知了他。我们不是很清楚为什么鲁道夫·奥皮茨没

有回复，也没有马上从这架着火的飞机里跳伞。

胡苏姆机场，7 中队长莱茵哈德·奥皮茨少尉正在帮助二大队长鲁道夫·奥皮茨上尉在 Me 163 B 的驾驶舱内就位。

实际上，Me 163 在跑道上滑行的时候，驾驶舱内的火灾告警灯已经亮了起来。此时，奥皮茨上尉已经无法停下高速滑跑的火箭飞机，他唯一的机会是离地升空后清空燃料箱，控制住火势后降落。然而，HWK 发动机停止喷射之后，机身后方的火苗依然没有熄灭，很显然，火势已经蔓延到飞机的轻铝合金结构。奥皮茨上尉之前从来没有在 Me 163 上完成过弃机跳伞，他拉动座舱盖紧急抛弃把手，发现座舱盖仅仅向后挪动些许——受热变形的机舱卡住了座舱盖。奥皮茨上尉竭力向外推动座舱盖，但高速气流的冲击将其紧紧地压在机身之上。此时，

火花和 T 燃料的火焰和烟雾被吸进驾驶舱内，严重阻碍了飞行员的视野。

奥皮茨上尉当机立断，驾机侧滑，气流从座舱盖侧面打开缝隙涌进驾驶舱，烟雾被冲走，他终于看到了胡苏姆机场的方位，几个动作便把飞机带入降落航线。现在，驾驶舱可以打开，奥皮茨上尉准备跳伞。他低头检查垫在座椅上的降落伞包的时候，发现它的聚碳酸酯外包装已经承受不住座椅底部传导而来的高温，开始融化分解。奥皮茨上尉明白依靠一副破损的降落伞弃机逃生意味着什么，他定下心来驾驶飞机在 90 秒的时间内降低高度，以螺旋下降的航迹一点点地接近跑道。

地面上，奥皮茨少尉紧张地目睹大队长的紧急降落：

他在 3000 至 4000 米高度中断（爬升）飞行，朝着机场俯冲下来。这时候他还有跳伞的时间。火焰和浓烟清晰可见。他绕着机场转圈飞行把速度降下来，然后飞离机场准备降落。在转弯的最后阶段，那架 Me 163 看起来失去了控制，接下来我们看到的事情就是从一座小山的后头升起了一股黑烟。我们都觉得他不会在这次事故中活下来，不过，我们在燃烧的机身残骸旁边不远处的一条壕沟里找到了他……

在即将降落的最后关头，Me 163 的液压管道破损，液压油喷洒而出，机身内的火势顿时失控，浓烟四起。奥皮茨上尉已经完全看不见前下方的跑道，他只能依靠自己的感觉完成降落。结果，"彗星"的机腹底部擦过了跑道边缘的石砌围墙，落在一大片牧草地之中继续向前滑行。前面又出现了一道围墙，上百公里时速的 Me 163 直直撞上，两副机翼顿时被扯了下来，仅剩下流线型的机身毫不费力地击穿围墙继续

向前滑行。"彗星"有如越野汽车一样越过一条小溪，在另一片农田中停了下来。

奥皮茨上尉强忍剧痛爬出被大火包围的座舱，发现一名好奇的农民凑了过来看热闹。他大声警告对方远离，随后跟跟跄跄地跑了 30 多米，一头扎进那条小溪之中。几乎与此同时，熊熊燃烧的 Me 163 轰然爆炸。救援人员赶来时，火箭飞机残骸旁边的树木已经烧成一根根火把。

奥皮茨上尉的手臂、锁骨和数根肋骨折断，被紧急送往医院抢救。从试飞员阶段开始，Me 163 和他相伴 4 年，带来无数激情和无法忘却的飞行，最后带来了一场不小的灾难和始料未及的好运气——在医院中，奥皮茨上尉和照顾他的女护士汉娜一见钟情，最后结为伉俪。

两天之后，赫伯特·弗洛默特（Herbert Frömert）上尉在胡苏姆执行了一次 Me 163 的"快速"升空。随后，"彗星"部队再也没有留下更多的任务记录。

1945 年 5 月 6 日

当天的布兰迪斯机场，美军从废墟当中总共整理出 33 架 Me 163 的残骸。此时的布拉格，库尔特·席贝勒下士继续自己的逃亡之旅：

我是最后一批离开布拉格-卢兹内的。我们开车到了萨兹（Saaz），有几个飞行员把那里的飞机搞出来了，有个人开着一架 Ju 52 带着 50 个人去了魏玛。我留了下来，搭上一辆油罐车开往卡尔斯巴德（Karlsbad）……在边界，我们把（其他）汽车挤到沟里，开着卡车冲过了栅栏。

1945 年 5 月 8 日

清晨 08:00，第二次世界大战的停火协议生效。此时的胡苏姆机场，一架两小时前起飞升空的 Ju 88 侦察机从北海上空的最后一次侦察任务中返航，带回珍贵的天气情报。随后，大量飞行员纷纷驾机升空，设法降落在靠近自己家乡的机场或者空地之上，以此躲过盟军追捕。机场跑道之上，无法转移的飞机被设法藏匿起来。一架 Bf 108 和 4 架 Me 163 被胶布裹得严严实实，埋在跑道尽头打算用做地下机库的大坑当中。此时，机场内部所有人员完全处在自由活动的状态，有人试图借助各种交通工具返回家乡，有人继续在兵营中等待盟军的到来。

在 I. /JG 400 方面，该部人员逃离布兰迪斯机场后先后抵达艾格（Eger）地区，在波希米亚森林之中构建起自己的防御工事。最后，大部分人员在 4 月 26 日沦为俘虏。

在 JG 400 残部中，豪尔上士经历了不大一样的故事：

美国人从西边打过来，俄国人从东边打过来。我们受命加入德国陆军，抵达德国-捷克斯洛伐克边境的席恩丁（Schirnding）地区。在那里，我们经历了残酷无情的战斗，直到弹药耗尽。我们遭受了惨重的损失，当我们撤退的时候，只剩下一小部分了，大概 30 至 40 人，大部分人都在席恩丁周边的山区里阵亡了。

1945 年 5 月 8 日 16:00，在卡尔斯巴德以东 25 公里的地区，JG 400 残部的战争结束了。我们收到了缴械投降的命令，分掉剩余的汽车，这样我们可以一路开过德国境内。我们在一个小时之内销毁了自己的武器，分散开来朝着同一个方向开进。第二天，我想办法逃离了美军部队，搭上了德国陆军的一辆卡车，通过约阿

战争结束的胡苏姆机场，残骸中能分辨出 Me 163 和 Me 262。

希姆斯塔尔(Joachimsthal)到了开姆尼茨附近的斯托尔贝格(Stollberg)。我的家人们已经疏散到了斯托尔贝格。六个星期之后，我和我的家人抵达了科隆。

5月10日，一架英军的武装侦察车从远处开来，在胡苏姆机场大门停下。英军士兵下车后，彬彬有礼地向战败一方请求进入的许可。接下来，胡苏姆机场举行了一场颇为庄重的受降仪式，II./JG 400 残部和其他德国空军部队——包括 He 162 部队 JG 1 的残部正式向盟军投降。对接下来的故事，莱茵哈德·奥皮茨少尉回忆道：

在接下来的几天时间里，我们不得不避开四处游荡的前俄国战俘，他们已经武装起来了。一架还带着夜袭德国时留下伤痕的兰开斯特轰炸机降落了，带来了一队对 Me 163 深感兴趣的英国军官。由于我们奉邓尼茨政府的命令，不得摧毁任何飞机或装备，以待进一步指示，14 架做好作战准备的 Me 163 和 12 到 15 架拆解成零件状态的 Me 163 落到了英国人的手里。那时候，所有的人员，包括飞行员都被转移到距离胡苏姆大约 20 公里一块用栅栏隔开的区域里。

根据我们的占领军的指示，我带领中队的20 个人把一些飞机和它们的零备件打包装到大箱子里。和英国军官以及机械师的交流很顺畅，甚至是在一种友好的氛围下进行的。

机场的一部分用来停驻上千辆德国军用汽车，空荡荡的机场则是用来储存大量珍贵的仪器、降落伞和其他飞机的设备。那时候这个机场还被用作喷火 21 型和暴风战斗机的基地，我们还可以近距离围观这些英国战斗机。没有人阻止我们，如果碰上麻烦，我们只要亮出英国军官发给我们的通行证就行……

第三章　Me163 战后测试

美军测试

美军缴获的 Me 163 中，工厂编号为 191301 的一架获得 FE500 号机的美方编号。1946 年，美国陆航对该机进行了一系列测试飞行，其测试结果在 6 月发布。

测试数据

1. 综述

a. Me 163 是一款采用无尾设计以及液体火箭发动机的单座截击机。

b. 飞机大致的几何尺寸如下所示：

①翼展——30 英尺 6 英寸(9.30 米)；

②全长——19 英尺 5 英寸(5.92 米)；

③高度(至垂直尾翼顶端)——6 英尺 4 英寸(1.93 米)；

④机翼面积——210.2 平方英尺(19.53 平方米)。

c. 控制面

①单垂直尾翼面积大约 11 平方英尺(1.02 平方米)。方向舵为气动配平，安装有一块金属

美军缴获的 191301 号 Me 163，编号 FE500。

配平调整片。方向舵控制方式传统，方向舵踏板可调节。

②没有水平尾翼。

③飞机的纵向和横向稳定性依靠"升降副翼"来实现。升降副翼为气动配平，伸展到翼尖位置，安装有固定的金属配平调整片，可在地面上调节。

控制系统的运作方式为：当控制杆被精准地横向扳动时，（左右）升降副翼各自作动方向相反，起到副翼的作用；控制杆被前后扳动时，升降副翼同时向上或者向下作动，起到升降舵的作用。斜角扳动操纵杆时，只有一侧升降副翼作动，另外一侧保持原有位置。

④机翼前方配备固定的缝翼，以避免失速时反向打杆，以及在垂直轴向上保持方向稳定性。缝翼安装在内侧，从翼根至翼展一半的位置。

⑤飞机纵向配平由安置在升降副翼内侧的前缘配平襟翼完成。配平襟翼由驾驶舱左侧的一个手摇轮控制，当它被摇动时，一枚指针沿着表示角度的刻度轮滑动。

d. 襟翼安装在机翼下方，50%翼弦的位置。襟翼为液压驱动，通过驾驶舱内的人工控制液压泵作动。

e. 可投掷的机腹起落架双轮闩接在可收放的滑橇之上。起飞之后，将起落架手柄拉到"上"的位置可以投掷起落架轮。使用压缩空气抛弃起落架轮和放下滑橇。可收放的尾轮通过连杆耦合在方向舵下方，在地面滑行时提供方向控制，直至速度足够高，方向舵开始生效。

f. 飞机的机头安装一个小型螺旋桨，用以驱动发电机，提供仪表、无线电运作所需的电力。

2. 重量及重心信息

包括飞行员，飞机的总重大约为 4200 磅，重心位于主舱壁之后 480 毫米（17 英寸）的位置。

该数据被 Me 163 的设计者利皮施博士推荐为最合适的平衡点。

3. 飞行特性

a. 起飞和爬升

没有进行动力飞行。Me 163 被一架 B-29（美国陆航序列号 42-93921）拖曳至高空，释放后作为一架滑翔机飞行。使用一根长 250 英尺（76 米）、直径 11/16 英寸（1.75 厘米）的尼龙牵引索。

在 B-29 引发的螺旋桨尾流中，该飞机基本无法控制，使得起飞极度危险。一旦起飞升空，处在尾流上方，飞机的操控令人满意。起飞速度大约为表速 120 英里/小时（193 公里/小时），从跑道上起飞升空后，在 150 英里/小时（241 公里/小时），起落架轮抛下、滑橇收起。

b. 稳定性和控制

①纵向动态稳定性——飞机以 175 英里/小时（282 公里/小时）的速度配平到稳定滑翔飞行时，猛烈反向操纵升降舵再松开控制。引发的震荡在二分之一圈之内完全衰减。

②纵向静态稳定性——飞机以 175 英里/小时的速度配平到稳定滑翔飞行时，仅操纵升降舵移动，飞机每次在配平速度上下附近的速度稳定。

③机动飞行中的杆力——在两个不同高度执行螺旋下降的方式，测试每 G 加速度的操纵杆力。表明通常的加速度与升降舵杆力成正比关系。

④纵向配平设备的操纵特性——在所有稳定飞行的条件下，配平襟翼能够将方向舵的操纵杆力减轻为零。

⑤横向动态操纵性——飞机以 175 英里/小时的速度配平到稳定滑翔飞行时，偏航至机翼水平的侧滑，控制迅速地恢复至配平的位置，并保持固定。引发的震荡在三圈之内完全衰减。

以上操作重复进行，控制不再迅速地恢复至配平的位置，而是马上松开。引发的摆动再次在三圈之内完全衰减。

方向舵和副翼在猛烈动作再迅速松开控制之后，很快地返回它们的配平位置附近，震荡同样衰减归零。

⑥横向操控——在所有速度区间，通过不同程度的猛烈改变副翼方向实施滚转。操纵杆力令人满意，在不同的杆力作用下，滚转率的表现相当协调。

⑦方向舵操纵特性——方向舵操纵杆力轻且高效，能在起飞和降落时保证足够的方向控制。

c. 失速特性

未曾进入完全的失速状态。在无外挂条件下，当把操纵杆完全向后拉动时，飞机的速度降低到表速95英里/小时（152公里/小时），但还能保持受控的飞行状态，高度迅速下降。没有发生倾侧或者滚转，飞机下降接近两千英尺（610米），但依然保持控制。使用操纵杆，能够立即恢复正常飞行状态。

在滑橇和着陆襟翼完全放下的条件下，飞机达到91英里/小时（146公里/小时）的表速，此时操控手感依旧不变。

d. 近进和着陆

所有的降落均在加利福尼亚州穆洛克（Muroc）陆军航空军基地的干燥硬质湖床上完成，滑橇和着陆襟翼完全放下。最佳的进近速度大约为表速120英里/小时（193公里/小时）。着陆过程异乎寻常得平顺，冲击力被滑橇完全吸收，可以在保持机翼水平的条件下将飞机以直线滑行的方式停稳。

结论

Me 163 B 是一架高机动性的飞机，拥有异乎寻常的良好稳定性和操控特性，尤其是对无尾翼飞机而言。

推荐

推荐终止 Me 163 B 的测试飞行。继续进行滑翔试飞已经难以获得更多有用情报。而要执行动力飞行，该机的结构状况并非足够良好。

英军测试

欧洲大陆的战火熄灭之后，盟军部队开始在德国领土内收集各种新式武器的技术资料。5月，英国的皇家飞机研究院的团队开进德国，有条不紊地收集所有德国空军最先进战机的情报。团队中，包括盟

著名试飞员埃里克·布朗。

军一方最著名的试飞员之一、飞行生涯中总共驾驶过 487 种不同飞机的埃里克·布朗（Eric Brown）。在日后的著作《德国空军之翼（Wings of the Luftwaffe）》中，埃里克·布朗记录下试飞 Me 163 的第一手感受：

在第二次世界大战结束时作为范堡罗（Farnborough）的英国皇家飞机研究院（Royal Aircraft Establishment，缩写 RAE）的一名测试飞行员，我被指定加入一个巡回任务，去搜寻并带回技术先进的德国飞机——他们最新型的喷气机和火箭飞机。

尽管我们对德国各种最先进的原型机都有所了解，我刚刚接触到一架战斗机的时候还是被它迷住了，那就是他们的小型的——同时也

是致命的——火箭战斗机 Me 163，我萌生出压倒一切的急切愿望，想尽快开上它。很显然，我不能和以前做过很多次的那样，连最基本的讲解都不用就直接跳上它再起飞升空。飞机进近的速度是 233 至 241 公里/小时（145 至 150 英里/小时），接地速度是 201 公里/小时（125 英里/小时）。着陆是通过一副滑橇完成。而且，我们对不稳定的燃料混合物仍然知之甚少。

1945 年 5 月，我在胡苏姆开始接触到亚历山大·利皮施博士的伟大发明，这距离丹麦边境大约有十几英里。在那里，我发现了 II./JG 400 的一些 Me 163 B，燃料短缺阻止了这个大队在任务中飞"彗星"。以我的观点，很少有飞机能够被真正冠以"横空出世"的称谓，一架飞机要加上这个头衔必须具备四个属性——独一无二的设计、出类拔萃的性能、设计目标的高效达成和驾驭它的飞行技巧。毫无疑问，利皮施的火箭动力截击机就是横空出世的一款……

我和一队科学家去到基尔的瓦尔特工厂。在这里，瓦尔特博士，也就是 Me 163 火箭发动机的发明人给我们进行了一次展示。这是一次令人震惊的演出，奇异而科幻。躲在一块九英寸厚的玻璃面板后头，我们看着发动机在工作台上运转了两分钟。喧嚣声震耳欲聋，整个地方都在颤抖震荡。所有参加展示的人们都裹着橡胶围裙、马靴和帽子，看上去很像威尔士人。

不过，接下来的简单演示更令人印象深刻。沃尔特博士拿了两根玻璃棒，其中一根上有一滴浓缩的过氧化氢，叫做 T 燃料，另一根上的是等量的水合肼-甲醇混合物，称为 C 燃料。他慢慢地倾斜了第一根玻璃棒，然后是另一根。一根玻璃棒上的液体滴落在地板上。又一滴液体从另一根玻璃棒上落下来，滴在它的上面。一阵猛烈的爆炸把博士手中的两根棒子炸飞了。在这次浮士德式的演示之后，我们充分认识到

那些易挥发的火箭燃料是多么危险。

接下来，我飞到巴德茨维什安的机场，Me 163 测试单位的残部就在那里。我已经了解了飞机的训练流程，一开始我就在一架"斯图莫-老鹰"滑翔机上进行了五次飞行，这是著名的"Habicht(老鹰)"滑翔机的切尖机翼版。我分配到了一架 Me 163 A，让一名德国飞行员驾驶它，由另一名德国飞行员驾驶 Me 110 牵引它飞到法斯贝格，在这期间我在旁边并肩飞行。在那里，我被拖曳到 6096 米（20000 英尺）高度飞了三次，发现 Me 163 A 作为滑翔机操控非常简单，驾驶体验愉悦。

在法斯贝格，我听说由于英国皇家空军飞行员驾驶捕获德国飞机的时候发生了一系列事故，驻德国的盟军司令部发布命令禁止英国部队使用德国火箭燃料。只有 RAE 认证过的飞行员才能够获得豁免，不过这个特权看起来随时都有可能取消。所以，就现在来看，如果我要体验"彗星"的动力飞行，只能有现在这个机会了。我被这件事情迷得神魂颠倒，意识到如果不搞点小动作是不会有结果的。于是，我开始制订计划以实现这个目标，而德国战后的混乱状况仍使这成为可能。我意识到自己有很多有利因素——位于胡苏姆的偏远机场、挑选过的德国地勤人员、大量可供选择的飞机。尽管很快就接到了把 25 架飞机送往英国评估的任务，火箭燃料也马上要受到管控，我还是在 Me 163 A 上完成了我的训练流程，与 JG 400 的空勤和地勤人员进行了沟通，还把一套 Me 163 B 飞行员手册据为己有。不过，我的王牌是 RAE 给所有盟军部队的、看起来非常官方的文件，要求对方提供全力支持以获得缴获的敌军飞机以及相关人员，还重点提到我能流利地说德语。不管是不是乐观过了头，我对飞"彗星"信心满满。

还有两件事情要做，一是通知我挑选出的

德国地勤人员，确保他们留在胡苏姆，二是在我驾驶"彗星"动力飞行之前安排火箭发动机的地面测试。所以，我很快地回到了胡苏姆。不过，我的地勤人员们担心如果试飞有个差池他们会有麻烦。为了让他们放心，我给他们写了一份文书，宣称他们是被选中来和我一起工作的，暂时归我指挥，我指示他们对自己的职责保持谨慎。

在我准备回到胡苏姆干这件大事的时候，RAE 正在石勒苏益格机场建立一个集结基地，所以我直接让空中交通管制人员通知胡苏姆，说我预定在六月初到达。一回到那里，我对准备使用的"彗星"做了一次彻底的检查，并做了一次引擎运行以熟悉火箭系统。这是一次雷电轰鸣但又让人定下心来的体验，在那以后，我们准备好了第二天要开的飞机，特别是把驾驶舱座椅调到我要求的高度。

保险起见，我决定在那天早上 6 点钟左右起飞。天气预报给了良好的协助，使我可以迎着盛行的风向直接飞到北海上空。06:00，我穿上一身合适的无机飞行服进入驾驶舱。对驾驶舱进行一番检查之后，我系好自己的安全带，把升降副翼的配平调整到 5 度的"尾重"。我锁上座舱盖，最后打开电气总开关。

我给地勤人员竖起了大拇指，把节流阀从停车推进到怠速，然后按下启动按钮。我按住按钮，激活 T 燃料的蒸汽涡轮，过 4 到 5 秒钟之后松开，这时候涡轮转速计达到 45%，发动机点火了，所有的仪表都显示正常。于是，我示意地勤人员切断辅助电源设备，再把节流阀推进至一挡，然后是二挡，期间持续检查仪表状况。

这时候，在涡轮转速达到 8000 转/分钟、发动机燃气温度 600 度、燃气压力 2.2 个大气压的时候，我把节流阀推进到三挡，起落架滑车越过刹车块，开始起飞滑跑。

滑跑的时候，我遇到了强烈的颠簸，不过有可调节的尾轮，方向控制良好。在 280 公里/小时（175 英里/小时）的时候，飞机离地。大概在 8 米（25 英尺）的高度，我投下了滑车，同时把滑橇收起来。然后，我保持"彗星"在 50 米（152 英尺）水平飞行，它很快加速到 725 公里/小时（450 英里/小时）。这时候，我拉起到 45 度爬升，这个读数是在仪表板上分辨出来的，因为这时候地平线已经看不到了。在节流阀全开的情况下，我在 2.75 分钟的时间里到了 10000 米（32800 英尺）的高度，这时候需要收回节流阀再改平，不然会在好几秒钟的时间里触发压缩效应。在水平飞行时，这架飞机方向舵操纵力很轻，升降副翼很灵活而副翼敏捷，稳定性基本可接受，在涡流中有荷兰滚的倾向。在跨音速范围，我根据笔记本上记录的数据测算，"彗星"的战术马赫数限制是 0.82，超过这个数字就会引发强烈的震动和"头重"趋势。

我屏住呼吸，模拟在 9145 米（30000 英尺）高度攻击一架想象中的轰炸机，结果惊讶地发现关闭火箭发动机的"彗星"在俯冲时能如此迅捷地加速。需要相当程度的技巧才能击落一架轰炸机，我感觉到没有必要和战斗机展开较量，不过"彗星"肯定能够逃脱敌军战斗机的追击。

在消耗掉所有的火箭燃料之后，我开始滑翔回胡苏姆，在早晨的雾气中也能很容易地把机场找出来。由于滑翔角度平坦需要一个比较大的转弯半径，我的视野受限，由于进行过滑翔降落训练，我没有遇到任何困难。我开始进场边的速度为 215 公里/小时（135 英里/小时），然后放下着陆襟翼，把速度降到 200 公里/小时（125 英里/小时），准备降落。

正如预想的一样，和 Me 163 A 相比，Me 163 B 只因稍快的进近速度和较大的下沉率而稍稍逊色。我再次确认飞机上没有火箭燃料剩余，在300米（1000英尺）高度放下滑橇后把手柄回复到中置的挡位，一切感觉非常舒心。全部放下的着陆襟翼使得接地的过程非常平滑，降落距离很短。

地勤人员们如释重负，前来回收我的飞机，这样就结束了我第一次兴奋异常的飞行，也是在接下来大约两年半时间里一系列Me 163 B飞行的开始。从这点以后，英国人很快把25架"彗星"运回了英国，用阿弗罗"约克（Avro York）"做牵引机。由于德国的火箭燃料不允许运送到英国，很显然，这些Me 163 B未来在RAE的试飞将采用牵引升空的形式。

禁止输送德国火箭燃料进入英国的决定可以理解，因为"彗星"的事故记录相当醒目。

只要输送进入发动机的C燃料和T燃料的比例出现最轻微的误差，要么能导致燃料供应中断，要么就是把整架飞机和它那倒霉的飞行员炸成碎片。燃料箱里残存有火箭燃料时，着陆时的严重碰撞也能导致灾难性后果。不过，除了这些燃料相关，还有其他的危险存在。起飞时，Me 163配平到"尾重"，可抛弃滑车联结到滑橇上。飞行员收回滑橇的时候，维系滑车的机件自动松脱。按照正常的规程，滑车在7至9米（20至30英尺）的高度抛弃，但如果飞行员计算错误，滑车有可能会（从地面）向上反弹，击中机身甚至挂在滑橇上。如果抛弃机构失灵，飞行员不得不弃机跳伞，因为挂着滑车完成安全降落的几率是微乎其微的，著名的女飞行员汉娜·莱切就是在这上面吃了苦头。

因为着陆速度很高，没有动力，所以飞行员要做出正确的抉择。如果他没有在跑道上正确的范围内完成降落，而是滑行到了一块硬质地表上，飞机就有翻转倾覆的可能。如果残存的燃料没有爆炸，它们更有可能渗透进驾驶舱

里，烧穿倒霉飞行员全身覆盖着的石棉纤维防护服。就算这些事故没有发生，飞行员依然可能会挨上"彗星背"——冲击力导致的脊椎严重损伤。

根据德国人的资料，"彗星"的所有损失中，80%是在起飞或者降落时的事故引发，15%是空中起火或者俯冲失控引发，只有5%是作战损失。弃机跳伞的速度上限是400公里/小时（250英里/小时），因为速度再快一点座舱盖就没有办法安全地弹开。

掌握了这些让人警醒的背景资料，在我第一次胡苏姆机场飞行14个月之后，我们在范堡罗开始了Me 163项目。RAE使用的Me 163 B得到了VF241的皇家空军编号，它的火箭发动机被拆了下来，装上了一台自动仪器记录测试数据……

固然，我注定永远不会驾驶Me 163 B执行任务飞行，但是我已经取得了这架飞机飞行特性的全部第一手资料，我也和那么多的"彗星"飞行员展开过交流，所以我觉得我有资格对这架飞机的实战价值作出相对公正的评价。它最惊人的性能是"火箭一样"的爬升能力，以700公里/小时（435英里/小时）的速度在不到四分钟的时间里爬升到12190米（40000英尺），能轻而易举地飞到敌军轰炸机编队的上方，势不可挡。它没有增压座舱，所以12190米（40000英尺）基本上接近它的实用升限。但就算到9145米（30000英尺）也足以发动一次快速的无动力俯冲，直接穿过入侵的轰炸机洪流，打响它的两门30毫米MK 108加农炮，每门的弹量是60发。靠着0.82马赫的可用作战速度，"彗星"在穿越轰炸机编队、打响它的两门莱茵金属-博尔西格"冲击锤"的时候可以不受盟军护航战斗机的干扰。不过，"彗星"和它猎食的轰炸机之间的接近速度非常高，它要命中B-17"空中堡垒"

大小的目标，最小距离是 595 米（650 码）。然而"彗星"飞行员在大约 183 米（200 码）之外就要脱离攻击以避免碰撞，他能获得的打响这门慢速加农炮的时间只有不到三秒。这回合攻击之后，"彗星"飞行员迎来了关键时刻，他必须重新启动瓦尔特火箭发动机，急跃升到高空重复俯冲攻击，或者在爬升穿过轰炸机编队时开火射击。节流阀全开时，发动机总共工作时间是 230 秒，而发动机关闭到重启必须间隔两分钟的时间，所以座舱内的秒表是"彗星"飞行员做出生死抉择的关键。而且，他还要确保在最后一次开火攻击之后，燃料箱里面还剩余足够的燃料让他能够加速逃脱护航战斗机的追击。由于留空时间和航程受限，Me 163 必须长时间处在基地雷达站的控制之下。而且，"彗星"不具备夜间飞行能力，这是成为优秀的全天候战斗机的条件。

整体而言，"彗星"的作战效能很值得推敲，它对自己飞行员的杀伤力很有可能更甚于对敌。总之，它的实战表现很难印证使它进入服役状态的巨大研究努力的合理性。然而，不可否认的是，Me 163 B 是一个光彩夺目的概念。如果能够提供比战时环境更为宽裕的发展空间，瓦尔特火箭发动机有可能取得更优秀的可靠性和灵活性。进而，"彗星"能对盟军昼间轰炸攻势造成阶段威胁……

作为我和 Me 163 的关系的一个旁注，我参与了把这款飞机的其中一架归还它的出产国家的工作。1964 年 11 月，英国皇家空军向德国移交了一架"彗星"，不过它没有火箭发动机，德

国境内已经没有生产它的厂家存在了。那时候，我在波恩担任海军副官，德国人知道我在 Me 163 上的工作，询问我是否可以帮助他们获得一台火箭发动机。我模模糊糊地想起来在 1949 年看到 VF241 号机的瓦尔特发动机被放在 RAE 的一个机库角落里，和 V1 及 V2 的残片、受损的"卡普罗尼·坎皮尼（Caproni-Campini）" C. C. 2 残骸放在一起。那台火箭发动机还在范堡罗积灰吗？调查证明了还真是这样，RAE 很大方地把它让了出来。

最后，一架完整的 Me 163 B 涂上了当年的德国空军涂装，当然还有铁十字（到现在还有点敏感）和非官方的 7. /JG 400 中队徽章，在 1965 年 7 月 2 日的慕尼黑博物馆向公众展示。我被邀请参与了这个仪式。这是一场怀旧的聚会，包括"彗星"的设计者亚历山大·利皮施博士、威利·梅塞施米特博士——他在 Me 163 B 的故事中扮演的角色是一个有点不情愿的养父、负责制造"彗星"动力系统的赫尔穆特·瓦尔特博士、从（脊椎受伤的）海尼·迪特马尔手中接管 Me 163 B 研发试飞项目的鲁道夫·奥皮茨——他执行了 Me 163 B 的第一次动力飞行还当上了 II. /JG 400 指挥官，还有 JG 400 的大队长沃尔夫冈·施佩特。只有几年前在飞行事故中去世的海尼·迪特马尔和汉娜·莱切没有出现在这个"彗星"的"小圈子"中。

在这里，一小群不世出的精英向着也许是最不可思议的德国飞机表示致敬，它们的其中之一终于荣归故里。

第四章　余音回响

德国投降前夕，利皮施和同事们离开维也纳向西转移。在奥地利西部，他成功地联系上美国陆军航空军的情报人员。5 月 23 日，一架 DC-6 运输机承载着利皮施从萨尔茨堡（Salzburg）直飞巴黎。

在这个新环境中，利皮施参与过欧美航空专家的一次交流会。他讲述了 Me 163 的研发经历，展望未来喷气式无尾截击机的超凡性能，令西方同行们无比神往——在这之中，包括美国道格拉斯飞机公司的两名空气动力学专家基恩·鲁特（Gene Root）和阿波罗·史密斯（Apollo Smith）。随后，两人设法打开了一个"光彩夺目的宝库"——德国空气动力学专家的大量风洞数据和试验报告，其中便包括利皮施的多年心血。

这些资料被翻拍成微缩胶卷带回美国后，道格拉斯飞机公司对利皮施的报告展开研究，计划以德方资料为基础展开自己的无尾飞机研发计划。紧随其后，美国海军航空署同样进行了类似的研究，萌生出将"利皮施准则"付诸实施的浓厚兴趣。道格拉斯飞机公司由此和海军一拍即合，催生出喷气式无尾战斗/截击机 F4D "天光（Skyray）"。这是美国海军装备的第一款超音速战机，设计师爱德华·海涅曼（Edward Heinemann）由此获得美国国家航空协会颁发的科利尔奖。

另一方面，经历战争结束政权交替的动荡之后，利皮施的家人留在德国，得到美方人员的保护。他自己则和其他德国航空工程师一起转移到美国代顿（Dayton）的莱特机场，作为高速空气动力学的特别项目顾问潜心整理过去数十年的研究成果，整理成报告发布。在这一阶段，利皮施的 DM-1 滑翔机运抵美国，在兰利（Langley）机场的风洞中展开了一系列吹风试验。

20 世纪 30 年代初，美国国家航空咨询委员会（National Advisory Committee for Aeronautics，缩写 NACA）的若干早期报告指出：风洞测试显示三角翼具备超音速飞行的优良性能。不过，限于当时技术条件的限制，美国研究人员无法获得高性能发动机对这一理论加以验证。到第二次世界大战之后向喷气时代迈进时，这些在美国科学家的协助下，硕果仅存的 NACA 报告和利皮施本人便几乎是美国航空界对三角翼的全部知识储备。

战争结束后，美国著名飞机制造厂商康维尔（Convair）公司应美国陆军航空军的要求展开新一代的超高速拦截机项目，对利皮施的报告产生了浓厚的兴趣。随后，在莱特机场展开的一次三方会议中，康维尔公司、美国陆航和利皮施博士一致商定：康维尔的新型飞机项目应采用三角翼布局。至此，以利皮施的研究成果为起点，康维尔公司开始了自己的三角翼飞机研究之路。

在兰利机场的巨大风洞中展开吹风试验的 DM-1 号机。

使用现成的 DM-1，康维尔公司的超高速拦截机项目迅速形成型。该公司制造了一个 DM-1 的等比模型，放入风洞之中进行吹风测试。结果，仅仅花费了 150 美元便得到了极为理想的测试结果，军方对此极为振奋，全力支持康维尔公司的项目。接下来，康维尔公司开始设计全尺寸的三角翼飞机，其最早的一个方案配备可抛弃的四轮滑车，采用火箭动力起飞——这与 Me 163 几乎如出一辙！随着技术的进步，康维尔公司随后获得了涡轮喷气发动机的供应，自主设计逐渐步入正轨。最终，康维尔研发出三款令业界刮目相看的高性能三角翼战机：F-102 "三角剑"截击机、F-106"三角标枪"截击机以及 B-58"盗贼"轰炸机。在它们成功的背后，利皮施最初的启发和引领不可忽视。

接下来，利皮施加入科林斯（Collins）公司，展开一系列高速三角翼无人机、地效飞行器和无翼垂直起降飞机的研究，但均没有获得投入大规模量产的机会。1976 年，利皮施博士在美国去世。1985 年，利皮施入选圣地亚哥航空航天博物馆（San Diego Air & Space Museum）的国际航空航天名人堂（The International Air & Space Hall of Fame）。使利皮施青史留名的，不仅是他的 Me 163"彗星"，也不限于早年在滑翔机领域的成就以及战后对三角翼的贡献，归根到底，这一切都源于贯穿"伦山幽灵"一生的对航空事业的无限热爱以及不懈探索。

回首第二次世界大战中德国空军的血火征程，Me 163 宛若白驹过隙一闪而过，只留下寥寥十余个宣称战果和一系列惨痛的事故损失。不过，对于利皮施博士这款"彗星"在航空史上的地位，沃尔夫冈·施佩特在个人回忆录《绝密战鹰》中的前言是最恰如其分的注脚：

当我写下这份手稿的最后几行时，电视上正在播放"哥伦比亚"号航天飞机降落在美国一个干涸的湖床上的场面。

我看着这架没有水平尾翼也没有发动机推力的非常规布局飞机，沿着一条长长的平滑航线从太空轨道上重返地球，一种深深的满足感油然而生。我想起早年的那一款小型火箭战斗机——德国的 Me 163，是我们的齐心协作迈出了这谨慎的第一步。航天飞机展示了完美而又卓越的技术水平，这是近 40 年前的我们不敢想象的。

如此说来，40 年前我的那份点滴努力没有白白浪费。我们早年的探索正为世人所传颂，那意味着人类迈进太空时代的最初步伐。

1965 年德国的 Me 163 纪念仪式。前排就座的两人分别为赫尔穆特·瓦尔特（左）和亚历山大·利皮施（右），他们身后站立着的均为前 Me 163 飞行员——地球上最早的一批"火箭人"。